全国中医药行业中等职业教育"十二五"规划教材

有机化学基础

（供药学、中药、中药制药、检验等专业用）

主　编　宋克让（宝鸡职业技术学院）
副主编　万屏南（江西中医药大学）
　　　　穆春旭（辽宁医药职业学院）
　　　　杨国富（云南省大理卫生学校）
编　委（以姓氏笔画为序）
　　　　王　振（南阳医学高等专科学校）
　　　　刘转利（宝鸡职业技术学院）
　　　　祁海萍（甘肃省中医学校）
　　　　孙丽花（郑州市卫生学校）
　　　　张腊梅（四川省达州中医学校）
　　　　侯迎迎（安阳职业技术学院）
　　　　裴存芝（曲阜中医药学校）

中国中医药出版社
·北 京·

图书在版编目（CIP）数据

有机化学基础/宋克让主编 . —北京：中国中医药出版社，2015. 12（2022.1 重印）
全国中医药行业中等职业教育"十二五"规划教材
ISBN 978 – 7 – 5132 – 2543 – 4

Ⅰ. ①有…　Ⅱ. ①宋…　Ⅲ. ①有机化学 – 中等专业学校 – 教材　Ⅳ. ①O62

中国版本图书馆 CIP 数据核字（2015）第 116685 号

中 国 中 医 药 出 版 社 出 版
北京经济技术开发区科创十三街 31 号院二区 8 号楼
邮政编码　100176
传真　010-64405721
廊坊晶艺印务有限公司印刷
各地新华书店经销

＊

开本 787 × 1092　1/16　印张 15　字数 332 千字
2015 年 12 月第 1 版　2022 年 1 月第 3 次印刷
书　号　ISBN 978 – 7 – 5132 – 2543 – 4

＊

定价　30. 00 元
网址　www. cptcm. com

全国中医药职业教育教学指导委员会

张美林（成都中医药大学附属医院针灸学校党委书记、副校长）

张登山（邢台医学高等专科学校教授）

张震云（山西药科职业学院副院长）

陈　燕（湖南中医药大学护理学院院长）

陈玉奇（沈阳市中医药学校校长）

陈令轩（国家中医药管理局人事教育司综合协调处副主任科员）

周忠民（渭南职业技术学院党委副书记）

胡志方（江西中医药高等专科学校校长）

徐家正（海口市中医药学校校长）

凌　娅（江苏康缘药业股份有限公司副董事长）

郭争鸣（湖南中医药高等专科学校校长）

郭桂明（北京中医医院药学部主任）

唐家奇（湛江中医学校校长、党委书记）

曹世奎（长春中医药大学职业技术学院院长）

龚晋文（山西职工医学院/山西省中医学校党委副书记）

董维春（北京卫生职业学院党委书记、副院长）

谭　工（重庆三峡医药高等专科学校副校长）

潘年松（遵义医药高等专科学校副校长）

秘　书　长　周景玉（国家中医药管理局人事教育司综合协调处副处长）

前　言

中医药职业教育是我国现代职业教育体系的重要组成部分，肩负着培养中医药多样化人才、传承中医药技术技能、推动中医药事业科学发展的重要职责。教育要发展，教材是根本，是提高教育教学质量的重要保证，是人才培养的重要基础。为贯彻落实习近平总书记关于加快发展现代职业教育的重要指示精神和《国家中长期教育改革和发展规划纲要（2010—2020 年)》，国家中医药管理局教材办公室、全国中医药职业教育教学指导委员会紧密结合中医药职业教育特点，适应中医药中等职业教育的教学发展需求，突出中医药中等职业教育的特色，组织完成了"全国中医药行业中等职业教育'十二五'规划教材"建设工作。

作为全国唯一的中医药行业中等职业教育规划教材，本版教材按照"政府指导、学会主办、院校联办、出版社协办"的运作机制，于2013年启动编写工作。通过广泛调研、全国范围遴选主编，组建了一支由全国60余所中高等中医药院校及相关医院、医药企业等单位组成的联合编写队伍，先后经过主编会议、编委会议、定稿会议等多轮研究论证，在 400 余位编者的共同努力下，历时一年半时间，完成了 36 种规划教材的编写。本套教材由中国中医药出版社出版，供全国中等职业教育学校中医、护理、中医护理、中医康复保健、中药和中药制药等 6 个专业使用。

本套教材具有以下特色：

1. 注重把握培养方向，坚持以就业为导向、以能力为本位、以岗位需求为标准的原则，紧扣培养高素质劳动者和技能型人才的目标进行编写，体现"工学结合"的人才培养模式。

2. 注重中医药职业教育的特点，以教育部新的教学指导意见为纲领，贴近学生、贴近岗位、贴近社会，体现教材针对性、适用性及实用性，符合中医药中等职业教育教学实际。

3. 注重强化精品意识，从教材内容结构、知识点、规范化、标准化、编写技巧、语言文字等方面加以改革，具备"精品教材"特质。

4. 注重教材内容与教学大纲的统一，涵盖资格考试全部内容及所有考试要求的知识点，满足学生获得"双证书"及相关工作岗位需求，有利于促进学生就业。

5. 注重创新教材呈现形式，版式设计新颖、活泼，图文并茂，配有网络教学大纲指导教与学（相关内容可在中国中医药出版社网站 www.cptcm.com 下载），符合中等职业学校学生认知规律及特点，有利于增强学生的学习兴趣。

本版教材的组织编写得到了国家中医药管理局的精心指导、全国中医药中等职业教育学校的大力支持、相关专家和教材编写团队的辛勤付出，保证了教材质量，提升了教材水平，在此表示诚挚的谢意！

我们衷心希望本版规划教材能在相关课程的教学中发挥积极的作用，通过教学实践的检验不断改进和完善。敬请各教学单位、教学人员及广大学生多提宝贵意见，以便再版时予以修正，提升教材质量。

国家中医药管理局教材办公室
全国中医药职业教育教学指导委员会
中国中医药出版社
2015 年 4 月

编写说明

　　《有机化学基础》是"全国中医药行业中等职业教育'十二五'规划教材"之一。本教材是依据习近平总书记关于加快发展现代职业教育的重要指示和《国家中长期教育改革和发展规划纲要（2010—2020年)》精神，为适应中医药中等职业教育教学发展需求，突出中医药中等职业教育的特色，由全国中医药职业教育教学指导委员会、国家中医药管理局教材办公室统一规划、宏观指导，中国中医药出版社具体组织，全国中医药中等职业教育学校联合编写，供中医药中等职业教育教学使用的教材。

　　本教材力求职业教育专业设置与产业需求、课程内容与职业标准、教学过程与生产过程"三对接"，"崇尚一技之长"，提升人才培养质量，做到学以致用。教材编写强化质量意识、精品意识，以学生为中心，以"三对接"为宗旨，突出思想性、科学性、实用性、启发性、教学适用性，在教材内容结构、知识点、规范化、标准化、编写技巧、语言文字等方面加以改革，从整体上提高教材质量，力求编写出"精品教材"。

　　本教材主要供中等职业教育院校药学、中药、中药制药、检验等专业使用，也可作为其他医药类专业中职、中专层次的《有机化学》教材及执业药师技能培训和资格考试的参考资料。

　　本教材编写基本思路：①各章中设置学习目标、知识拓展、本章小结、目标检测等环节，以帮助学生学习、巩固、复习、提高。②遵照"做中学，学中做"的教、学、做一体化的职业教育思想，精心选择和编辑实验方案，理论课随堂演示实验多以实验操作、观察讨论、设问答疑三步走的方式呈现，学生实验的设计以典型、简单、鲜明为主，兼顾绿色、环保、安全。③集成了实验指导、习题集两项重要内容。④精心设置各章导语，期望各章节教学内容的引入及过渡能够顺畅、平缓。

　　本教材内容分理论和实验两部分：理论部分由基础模块（第1~8章）和专业模块（第9~14章）两部分构成。基础模块教学内容有绪论、饱和烃、不饱和烃、芳香烃和卤代烃、醇酚醚、醛酮醌、羧酸及取代羧酸、含氮有机化合物等；专业模块教学内容有物质的旋光性、杂环化合物和生物碱、糖、脂类、氨基酸、多肽和蛋白质、有机高分子材料。实验部分共收录了13个实验，属于实验模块。

　　本教材编写分工如下：第1、2章及实验10、13编者为穆春旭；第3章及实验9编者为侯迎迎；第4章及实验2编者为张腊梅；第5章及实验3编者为万屏南；第6、9、14章及实验4、12编者为王振；第7章及实验5编者为刘转利；第8章及实验11、附录及有机化学实验常识编者为宋克让；第10章及实验1编者为杨国富；第11章及实验7编者为裴存芝；第12章及实验6编者为孙丽花；第13章及实验8编者为祁海萍。全书由宋克让统稿。

教材编写过程中得到了全国中医药职业教育教学指导委员会、国家中医药管理局、中国中医药出版社和各参编单位领导的大力支持，在此深表感谢！

鉴于编者学识、能力、实验、资讯等各种主、客观因素的限制，疏漏之处在所难免，衷心希望各位读者提出宝贵意见，以便再版时修订提高。

《有机化学基础》编委会

2015 年 6 月

目　录

理论部分

理论部分

第一章 绪 论

学习目标

1. 掌握有机化合物的结构特点和特性。

2. 熟悉有机化合物的分类，能识别常见的官能团；熟悉有机化合物的基本反应类型和共价键的键参数。

3. 了解有机化学的发展史。

19世纪初期，化学作为一门学科刚刚问世，当时化学家们把从矿石中分离提炼出的砂、盐、金、银、铜、铁等物质称为无机物，把从动植物体得到的物质如橄榄油、糖、橡胶、淀粉等称为有机化合物。当时认为它们只能从生命体中获得，是"有生命机能"的神秘物质，即有机化合物。公众认为，只有在"生命力"作用下才能产生有机化合物，这种学说曾经牢固地禁锢着科学家的头脑。

德国化学家拜尔（Adolf von Beyer, 1835—1917年）与他人合作，于1870年首次合成了靛蓝。由于他对靛蓝及其衍生物的深入研究而荣获1905年诺贝尔化学奖。

1928年，德国年轻的化学家乌勒（Friedrich Wöhler, 1802—1882年）首次从无机化合物氰酸铵合成了有机化合物尿素，实现了有机合成的良好开端。

$$KOCN + NH_4Cl \longrightarrow NH_4OCN \qquad 氰酸铵$$

$$NH_4OCN \longrightarrow H_2N-\overset{\overset{\displaystyle O}{\|}}{C}-NH_2 \quad 尿素$$

尿素的人工合成，突破了无机化合物与有机化合物之间的绝对界限，不仅动摇了"生命力"学说的基础，开创了有机合成的道路，而且启迪了人们的哲学思想，推动了

有机化合物的研究，助推了生命科学的发展。

继靛蓝、尿素被合成后，人们又陆续合成了众多的有机化合物。大量的实验事实，使人们摆脱了"生命力"学说的束缚，而"有机"这个名称却被保留了下来。

第一节　有机化合物概述

一、有机化学与有机化合物

自然界中物质的种类繁多，根据它们的组成、结构和性质等特点，可分为纯净物和混合物，纯净物可分为单质和化合物，化合物又可分为无机化合物和有机化合物。

有机化合物简称"有机物"，其分子中都含有碳元素，例如甲烷（CH_4）、酒精（CH_3CH_2OH）、醋酸（CH_3COOH）等，因此，有机物又叫含碳化合物。有机物是指除了一氧化碳、二氧化碳、碳酸、碳酸盐、金属碳化物、氰化物等无机含碳化合物之外，所有人工合成以及天然存在的碳氢化合物及其衍生物。

有机化学是研究有机化合物的组成、结构、性质、变化、应用的一门自然科学。

有机化合物中，仅由碳（C）、氢（H）两种元素组成的有机物叫做烃类化合物，简称烃。烃是其他有机化合物的母体，其他有机化合物可看作是烃的衍生物，如烃的含氧化合物、含氮化合物等都是烃的衍生物，将在后续章节介绍。

石化工业的重要原料——石油和煤，现代工业的血液——成品油，营养物质——糖、油脂、氨基酸和蛋白质以及中药中的有效成分如黄酮类、生物碱类、萜类等都是有机化合物。

二、有机化合物的结构特点

（一）碳原子总呈 4 价

碳元素位于周期表中第 2 周期第ⅣA族，碳原子的最外层电子有 4 个，反应中既不失去电子，也不得到电子，通常以共用电子对（即共价键）与其他原子或原子团相连，且碳原子上总有且只有 4 条共价键。

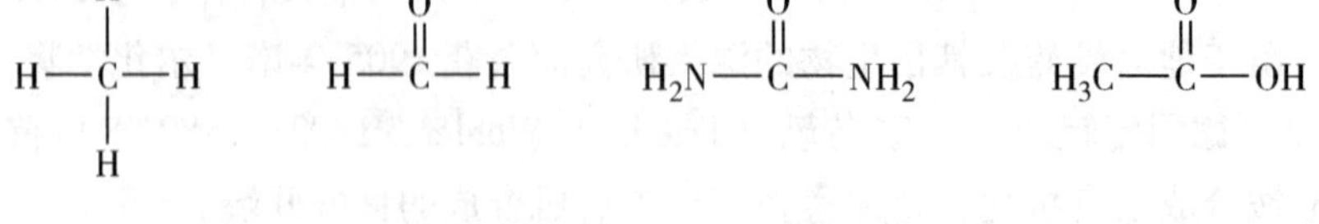

甲烷	甲醛	尿素	醋酸

C 与 H、O、N、S、P、Cl、I 等原子通过共用电子对（共价键）相连。

（二）碳链、碳环结构是有机化合物的骨架

丁烷	苯甲醛	1,3-丁二烯	环己炔

碳链骨架上碳原子之间存在 3 种共价键：

$$C—C \qquad C=C \qquad C≡C$$

碳碳单键　　碳碳双键　　碳碳三键

（三）共价键有不同的键参数

共价键的键长、键角、键能、键的极性等物理常量称为共价键的键参数。通过它们，人们可以了解有机化合物分子中共价键对分子结构和性质的影响。

1. 键长　成键两原子核之间的距离，可判断共价键的类型和键的牢固性。键长越短，键越稳定；键长越长，键越活泼。

	C—C	C=C	C≡C	C—H
键长（nm）	0.154	0.134	0.120	0.109

2. 键角　分子中某一原子与另外两原子形成的两个共价键在空间上的夹角，可据此推断有机化合物分子的空间构型。例如：甲烷的正四面体分子结构中 C—H 键的键角为 $109°28'$。

3. 键能　以共价键相结合的双原子分子在裂解成原子时所吸收的能量。可据此判断共价键的稳定性：键能越大，键越稳定。

	C—C	C=C	C≡C
键能（kJ/mol）	347	611	807

4. 键的极性　不同的成键原子有不同的电负性（指成键原子吸引对方的电子而带负电的性质，也就是成键原子的非金属性），两个相同原子形成的共价键（如 H—H）不会出现一正一负的两极，是非极性共价键；两个不同原子间形成的共价键（如 H—Cl），共用电子对会偏向电负性较大的 Cl 原子、偏离电负性较小的 H 原子，从而使 Cl 带少量负电荷，H 带少量正电荷。因此，不同原子间的共价键大多为极性键，成键原子间电负性差值越大，共价键的极性越大。

（四）有机化合物的结构

1. 结构式　有机化合物的结构常用结构式来表达，它描述了分子中原子间的连接方式和连接顺序等信息。

有机化合物的结构式有以下几种表示方式：结构式、结构简式（condensed formula）和键线式（line-formula），见表 1-1。

表 1-1 结构式、结构简式和键线式示例

分子式	结构式	结构简式	键线式
C_4H_{10}	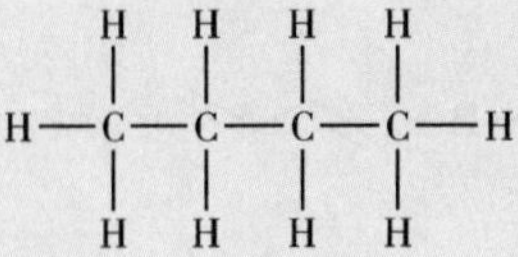	$CH_3CH_2CH_2CH_3$	
C_4H_8	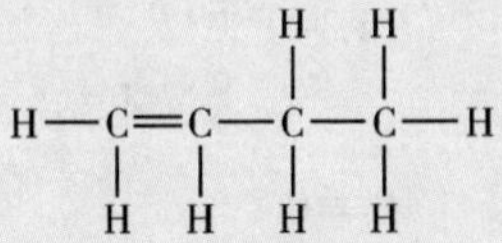	$CH_2\!=\!CHCH_2CH_3$	
C_4H_8	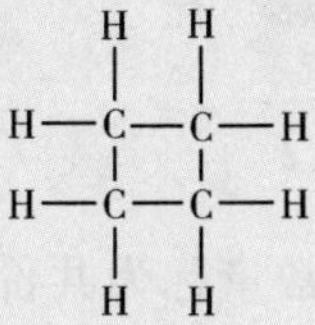	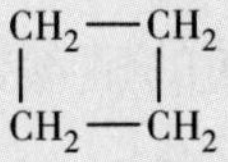 $CH_2\!-\!CH_2$ $CH_2\!-\!CH_2$	
C_4H_9Cl	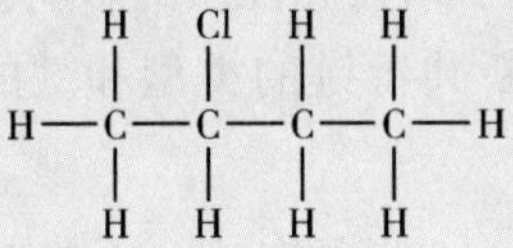	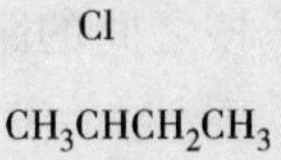 $CH_3CHCH_2CH_3$ 上Cl	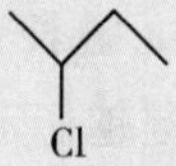

结构式（蛛网结构）完整地表示了有机化合物的原子种类、数量及原子间的连接方式，但书写起来非常繁琐。在结构式基础上，将短线省略，并将多个氢原子合并，成为结构简式，它能简洁而清楚地反映有机化合物的结构，是有机化学教材中最常用的有机化合物结构表示式。还可以用键线式表示有机化合物，即只以单线、双线、三线等表示三种碳碳键，直线连接的端点为碳原子，碳原子及其所连氢原子一律省去不写，只标出碳氢之外的原子。键线式更简洁，在许多药品说明书中很常见。

2. 同分异构现象 具有相同组成而结构不同的化合物。例如：乙醇和甲醚的分子式都是 C_2H_6O。在通常条件下乙醇是液体，沸点（boiling point，简写作 bp）为 78.6℃；而二甲醚是气体，沸点-23℃。显然，二者是不同的物质，乙醇和甲醚互为同分异构体，这种现象称作同分异构现象（isomerism）。

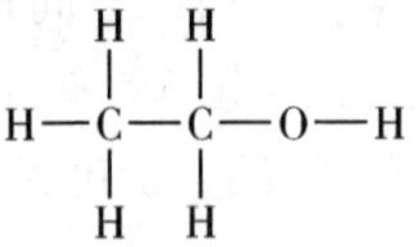

乙醇 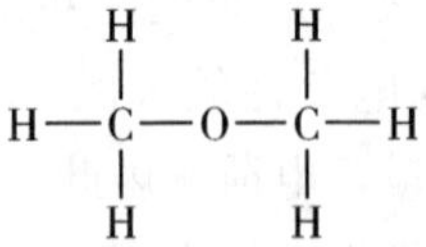　　　　　甲醚

再如分子式为 C_4H_{10} 的有机化合物可以有两种不同的结构：

$$CH_3\!-\!CH_2\!-\!CH_2\!-\!CH_3 \qquad\qquad CH_3\!-\!\underset{\underset{CH_3}{|}}{CH}\!-\!CH_3$$

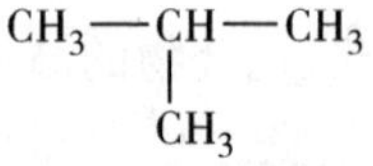

有机化合物的组成元素主要有碳、氢、氧、氮，另外卤素、硫、磷等元素也很常见，组成元素较少，但有机化合物却数目庞大，就是起因于各类有机物中存在着大量的

同分异构现象。

三、有机化合物的特性

有机化合物中原子间多以共价键相结合，而无机化合物多以离子键相结合，两者结构上的差异，使得它们的性质有明显的区别。与无机化合物比较，大多数有机化合物具有以下特性：

1. 数目巨大 有机化合物中 C、H、O、N、S、P 及 X 等元素的原子间能够以共价键方式产生多种形式的结合，就有成千上万种结构各异、长短不一的直链、支链或环状有机化合物，加之同分异构现象在有机化合物中普遍存在，因此有机化合物种类繁多，数目巨大。而无机化合物的总数还不到有机化合物的十分之一。

2. 容易燃烧 绝大多数有机化合物在空气中可以燃烧，产物主要是二氧化碳和水，同时放出大量热能。例如石油、酒精等。

3. 熔点、沸点较低 有机物分子间作用力较小，其熔点和沸点较低，熔点一般不超过 400℃。例如：氯化钠和丙酮的相对分子质量相当，但二者的熔、沸点相差很大。

	NaCl（氯化钠）	CH_3COCH_3（丙酮）
相对分子质量	58.44	58.08
熔点（℃）	801	-95.35
沸点（℃）	1413	56.2

4. 一般难溶于水而易溶于有机溶剂 由于有机化合物多为非极性或弱极性分子，而水为极性分子，根据"相似相溶"原则，有机化合物不易溶于极性大的水，而易溶于非极性或弱极性的有机溶剂。

衣服一旦被油污沾染，可以把酒精或者热肥皂抹在污处将油污除掉。乙醇、乙醚、氯仿、丙酮和苯等这些弱极性有机溶剂也是干洗店的必备溶剂。

5. 反应慢、产物复杂 离子键易解离，而共价键解离很慢。因此，有机物反应速度就慢。加快反应速度可以采用加热、光照或使用催化剂等方式。反应时由于键的断裂可能发生在多个位置上，故产物复杂，且多为混合物。

有机化学反应产物复杂，往往有主产物和副产物之分。因此，书写有机反应方程式时，反应物和生成物之间连接不用等号，只用箭头。大多只需写出主要反应产物，在箭头上可标注必要的反应条件。多不要求严格配平，但须计算理论产率时例外。

6. 一般不导电 有机物分子中原子间主要以非极性或弱极性共价键结合，有机物一般为非电解质，在溶于水或熔融状态下不能电离产生阴阳离子。因此，有机物一般不导电。

上述特点为大多数有机物的特性，不能绝对化。例如四氯化碳不易燃烧，反而能灭火，可作灭火剂。有机物和无机化合物性质比较见表 1-2。

表1-2 有机物和无机物性质比较

特性	有机物	无机物
组成特点	由 C、H、O、N、S 等多种非金属元素组成	组成元素种类多
化学键	共价键	离子键
数量	数量繁多，数千万种	几十万种
可燃性	易燃，生成 CO_2 和 H_2O	不易燃烧
耐热性	熔点、沸点较低，熔点一般不超过400℃	熔点、沸点较高，受热稳定
反应特点	反应速度慢，反应产物复杂	反应速度快，产率高
导电性	导电性差	导电

第二节　有机物的分类

有机物有多种分类方法，按分子中碳架结构的不同分为链状化合物和环状化合物；按分子中官能团的不同分为烷烃、烯烃、炔烃、芳香烃、醇、酚、醚、醛、酮、羧酸、胺类等；按元素的组成不同分为烃（C、H 化合物）和烃的衍生物（包括含氧有机物、含氮有机物等）；按其功用的不同分为基础有机物和生命有机物等。其中以官能团分类最为重要。

一、按碳架结构分类

有机物按碳链骨架的形态不同分为三类。

1. 开链化合物 在开链化合物中，碳原子互相结合形成链状，碳链可以是直链，也可以带有支链。因为这类化合物最初是从脂肪中得到的，故又称脂肪族化合物。例如：

CH₃CH₂CH₃　　　　　CH₃CH₂CH=CH₂　　　　　CH₃CH₂OH

丙烷　　　　　　　　1-丁烯　　　　　　　　乙醇

2. 碳环化合物 碳链首尾相接，形成一个（或多个）环的化合物就是碳环化合物。按照碳环上碳原子的成键方式不同，可分为脂环族化合物和芳香族化合物两类（简称脂环化合物及芳香族化合物）。

（1）脂环化合物（alicyclic compounds） 其结构与性质与脂肪族化合物相似，因此称脂环化合物。例如：

环己烷　　　　　　环己烯　　　　　　环己醇

（2）芳香族化合物（aromatic compound） 这类化合物大多数都含有芳环，它们具有与开链化合物和脂环化合物不同的化学特性。因最初是从具有芳香气味的有机物中提取出来的，故称为芳香化合物。

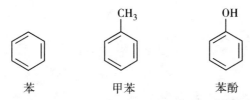

苯　　　　甲苯　　　　苯酚

3. 杂环化合物（heterocyclic compound）　成环原子主要是碳原子，此外还含有一个或多个杂原子（如氧、硫、氮等）。例如：

呋喃（furfuran）　噻吩（thiophene）　吡啶（pyridine）

二、按官能团的不同分类

官能团（functional group）又称功能基，是决定有机物主要性质的原子或原子团。官能团是有机物分子中比较活泼的部位，一旦条件具备，它们就充分发生化学反应。含有相同官能团的有机物具有类似的化学性质。例如：丙酸和苯甲酸，因分子中都含羧基（—COOH），因此都具有酸性。因此，将有机物按官能团进行分类，便于对有机物的共性进行研究。本教材的教学内容就是以官能团的简繁顺序来编写的。表1-3列出了有机物中常见的官能团。

表1-3　常见官能团及其相关化合物

官能团		有机物类别	化合物举例
基团结构	名称		
$C=C$	双键	烯烃	$CH_2=CH_2$　乙烯
$-C\equiv C-$	叁键	炔烃	$H-C\equiv C-H$　乙炔
$O-H$	羟基	醇，酚	CH_3OH　甲醇　C_6H_5OH　苯酚
$C=O$	羰基	醛，酮	CH_3CHO　乙醛　CH_3COCH_3　丙酮
$-COOH$	羧基	羧酸	CH_3COOH　乙酸
$-NH_2$	氨基	胺	CH_3NH_2　甲胺　$C_6H_5NH_2$　苯胺
$-NO_2$	硝基	硝基化合物	CH_3NO_2　硝基甲烷　$C_6H_5NO_2$　硝基苯
$-X$	卤素	卤代烃	CH_3Cl　一氯甲烷　C_6H_5Br　溴苯
$-SH$	巯基	硫醇，硫酚	CH_3SH　甲硫醇　C_6H_5SH　硫酚
$-SO_3H$	磺酸基	磺酸	$C_6H_5SO_3H$　苯磺酸
$-C\equiv N$	氰基	腈	$CH_3-C\equiv N$　乙腈
$\underset{O}{R\quad R'}$	醚键	醚	$C_2H_5OC_2H_5$　乙醚

第三节 有机化学反应的类型

一、根据共价键断裂方式不同分类

无机物的正、负离子之间反应迅速，瞬间即可将反应物转化成产物。有机物分子中原子间主要以共价键结合，有机反应涉及的是反应物旧键的断裂和生成物新键的形成。共价键的断裂有均裂和异裂两种方式，根据共价键断裂方式不同，有机化学反应分为自由基型反应和离子型反应。

1. 自由基型反应 按照共价键均裂方式进行的反应叫自由基型反应或游离基型反应。均裂是指在有机反应中，原来成键的两个原子均裂之后产生各带有一个未配对电子的原子或原子团，它们能够极其短暂的自由存在，称为自由基或游离基。例如：

$$Cl_2 \xrightarrow{\text{光照}} Cl\cdot + Cl\cdot$$

$$CH_4 + Cl\cdot \longrightarrow CH_3^{\cdot} + HCl$$

$$CH_3^{\cdot} + Cl\cdot \longrightarrow CH_3Cl$$

式中带有单电子的氯原子称为氯原子自由基，带有单电子的甲基称为甲基自由基。诸如此类的共价键均裂生成自由基的反应，称为自由基型反应。该反应一般在光、热或过氧化物（R—O—O—R）存在下进行。自由基只是在反应中作为活泼中间体出现，它只能在瞬间存在，很快两两结合形成新的化合物。

2. 离子型反应 按照共价键异裂方式进行的反应叫离子型反应。异裂是指在有机反应中成键原子非均等地分裂成两个带相反电荷的碎片的过程。即原来成键的两个原子异裂之后，一个带正电荷，另一个带负电荷。这种异裂后生成带正电荷和带负电荷的原子或原子基团，这种阴阳离子重新组合的反应，称为离子型反应。例如：

$$CH_3CH_2Cl + H_2O \underset{\triangle}{\overset{NaOH}{\rightleftharpoons}} CH_3CH_2OH + HCl$$

离子型反应从反应历程上又可分为亲电反应（electrophilic reaction）和亲核反应（nucleophilic reactions）。

（1）**亲电反应** 指缺电子（对电子有亲和力）的试剂进攻另一化合物电子云密度较高（富电子）区域引起的反应。

例如：苯与溴发生反应，溴分子在铁催化下异裂产生溴正离子和溴负离子，溴正离子作为亲电试剂进攻苯环并取代一个氢原子生成溴苯。

$$Br_2 + FeBr_3 \longrightarrow Br^+ + FeBr_4^-$$

（2）**亲核反应** 电负性高的或者电子云密度较大的亲核基团向反应目标物质分子中的带正电的或者电子云密度较低的部分进攻而使反应发生，这种反应称为亲核反应。

例如：醛与亚硫酸氢钠发生加成反应，生成稳定的亚硫酸氢钠加成产物。反应中亚硫酸氢钠作为亲核试剂，反应进行很快，有白色晶体生成。

$$R-\overset{\overset{\displaystyle O}{\|}}{C}-H \xrightleftharpoons{NaHSO_3} R-\overset{\overset{\displaystyle OH}{|}}{\underset{\underset{\displaystyle SO_3Na}{|}}{C}}-H \quad \downarrow 白色晶体$$

α-羟基磺酸钠

二、根据反应方式和反应结果不同分类

有机化学反应根据反应方式不同可分为取代反应（substitution reaction）、加成反应（addition reaction）、聚合反应（polymerization）、氧化反应（oxidation reaction）、还原反应（reduction reaction）等，根据反应结果不同可分为消除反应（elimination reaction）、酯化反应（esterification reaction）、水解反应（hydrolysis reaction）、中和反应（neutralization reaction）等。

1. 取代反应　有机物分子中的某些原子或原子团被其他原子或原子团所代替的反应，称为取代反应。

（1）**卤代反应**　有机物分子中原子或原子团被卤素原子取代称为卤代反应。例如：

$$CH_4 + Cl_2 \xrightarrow{光照} CH_3Cl + HCl$$

（2）**硝化反应**　有机物分子中的氢原子被硝基取代称为硝化反应。例如：

$$\text{（苯）} + HNO_3 \xrightarrow[50℃\sim60℃]{浓硫酸} \text{（硝基苯）}NO_2 + H_2O$$

（3）**磺化反应**　有机物分子中的氢原子被磺酸基取代称为磺化反应。例如：

$$\text{（苯）} + H_2SO_4 \xrightarrow{70℃\sim80℃} \text{（苯磺酸）}SO_3H + H_2O$$

2. 加成反应　有机物分子中双键（或三键）两端的碳原子与其他原子或原子团直接结合，生成新的化合物称为加成反应。例如：

$$CH_2{=}CH_2 + HBr \longrightarrow CH_3CH_2Br$$

3. 聚合反应　由低分子结合成高分子称为聚合反应。例如：

$$n\,CH_2{=}CH_2 \xrightarrow[100℃]{TiCl_4} {+}CH_2{-}CH_2{\}_n$$

4. 消除反应　从一个有机物分子中消去一个简单分子（如 H_2O、HX 等）而生成不饱和化合物称为消除反应。例如：

$$CH_3CH_2Br + NaOH \xrightarrow{C_2H_5OH} CH_2{=}CH_2 + HBr$$

5. 氧化反应　在有机物分子中引入氧或失去氢原子，或同时引入氧和失去氢原子称为氧化反应。例如：

$$CH_4 + 2O_2 \xrightarrow{\text{点燃}} CO_2 + 2H_2O$$

6. 还原反应 在有机物分子中引入氢或失去氧称为还原反应。例如：

$$H_3C-\overset{\overset{\displaystyle O}{\|}}{C}-H + H_2 \xrightarrow[\triangle]{Ni} CH_3CH_2OH$$

7. 酯化反应 酸和醇作用生成酯和水称为酯化反应。例如：

$$CH_3CH_2OH + HNO_3 \rightleftharpoons C_2H_5ONO_2 + H_2O$$

8. 水解反应 有机物在一定条件下与水的反应称为水解反应。例如：

$$CH_3CH_2Cl + H_2O \xrightarrow[\triangle]{NaOH} CH_3CH_2OH + HCl$$

9. 中和反应 酸和碱作用生成盐和水称为中和反应。例如：

$$CH_3COOH + NaOH \longrightarrow CH_3COONa + H_2O$$

第四节　有机化学的学习方法

一、把握结构与性质的关系

有机化学课程的中心问题是结构与性质的关系问题，把握结构与性质的关系是学好有机化学的基础。从化合物的结构特征出发，就能很好地理解记忆有机物的主要物理、化学性质。把握了性质才能更好地学习、记忆化合物的应用价值以达到学以致用。因此在学习有机化学时，要抓住结构与性质这条主线，学会从结构出发分析、记忆有机物的性质，再进一步熟悉其应用价值，这是学好有机化学的关键。

二、加强理解基础上的记忆

众多化合物的性质是可以从结构出发进行分析和理解的。在有机化学中更重要的是要应用这些性质，有时需要进行逆向思维，熟悉、积累一些化合物性质以及各种类型反应就很必要。因此，学习有机化学，必须加强记忆力的训练。

三、进行纵向与横向的对比和小结

经常从官能团出发对比化合物的性质，从反应类型出发小结不同化合物的特性，将有助于从结构层面上更好地理解有机化学的基本概念，也有助于系统地把握不同官能团化合物以及不同反应之间的区别与联系。

有机化学是一张网，不同官能团的性质是相互关联的，纵向和横向的对比和小结将令学习事半功倍。

四、精选习题，勤做练习

勤做练习有助于检查自己对基本问题的掌握，并发现自己学习的盲点。精选习题则有助于节省时间，先读书后做题是可取的方式。

本 章 小 结

本章介绍了有机物的含义、特点、分类方法、反应类型等内容，以及后续章节中需要的有机化学的基本知识，熟悉和掌握这些知识对后续章节及课程的学习至关重要。

1. 有机化学和有机物　有机化学就是研究碳氢化合物及其衍生物的化学。有机物是指碳氢化合物及由碳氢化合物衍生而得到的化合物。

2. 有机物的特点　有机物的特点是：种类繁多，易燃烧，易溶于有机溶剂，熔、沸点较低，有机反应大多反应速度慢、副反应多等。

3. 有机物中碳原子的成键特性

（1）碳原子呈四价，原子间以共价键结合。

（2）共价键的键长、键角、键能、键的极性等物理量称为共价键的键参数。通过这些物理量可以了解有机物分子中共价键对分子结构和性质的影响。

4. 有机物的分类　分类方法常用的有两种，一是按碳链骨架分为开链化合物、脂环族化合物、芳香族化合物和杂环化合物；二是按照官能团分类。

5. 有机化学反应类型　根据共价键断裂方式不同分为自由基型反应和离子型反应。根据反应方式和反应结果不同有取代反应、加成反应、聚合反应、消除反应、氧化反应、还原反应、酯化反应、水解反应、中和反应等。

6. 有机化学的学习方法　学习有机化学的过程中，紧紧抓住结构与性质这条主线索，学习从结构出发分析、记忆有机物的性质，进一步熟悉有机物的应用价值。

目 标 检 测

一、单项选择题

1. 有机分子中，碳原子总是呈（　　　）
   A. 2 价　　　　　　　　B. 3 价　　　　　　　　C. 4 价　　　　　　　　D. 5 价
2. 下列化合物不属于有机物的是（　　　）
   A. CH_4　　　　　　　B. CO_2　　　　　　　C. CCl_4　　　　　　　D. C_2H_5OH
3. 下列叙述错误的是（　　　）
   A. 有机物反应速度慢、反应复杂　　　　B. 有机物易溶于有机溶剂
   C. 有机物数量远远多于无机化合物　　　D. 所有有机物都易燃烧
4. 下列化合物属于醇的是（　　　）

   A.
   $$CH_3CH_2\overset{\displaystyle CH_3}{\underset{\displaystyle OH}{\overset{|}{\underset{|}{CH}}}}CHCH_2CH_3$$

   B.
   $$CH_3CH_2CH\overset{\displaystyle CH_3}{\overset{|}{}}CHCH_2CH_2CH_3$$

C. $CH_3CH_2\overset{\displaystyle CH_3}{\underset{\displaystyle Cl}{\overset{|}{C}H}CHCH_2CH_3}$ D. $CH_3CH_2\overset{\displaystyle CH_3}{\underset{\displaystyle NH_2}{\overset{|}{C}H}CHCH_2CH_3}$

5. 下列化合物属于芳香族化合物的是(　　　)

A. $CH_3CH_2\overset{\displaystyle CH_3}{\overset{|}{C}H}CH_2CH_3$ B. $\underset{\displaystyle OH}{CH_2}-\underset{\displaystyle OH}{CH}-\underset{\displaystyle OH}{CH_2}$

C.   D.

6. 下列反应属于取代反应的是(　　　)

A. $CH_3CH_2Br + NaOH \xrightarrow{C_2H_5OH} CH_2{=}CH_2 + HBr$

B. $CH_4 + 2O_2 \xrightarrow{点燃} CO_2 + 2H_2O$

C. $H_3C-\overset{\displaystyle O}{\overset{\|}{C}}-H + H_2 \xrightarrow[\triangle]{Ni} CH_3CH_2OH$

D. $CH_4 + Cl_2 \xrightarrow{光照} CH_3Cl + HCl$

二、指出下列化合物的官能团和该化合物所属类别

1. $CH_3CH_2CH{=}CHCH_2CH_3$ 2. $CH_3CH_2\overset{\displaystyle CH_3}{\underset{\displaystyle NH_2}{\overset{|}{C}H}CHCH_2CH_3}$ 3. $\underset{\displaystyle OH}{CH_2}-\underset{\displaystyle OH}{CH}-\underset{\displaystyle OH}{CH_2}$

4. $CH_3CH_2CH_2\underset{\displaystyle Cl}{\overset{|}{C}H}CH_3$ 5. CH_3CH_2COOH 6. $\underset{CH_3CCH_2CH_2CH_3}{\overset{\displaystyle O}{\overset{\|}{}}}$

7. $CH_3CH_2CH_2\underset{\displaystyle NO_2}{\overset{|}{C}H}CH_3$ 8. $CH_3CH_2\overset{\displaystyle CH_3}{\overset{|}{C}H}CH_2CH_2CH_3$ 9. CH_3CH_2CHO

三、简答题

1. 名词解释

（1）有机物　　　　　（2）官能团　　　　　（3）同分异构现象

2. 简述有机物的特性，举例说明有机物与无机化合物的区别。

第二章 饱 和 烃

学习目标

1. 掌握甲烷的结构和性质；掌握烷烃的通式、同分异构现象、系统命名法和性质。
2. 熟悉环烷烃的结构和命名。

烃是 C、H 化合物的总称。

饱和烃又称烷烃，分子中只由 C 原子、H 原子及 C—C 与 C—H 两种单键构成，C 原子的 4 个价电子完全与其他 4 个原子成了 4 条共价键。

烷烃分为开链烷烃（简称烷烃）和环烷烃。

第一节 甲 烷

最简单的烷烃是甲烷。

一、甲烷的分子结构

甲烷的分子式为 CH_4，氢原子核外只有 1 个电子，碳原子最外电子层有 4 个电子，1 个碳原子能与 4 个氢原子形成 4 条共价键。甲烷电子式中"·"表示碳原子的最外层电子，"×"表示氢原子核外唯一的 1 个电子。甲烷结构式中每对共用电子对就是 1 条共价键，用短线"—"表示，简称单键。成单键时，成键电子云能以"头碰头"形式最大程度重叠，形成稳定性很强的 σ 键。

甲烷的结构式虽然可以表示出碳、氢各原子的成键情况，但并不能说明分子中各原子的空间排布。研究证明，甲烷分子的空间形状是正四面体，碳原子处于正四面体的中心，4 个氢原子占据正四面体的 4 个顶点，4 个碳氢键的键长及键能完全相等，所有的键角均为 109°28′。甲烷分子结构如图 2-1 所示。

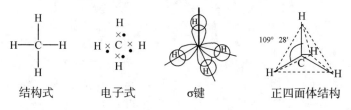

结构式   电子式   σ键   正四面体结构

图 2-1 甲烷的结构

图 2-2（a）的球棍模型可以体现甲烷的立体结构，其中中间的大球表示碳原子，四周的小球表示氢原子，短棍表示共价键。图 2-2（b）的斯陶特比例模型可以大体上表示碳原子和氢原子的体积比。

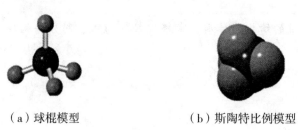

（a）球棍模型   （b）斯陶特比例模型

图 2-2 甲烷的分子模型

二、甲烷的实验室制法

实验室常用无水乙酸钠和碱石灰混合加热制备甲烷，碱石灰为氢氧化钠和氧化钙的混合物。化学反应方程式如下：

$$CH_3COONa + NaOH \xrightarrow[\triangle]{CaO} Na_2CO_3 + CH_4 \uparrow$$

【演示实验 2-1】甲烷的制取与性质。

按图 2-3（a）所示连接实验装置，检查气密性。取一药匙研细的无水乙酸钠和三药匙研细的碱石灰放在纸上，用玻璃棒混合均匀，迅速装进试管中，检查仪器的气密性后加热。当试管里的空气排出后，用排水集气法收集甲烷，观察甲烷的颜色、气味。

按图 2-3（b）所示验证甲烷的稳定性，可观察到甲烷与酸性高锰酸钾溶液不反应。

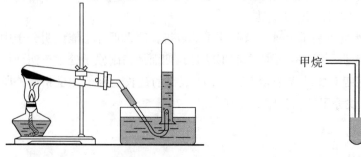

（a）实验室制取甲烷   （b）甲烷与酸性高锰酸钾溶液不反应

图 2-3 甲烷的制取与稳定性

三、甲烷的性质

(一) 物理性质

甲烷为无色、无味气体，密度大约是空气的一半，极难溶于水，易溶于汽油、煤油等有机溶剂。

(二) 化学性质

甲烷在常温下化学性质比较稳定，不与强酸、强碱、强氧化剂、强还原剂反应。但在一定条件下，如光照、加热、催化剂的作用下，能与一些试剂发生化学反应。

1. 甲烷的稳定性

【演示实验 2-2】甲烷对强氧化剂的稳定性。

将甲烷经导气管通入盛有酸性高锰酸钾溶液的试管中，如图 2-3 （b）所示，观察实验现象并解释原因。

实验结果：高锰酸钾为紫色溶液，实验前后溶液颜色没有变化。

实验证明：甲烷在常温下不与高锰酸钾等强氧化剂发生反应。

2. 取代反应

（1）**卤代反应** 将甲烷气体和氯气在黑暗处混合，并不发生化学反应。但把混合气体转移到光亮处，反应就会发生，生成一氯甲烷和氯化氢。此时反应并未终止，一氯甲烷和氯气继续反应生成二氯甲烷、三氯甲烷（俗称氯仿）和四氯化碳，反应最终得到的是上述四种卤代烷的混合物。化学反应方程式为：

$$CH_4 + Cl_2 \xrightarrow{\text{光照}} HCl + CH_3Cl$$

$$CH_3Cl + Cl_2 \xrightarrow{\text{光照}} HCl + CH_2Cl_2$$

$$CH_2Cl_2 + Cl_2 \xrightarrow{\text{光照}} HCl + CHCl_3$$

$$CHCl_3 + Cl_2 \xrightarrow{\text{光照}} HCl + CCl_4$$

像这种有机物分子中的某些原子或原子团被其他原子或原子团所代替的反应，称为取代反应。有机物分子中的原子或原子团被卤素原子取代的反应，称为卤代反应。

（2）**卤代反应的活性** 除甲烷能发生氯代反应外，其他卤素也能与烷烃进行类似反应，但不同卤素的反应活性不尽相同，其活性顺序为：$F_2 > Cl_2 > Br_2 > I_2$。由于氟代反应非常剧烈，难以控制，而碘代反应又非常缓慢以至难以进行，因此卤代反应通常是指氯代反应和溴代反应。

【演示实验 2-3】甲烷的燃烧。

将纯净的甲烷通入导管中，在导管口点燃甲烷，观察火焰颜色。然后在甲烷火焰上方倒放一个干燥的烧杯，观察实验现象并解释原因。再把烧杯倒转过来，向烧杯内加入少量澄清的石灰水，振摇，观察实验现象并解释原因。

实验结果：纯净的甲烷在空气中燃烧，火焰为淡蓝色，放出大量的热能。罩在火焰上方的干燥烧杯内壁变得模糊，有水蒸气凝结。在烧杯内加入少量澄清的石灰水，振摇后会变浑浊。

实验证明：甲烷完全燃烧生成二氧化碳和水，化学反应方程式如下：

$$CH_4 + 2O_2 \xrightarrow{\text{点燃}} CO_2 + 2H_2O$$

在有机物中引入氧或脱去氢原子，或同时引入氧和脱去氢原子的反应，称为氧化反应。甲烷在空气中的燃烧就属于氧化反应。

甲烷容易燃烧，甲烷与氧气或空气的混合物遇到火花会发生爆炸。甲烷大量存在于自然界中，是天然气、油田气、沼气和瓦斯（瓦斯是指矿井中甲烷等可燃气体的统称）的主要成分。所以，家庭使用天然气、石油液化气要注意安全，定期检查接口、每年更换导气管，谨防气体泄漏而发生意外。煤矿要保证安全生产，采取良好的通风措施，严禁明火、小心静电，专设瓦斯检查员以防矿井内的甲烷与空气的混合物发生爆炸事故。

第二节 烷 烃

分子中碳原子之间以单键（C—C）相连呈链状（甲烷除外），碳原子其余的价键全部与氢原子相连的化合物称为饱和链烃，简称烷烃。饱和烃结构简单、性质稳定，不亲水，耐酸、耐碱、耐氧化，极具化学惰性。像成品油、凡士林等就是混合烷烃，医药上用作缓泻剂的液体石蜡也是烷烃的混合物。

一、烷烃的结构、同系列和同系物

烷烃的结构与甲烷类似，分子中碳链上全部是 C—C 键，碳链外围是 C—H 键。

烷烃是最简单的烃类，分子中氢原子数与碳原子数的比例达到最高值，故称饱和烃。根据烷烃的定义可以写出一些简单烷烃的结构式和结构简式，见表2-1。

表2-1 一些简单烷烃的结构式和结构简式

名称	结构式	分子式	结构简式
甲烷	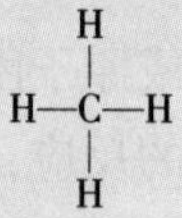	CH_4	CH_4
乙烷	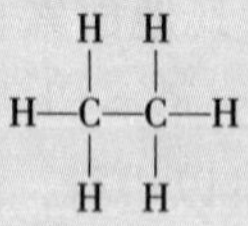	C_2H_6	$CH_3—CH_3$ 或 CH_3CH_3
丙烷	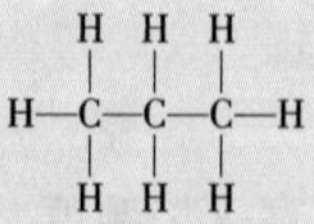	C_3H_8	$CH_3—CH_2—CH_3$ 或 $CH_3CH_2CH_3$
丁烷	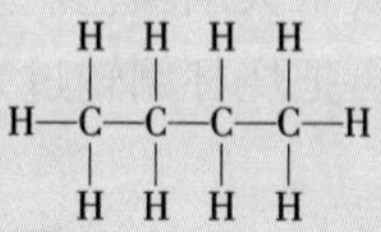	C_4H_{10}	$CH_3—CH_2—CH_2—CH_3$ 或 $CH_3CH_2CH_2CH_3$

从上述烷烃的组成可以看出：从甲烷分子开始每增加 1 个碳原子就相应增加两个氢原子，如果将碳原子数定为 n，则氢原子数就是 $2n+2$，可见，所有烷烃的分子组成都可以用 C_nH_{2n+2} 来表示，此表达式就是烷烃的通式。例如含 4 个碳原子（$n=4$）的烷烃分子式为 C_4H_{10}，含 8 个碳原子（$n=8$）的烷烃分子式为 C_8H_{18}。

有机化学中，把结构相似、组成上只相差一个或多个 CH_2 的一系列化合物，称为同系列，同系列中的各化合物之间互称同系物，CH_2 称为系列差。如甲烷、乙烷、丙烷、辛烷互为同系物，都属于烷烃系列。由于结构相近，同系物具有相似的化学性质，物理性质也呈现规律性变化。只要掌握了同系物中少数代表性的化合物，便可了解其他同系物的基本性质，这为学习和研究有机物提供了方便。

二、烷烃的同分异构现象

研究有机物时，人们发现许多物质分子组成相同，但性质却有差异。例如研究发现丁烷有两种结构，它们分子组成和相对分子质量完全相同，但性质却不同。为了便于区别，把一个叫做正丁烷，另一个叫做异丁烷，它们的物理性质见表 2-2。

表 2-2　正丁烷和异丁烷的物理性质

名称	分子式	熔点（℃）	沸点（℃）	相对密度
正丁烷	C_4H_{10}	-138.4	-0.5	0.5788
异丁烷	C_4H_{10}	-159.6	-11.7	0.557

为什么两种丁烷分子组成相同、相对分子质量相同，但性质却不同呢？经研究证明，原来是两种丁烷分子中原子的结合方式不同，即分子结构不同。正丁烷为直链分子，异丁烷带有支链，它们的结构简式如下：

$$CH_3—CH_2—CH_2—CH_3 \qquad\qquad CH_3—\overset{\displaystyle CH_3}{\underset{|}{CH}}—CH_3$$

正丁烷　　　　　　　　　　　异丁烷

有机化学中把这种两种或多种物质间具有相同的分子组成，但分子结构不同的现象，称为同分异构现象。分子式相同，结构不同的化合物之间互称同分异构体（简称异构体）。像正丁烷和异丁烷这种由于碳链结构不同而产生的同分异构现象称为碳链异构。例如戊烷有三种碳链异构体，其结构简式的书写方法是：

1. 写出最长的碳链：C—C—C—C—C。

2. 写出少一个碳原子的直链，把剩下的一个碳原子作为支链连在主链上，并依次变动支链的位置。

$$\overset{1}{C}—\overset{2}{\underset{\underset{C}{|}}{C}}—\overset{3}{C}—\overset{4}{C} \qquad\qquad \overset{4}{C}—\overset{3}{C}—\overset{2}{\underset{\underset{C}{|}}{C}}—\overset{1}{C}$$

上述两个碳链都是 4 个碳原子的主链和 1 个碳原子的支链，从最接近支链的链端数都是第 2 位，因此它们结构完全相同，属于同一物质。

3. 写出少两个碳原子的直链，把剩余两个碳原子当两个支链写在主链上。

$$
\begin{array}{c}
C \\
| \\
C—C—C \\
| \\
C
\end{array}
$$

在上述 3 种结构中分别加上氢原子，就构成了戊烷的 3 种同分异构体的结构简式。

$$CH_3—CH_2—CH_2—CH_2—CH_3 \qquad CH_3—\overset{\displaystyle CH_3}{\underset{\displaystyle |}{C}H}—CH_2—CH_3 \qquad CH_3—\overset{\displaystyle CH_3}{\underset{\displaystyle \underset{\displaystyle CH_3}{|}}{\overset{|}{C}}}—CH_3$$

烷烃分子中碳原子数量越多，碳链异构体的数目也随之增加。一些烷烃的同分异构体（理论）数目见表 2-3。

表 2-3　一些常见烷烃同分异构体数目

分子式	异构体数目	分子式	异构体数目	分子式	异构体数目
C_4H_{10}	2	C_7H_{16}	18	$C_{10}H_{22}$	75
C_5H_{12}	3	C_8H_{18}	35	$C_{11}H_{24}$	159
C_6H_{14}	5	C_9H_{20}	75	$C_{20}H_{42}$	366319

三、烷烃分子中碳原子的类型

观察碳链异构体的结构简式可以发现，碳原子在碳链所处的位置不尽相同，它们所连接的碳原子和氢原子的数目也不相同。为了加以识别，可以把碳原子分为 4 类，见表 2-4。

表 2-4　烷烃分子中碳原子的类型

序号	碳原子类型	特点	别称
1	伯碳原子	与另外 1 个碳原子直接相连	一级或 1°碳原子
2	仲碳原子	与另外 2 个碳原子直接相连	二级或 2°碳原子
3	叔碳原子	与另外 3 个碳原子直接相连	三级或 3°碳原子
4	季碳原子	与另外 4 个碳原子直接相连	四级或 4°碳原子

例如：
$$\overset{1}{C}H_3—\overset{2}{C}H_2—\overset{3}{C}H—\overset{4}{\underset{\displaystyle \underset{\displaystyle CH_3}{|}}{\overset{\displaystyle \overset{\displaystyle CH_3}{|}}{C}}}—CH_3$$

与此相对应，连接在伯、仲、叔碳原子上的氢原子分别称为伯氢原子（1°H）、仲氢原子（2°H）和叔氢原子（3°H）。

由于伯碳、仲碳、叔碳、季碳和伯氢、仲氢、叔氢各原子所处的位置不同，受其他原子的影响，它们的化学反应活性存在一定差异。

四、烷烃的命名

烷烃的命名是其他各类有机物命名的基础，正确地对有机物进行命名，是有机化学的重要学习内容。

烷烃的命名方法通常有两种，即普通命名法和系统命名法。

（一）普通命名法

普通命名法是早期人们对有机物进行命名的一种方法，只适用于结构比较简单的烷烃，基本原则如下：

1. 按分子中碳原子数目称"某烷"，碳原子数在十以内的分别用甲、乙、丙、丁、戊、己、庚、辛、壬、癸表示；碳原子数在十以上的用中文数字十一、十二、十三……表示。例如：

CH_4	C_4H_{10}	C_8H_{18}	$C_{12}H_{26}$
甲烷	丁烷	辛烷	十二烷

2. 为区别同分异构体，用"正、异、新"表示，"正某烷"表示直链烷烃，"异某烷"表示碳链一端的第 2 位碳原子上有 1 个甲基，"新某烷"表示碳链一端的第 2 位碳原子上连有两个甲基，且碳链上其他部位无支链。例如：

正己烷	异己烷	新己烷

普通命名法虽然简单，但随着碳原子数的增加，烷烃的结构愈加复杂，普通命名法难以适用。

（二）系统命名法

系统命名法是国际上普遍适用的有机物命名法，它是根据国际纯粹与应用化学联合会（IUPAC）制定的有机物命名原则，结合我国文字特点而制定的一套命名原则。

1. 直链烷烃的命名 直链烷烃的系统命名法与普通命名法基本相同，某烷前面省略"正"字。一些直链烷烃的名称见表2-5。

表2-5 一些直链烷烃的名称

分子式	名称	分子式	名称	分子式	名称
CH_4	甲烷	C_5H_{12}	戊烷	C_9H_{20}	壬烷
C_2H_6	乙烷	C_6H_{14}	己烷	$C_{10}H_{22}$	癸烷
C_3H_8	丙烷	C_7H_{16}	庚烷	$C_{11}H_{24}$	十一烷
C_4H_{10}	丁烷	C_8H_{18}	辛烷	$C_{20}H_{42}$	二十烷

2. 支链烷烃的命名

（1）烷基的命名 烷基是指烷烃分子中去掉一个氢原子后所剩余的基团，通式为 C_nH_{2n+1}，用 R—表示。常见的烷基见表 2-6。

表 2-6 常见的烷基

烷烃	结构简式	烷基	烷基名称
甲烷	CH_4	$CH_3—$	甲基
乙烷	CH_3CH_3	$CH_3CH_2—$	乙基
丙烷	$CH_3CH_2CH_3$	$CH_3CH_2CH_2—$	丙基
		$(CH_3)_2CH—$	异丙基

（2）烷烃的系统命名法

①主链的选择：选取最长的碳链为主链，根据所含碳原子数目称为"某烷"，并以它为母体，支链作为取代基。如有等长碳链时，应选择含取代基最多的碳链为主链。例如：

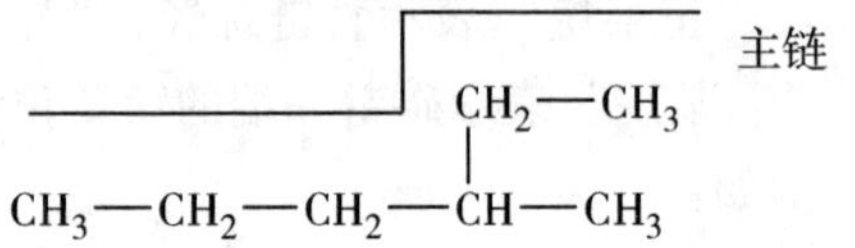

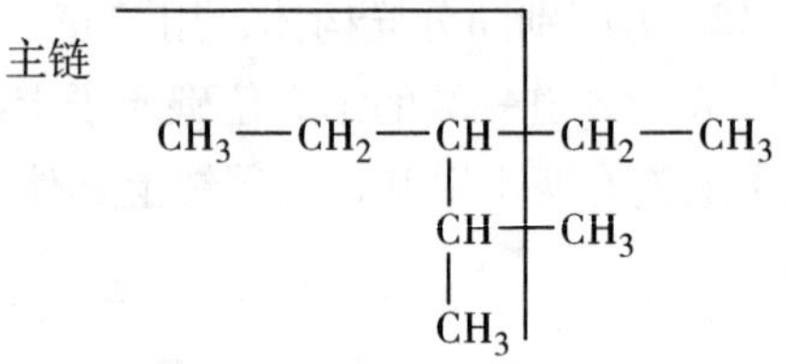

②主链的编号：从靠近取代基的一端开始，用阿拉伯数字依次编号，须使取代基的位次最小。

如果两个不同的取代基位次相同，则应使较小的取代基有尽可能小的位次。常用烷基的顺序为：甲基 < 乙基 < 正丙基 < 异丙基。例如：

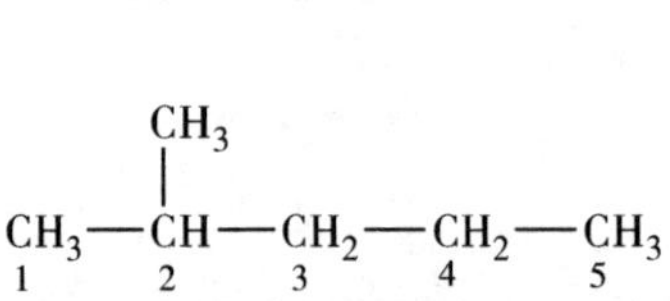

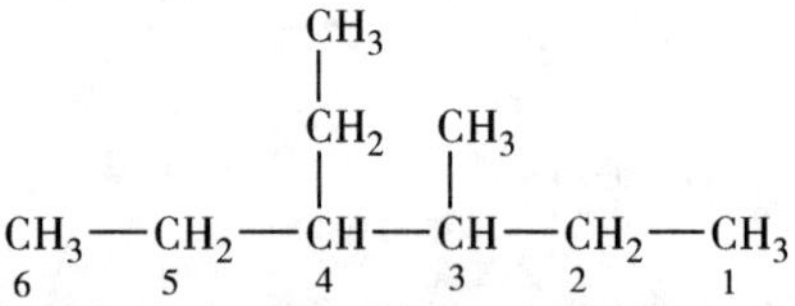

③书写名称：把取代基的名称写在母体名称的前面，用阿拉伯数字逐一标明取代基的位次。如果有多个相同取代基，将其名称合并在一起，在取代基前加上二、三、四等字样表示其个数，各位次之间用逗号隔开，取代基的位次与名称之间加半字线"-"；若有多个不同的取代基，则依次按照从小到大的顺序书写。例如：

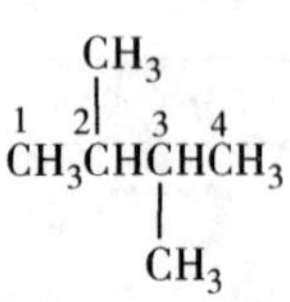

2,3-二甲基丁烷 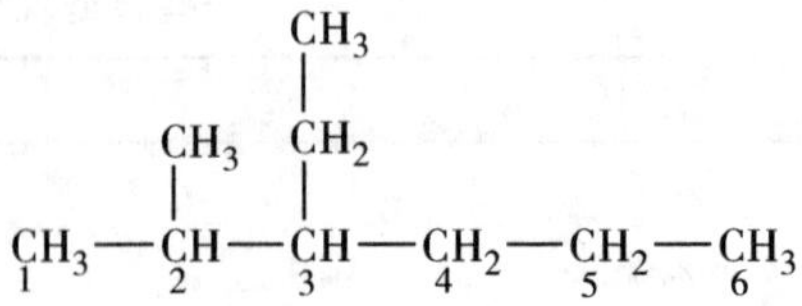　　　　　2-甲基-3-乙基己烷

五、烷烃的性质

（一）物理性质

物理性质主要是指物质的状态、气味、颜色、溶解度、熔点、沸点、相对密度等。物理性质与有机物的分子结构密切相关。

1. 状态　直链烷烃中碳原子数较少的甲烷、乙烷、丙烷、丁烷是气体，$C_5 \sim C_7$ 的烷烃是液体，C_{18} 以上的烷烃是固体。

2. 沸点　沸点是指在一定压力下，某物质的饱和蒸气压与此压力相等时对应的温度，即液体沸腾时的温度，是有机物重要的物理常数之一。直链烷烃的沸点随碳原子数的增加而升高。当碳原子数相同时，支链烷烃的沸点比直链烷烃的沸点低，支链越多，沸点越低。

3. 熔点　熔点是指固体将其物态由固态转变为液态时的温度。烷烃的熔点随碳原子数的增加而升高。分子形状越规整，对称性越好，则熔点越高。

4. 溶解度　烷烃是非极性或弱极性分子，根据"相似相溶"规律，烷烃几乎不溶于水，易溶于非极性或弱极性的有机溶剂，如四氯化碳、苯等。

（二）化学性质

烷烃化学性质与甲烷相似，在常温下比较稳定，不与强酸、强碱、强氧化剂、强还原剂反应。在加热或光照条件下，烷烃能与卤素发生取代反应。在空气中烷烃都可以燃烧，汽油、柴油的主要成分就是不同碳原子数的烷烃混合物，它们燃烧时放出大量的热量，因此可以用作汽车燃料。

六、重要的烷烃

（一）石油醚

石油醚是低分子量烷烃（主要是戊烷和己烷）的混合物，由石油分馏而获得。常温下是无色透明的液体，是一种易燃、易挥发的物质，不溶于水。主要用作有机溶剂，使用时应注意安全，勿近明火。

（二）石蜡

石蜡的主要成分是烷烃的混合物，由石油分馏得到，是一种无嗅无味，不溶于水，无刺激性的物质。石蜡根据其性状的不同可分为固体石蜡、液体石蜡和凡士林三种。

固体石蜡是 $C_{25} \sim C_{34}$ 的固体烷烃混合物，在工业上用于制造蜡烛、蜡纸、防水剂和电绝缘材料等，在医药上常用于蜡疗、中成药的密封材料和药丸的包衣等。

液体石蜡是 $C_{18} \sim C_{24}$ 的液体烷烃混合物，能溶于醚和氯仿，性质稳定，在体内不易被吸收，在医药上常用作肠道润滑的缓泻剂或滴鼻剂的溶剂或基质。

凡士林是 $C_{18} \sim C_{22}$ 的烷烃混合物，由液体烃类和固体烃类组成的半固体混合物，溶于乙醚和石油醚，性质稳定，不会酸败，可与多种药物配伍，在医药工业中常用作软膏剂中药物的载体（基质）。

（三）汽油

汽油为透明液体，主要是由 $C_4 \sim C_{10}$ 的各种烃类组成，难溶于水，易燃烧，空气中含量为 $74 \sim 123 g/m^3$ 时遇火爆炸，按辛烷值分为 90 号、93 号、97 号三种型号（注：异辛烷用作抗爆性优良的标准，辛烷值定为 100；正庚烷用作抗爆性低劣的标准，辛烷值为 0。将这两种烃按不同体积比例混合，可配制成辛烷值由 $0 \sim 100$ 的标准燃料）。汽油在甾族化合物的提取、分离中是重要的脂溶性溶剂，例如天然药物薯蓣皂苷元的粗提常用汽油为溶剂。

第三节　环　烷　烃

如果把链状烷烃碳链两端的碳原子上各去掉一个氢原子，然后将两个碳原子直接相接，就形成环状的烷烃，简称环烷烃，属于饱和烃，性质与开链烷烃类似，例如：

可以看出，环烷烃在分子组成上比相应的烷烃少了两个氢原子，因此环烷烃的通式为 C_nH_{2n}（$n \geqslant 3$）。

一、环烷烃的分类

环烷烃根据分子中碳环的数目可分为单环和多环环烷烃。单环环烷烃又称简单环烷烃，根据组成环的碳原子数目不同分为小环、普通环、中环和大环。

$$
\text{环烷烃}
\begin{cases}
\text{单环烷烃}
\begin{cases}
\text{小环} & C_3 \sim C_4 \\
\text{普通环} & C_5 \sim C_6 \\
\text{中环} & C_7 \sim C_{11} \\
\text{大环} & C_{12}\text{以上}
\end{cases} \\
\text{多环烷烃}
\end{cases}
$$

二、简单环烷烃的命名

简单环烷烃的命名与开链烷烃相似，命名时在相同数目碳原子的开链烷烃名称之前加一"环"字，称为"环某烷"。例如：

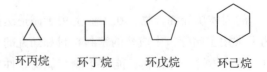

环丙烷　　环丁烷　　环戊烷　　环己烷

带有取代基的环烷烃，命名时应使取代基位次最小。当连有多个不同取代基时，应使较小的取代基有较低的位次。例如：

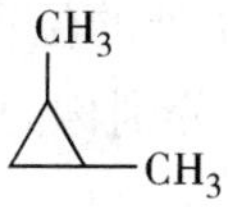

1,2-二甲基环丙烷

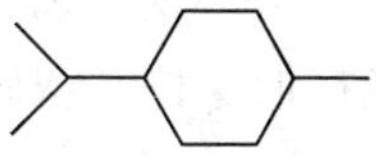

1-甲基-4-异丙基环己烷

三、简单环烷烃的性质

（一）取代反应

常温下环烷烃的化学性质较稳定，不与强酸、强碱、强氧化剂等发生反应，在高温或光照条件下能发生取代反应。例如：

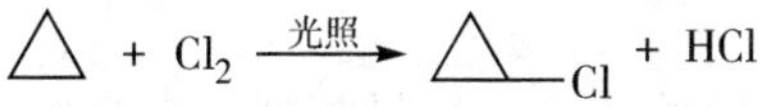

$$\triangle + Cl_2 \xrightarrow{光照} \triangle_{Cl} + HCl$$

（二）开环加成

在催化剂的作用下，环烷烃可催化开环加氢，开环后的碳链上两端的碳原子与氢原子结合生成烷烃。

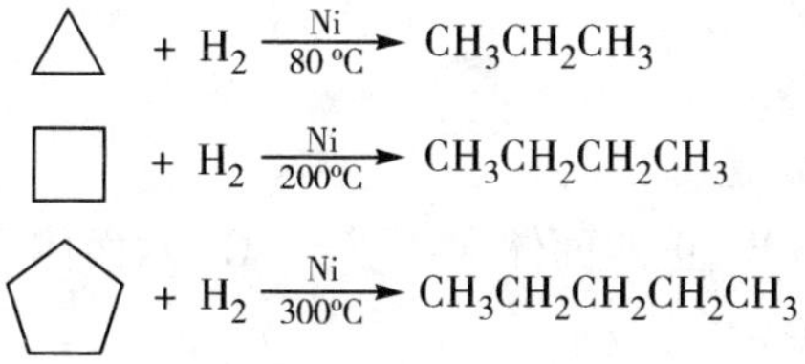

$$\triangle + H_2 \xrightarrow[80\,℃]{Ni} CH_3CH_2CH_3$$

$$\square + H_2 \xrightarrow[200\,℃]{Ni} CH_3CH_2CH_2CH_3$$

$$\pentagon + H_2 \xrightarrow[300\,℃]{Ni} CH_3CH_2CH_2CH_2CH_3$$

环烷烃分子中碳原子数目不同，它们反应的难易程度也不同。其活性顺序为：环丙烷 > 环丁烷 > 环戊烷，含碳数较多的环烷烃则很难发生催化加氢反应。

本 章 小 结

本章介绍了饱和烃的基本概念、结构、命名和性质等有关知识，为学习不饱和烃、芳香烃等后续内容奠定了基础。

1. 甲烷的结构 甲烷分子的空间形状是正四面体，所有的键角均为 $109°28'$。

2. 甲烷的实验室制法

$$CH_3COONa + NaOH \xrightarrow[\triangle]{CaO} Na_2CO_3 + CH_4\uparrow$$

3. 甲烷的性质 甲烷在常温下化学性质比较稳定，不与强酸、强碱、强氧化剂、强还原剂反应。但在一定条件下，如光照、加热、催化剂的作用下，可以发生卤代反应和氧化反应。

4. 烷烃的结构、同系列和同系物 烷烃的通式为 C_nH_{2n+2}。结构相似，具有相同的分子通式，在组成上相差一个或多个 CH_2 的一系列化合物，称为同系列。同系列中的各化合物之间互称同系物。

5. 烷烃分子中碳原子的类型 根据碳原子在碳链所处的位置不同，分为伯碳、仲碳、叔碳和季碳。连接在伯、仲、叔碳原子上的氢原子分别称为伯氢原子（1°H）、仲氢原子（2°H）、叔氢原子（3°H）。

6. 烷烃的命名 烷烃的命名方法有两种，即普通命名法和系统命名法。系统命名法命名原则为：①选主链；②主链编号；③书写名称。

7. 烷烃的性质 烷烃在常温下化学性质比较稳定，不与强酸、强碱、强氧化剂、强还原剂反应。但在一定条件下，如光照、加热、催化剂的作用下，烷烃可以发生卤代反应。

8. 环烷烃的分类和命名 简单环烷烃根据组成环的碳原子数目不同分为小环、中环及大环。命名时与开链烷烃相似，在相同数目碳原子的开链烃名称之前加一"环"字，称为"环某烷"。

9. 环烷烃的性质 环烷烃的性质与烷烃相似，在光照、加热等条件下可以发生卤代反应；在催化剂的作用下，环烷烃可以发生催化加氢反应。

目 标 检 测

一、单项选择题

1. 甲烷分子的空间形状是（　　）

    A. 平面结构　　　　B. 正四面体　　　　C. 六面体　　　　D. 线性

2. 下列叙述错误的是（　　）

    A. 烷烃完全燃烧的产物为二氧化碳和水

    B. 烷烃分子通式为 C_nH_{2n+2}

    C. 烷烃性质活泼，与强酸、强碱易发生反应

    D. 烷烃易溶于有机溶剂

3. 含五个碳原子的烷烃分子式为（　　）

    A. C_5H_8　　　　B. C_5H_{10}　　　　C. C_5H_{12}　　　　D. C_5H_{14}

4. 互为同分异构体的是（　　）

    A. 戊烷和 2-甲基戊烷　　　　　　　　B. 戊烷和己烷

    C. 戊烷和 2,3-二甲基丁烷　　　　　　D. 戊烷和 2,2-二甲基丙烷

5. 下列化合物中具有季碳原子的是（　　）

    A. $\underset{\underset{CH_3}{|}}{\overset{\overset{CH_3}{|}}{CH_3CHCHCH_3}}$　　　　　　　　B. $CH_3{-}CH_2{-}CH_2{-}CH_2{-}CH_3$

C. CH_3—CH_2—CH_2—$\overset{\overset{\displaystyle CH_3}{|}}{\underset{\underset{\displaystyle CH_3}{|}}{C}}$—$CH_3$

D. CH_3—CH_2—$\overset{|}{\underset{\underset{\displaystyle CH_3}{\overset{|}{CH}—CH_3}}{CH}}$—$CH_2$—$CH_3$

6. 2,3,3-三甲基戊烷的正确结构简式为（   ）

A. CH_3—CH_2—$\overset{\overset{\displaystyle CH_3}{|}}{\underset{\underset{\displaystyle CH_3}{|}}{C}}$—$\overset{|}{CH}$—$CH_3$ （下方 CH_3）

B. CH_3—$\overset{\overset{\displaystyle CH_3}{|}}{CH}$—$\overset{\overset{\displaystyle CH_2}{|}}{CH}$—$CH_2$—$CH_3$ （上 CH_3, CH_2上连 CH_3）

C. CH_3—CH_2—$\overset{\overset{\displaystyle CH_3}{|}}{CH}$—$\overset{\overset{\displaystyle CH_3}{|}}{\underset{\underset{\displaystyle CH_3}{|}}{C}}$—$CH_3$

D. CH_3—CH_2—$\overset{|}{\underset{\underset{\displaystyle CH_3}{\overset{\overset{\displaystyle CH_2}{|}}{CH}}}{}}$—$CH_2$—$CH_3$

7. 化合物 C_5H_{12} 有几种同分异构体（   ）

A. 2 种   B. 3 种   C. 4 种   D. 5 种

二、命名下列化合物或写出结构简式

1. CH_3—CH_2—CH_2—CH_2—CH_2—CH_2—CH_3

2. CH_3—CH_2—$\overset{\overset{\displaystyle CH_3}{|}}{C}$—$\overset{|}{CH}$—$CH_2$—$CH_3$ （下方 CH_3 CH_3）

3. CH_3—$\overset{\overset{\displaystyle CH_3}{|}}{\underset{\underset{\displaystyle CH_3}{|}}{C}}$—$CH_3$

4. CH_3—CH_2—$\overset{|}{\underset{\underset{\displaystyle CH_3}{\overset{|}{CH}—CH_3}}{CH}}$—$CH_2$—$CH_3$

5. 3-乙基己烷

6. 环丙烷

三、写出下列各反应的主要产物

1. $CH_4 + Br_2 \xrightarrow{\text{光照}}$

2. $CH_4 + 2O_2 \xrightarrow{\text{点燃}}$

3. △ $+ Br_2 \xrightarrow{\text{光照}}$

四、简答题

写出分子式为 C_6H_{14} 的所有结构简式并用系统命名法命名。

第三章 不饱和烃

学习目标

1. 掌握不饱和烃的官能团结构；掌握不饱和烃的加成反应、氧化反应。
2. 熟悉烯烃和炔烃化学性质的差异。
3. 了解不饱和烃的聚合反应。

含有碳碳双键（C＝C）、碳碳三键（C≡C）的烃，双键和三键还能与氢气、卤素、卤化氢、水等小分子发生加成反应而达到饱和。这种含有碳碳双键（C＝C）、碳碳三键（C≡C）的烃称为不饱和烃。

典型的不饱和烃有烯烃、二烯烃和炔烃。

第一节 烯 烃

分子中含有碳碳双键的不饱和烃叫烯烃，根据碳碳双键的数目分为单烯烃（简称烯烃）、二烯烃和多烯烃。单烯烃比相同碳原子数的烷烃少两个氢原子，其通式为 C_nH_{2n}（$n \geqslant 2$），乙烯（C_2H_4）是最简单的烯烃。

一、乙烯的结构

乙烯（C_2H_4）的结构简式为 $CH_2＝CH_2$，电子式为 $\overset{H\times}{\underset{H\times}{}}C \underset{\cdot\cdot}{\overset{\cdot\cdot}{:}} C\overset{\times H}{\underset{\times H}{}}$，结构式为
$$\underset{H}{\overset{H}{}}C＝C\underset{H}{\overset{H}{}}$$。

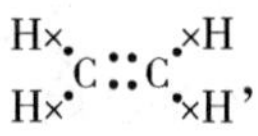

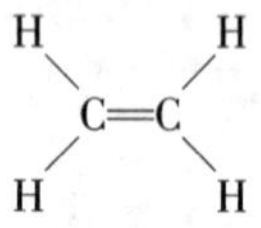

研究证明，乙烯分子中 2 个碳原子和 4 个氢原子处在同一个平面，碳碳双键中有一个较强的 σ 键，还有一个较弱的 π 键。由于 π 键成键时电子云是以"肩并肩"的形式重叠的，电子云重叠部分大多分布在分子平面的上下两边，因此 π 键很不稳定，能发生特殊的反应。π 键极易断裂而发生化学反应，π 键只能与 σ 键共存，不能单独存在；π键的存在使双键两端不能"自由旋转"。乙烯双键的结构如图 3-1 所示。

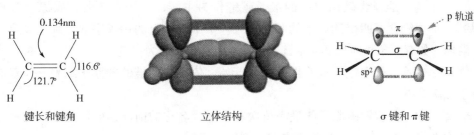

键长和键角　　　　　　　　　立体结构　　　　　　　　σ 键和 π 键

图 3-1　乙烯双键的结构

实验测得，乙烯分子中的碳碳双键键长（0.134nm）比碳碳单键键长（0.154nm）要短，乙烯碳碳双键键能（610.9kJ/mol）比乙烷分子中碳碳单键键能（345.6kJ/mol）的两倍要小。由此可知，碳碳双键中的一个键要比碳碳单键弱，更容易断裂。

总之，碳碳双键是烯烃的官能团，碳碳双键由一个 σ 键和一个 π 键构成，其中 σ 键牢固，不易断开，而 π 键不稳定，易断裂。烯烃的反应通常发生在双键的 π 键上。

二、烯烃的同分异构现象

烯烃的同分异构现象比烷烃稍显复杂，烯烃除了常见的碳链异构外，还有由于双键的位置不同引起的位置异构，二者都属于构造异构。还有由双键两侧基团在空间的方位不同而产生的顺反异构。顺反异构属于立体异构中的构型异构。

烯烃的各种同分异构现象如下：

H_2C＝CH—$\overset{H_2}{C}$—CH_3　　1-丁烯 ⎫
　　　　　　　　　　　　　　　　⎬ 位置异构 ⎫
H_3C—CH＝CH—CH_3　　2-丁烯 ⎭　　　　　⎬ 碳链异构 ⎫
　　　　　　　　　　　　　　　　　　　　　　⎭　　　⎬ 构造异构
H_3C—C＝CH_2　　　　2-甲基丙烯 ⎭
　　　　｜
　　　　CH_3

顺-2-丁烯
bp 3.7℃
（顺式构型）
⎫
⎬ 顺反异构体 ⎫ 构型异构
⎭

反-2-丁烯
bp 0.88℃
（反式构型）

三、烯烃的命名

简单的烯烃可以采用普通命名法，根据碳原子数命名为"某烯"，如乙烯、丙烯。复杂的烯烃采用系统命名法，命名原则如下：

1. 选主链 选择含碳碳双键的最长碳链作为主链，并按主链所含碳原子数称为"某烯"，如主链含有四个碳原子的叫做丁烯。十个碳以上的用汉字数字加上碳字，如十二碳烯。如有两条相同长度的主链，选择取代基较多者为主链。

2. 主链编号 从主链靠近双键的一端开始，依次将主链的碳原子编号，使双键的碳原子位次最小。

3. 写名称 把双键碳原子的最小位次写在烯烃名称的前面，取代基的位次写在取代基名称之前，取代基也写在某烯之前。例如：

$$\overset{1}{H_2}C=\overset{2}{C}\overset{3}{C}H_2\overset{4}{C}H_2\overset{5}{C}H_3 \qquad \overset{8}{C}H_3\overset{7}{C}H_2\overset{6}{C}H\overset{5}{C}H_2\overset{4}{C}H=\overset{3}{C}H\overset{2}{C}H_2\overset{1}{C}H_3$$
$$\overset{|}{C}H_2CH_3 \qquad\qquad\qquad\qquad \overset{|}{C}H_3$$

2-乙基-1-戊烯   6-甲基-3-辛烯

$$\overset{CH_3}{\underset{|}{}}$$
$$\overset{5}{C}H_3\overset{4}{C}H\overset{3}{C}H_2\overset{2}{C}CH_2CH_2CH_3 \qquad \overset{6}{C}H_3\overset{5}{C}H_2\overset{4}{C}H=\overset{3}{C}H-\overset{2}{C}-\overset{1}{C}H_3$$

4-甲基-2-丙基-1-戊烯   2,2-二甲基-3-己烯

4. 顺反异构体的命名 若分子中每个双键碳原子均与不同的基团相连，这时会产生两个顺反异构体，可以采用 Z、E 构型来标示这两个顺反异构体。即按顺序规则，两个双键碳原子上的两个顺序在前的原子（或基团）同在双键一侧的为 Z-构型（德文 Zusammen，在一起的意思），在两侧的为 E-构型（德文 Entgegen，相反的意思）。例如：

(Z)-2-丁烯   (E)-2-丁烯

在采用 Z、E 标示双键构型以前，曾采用顺、反来标示双键的构型，规定连在两个双键碳原子上的相同或相似的基团处于双键同侧为顺式，处在双键异侧为反式。由于该法在判断相似基团时会出现一些混淆，现在大都采用 Z、E 构型标示。

例如：

(Z)-或顺-2,2,5-三甲基-3-己烯   (Z)-或反-1,2-二氯-1-溴乙烯

烯烃分子去掉一个氢原子的基团称烯基，常见的烯基有：

$$H_2C\!\!=\!\!CH\!- \qquad H_3C\!-\!CH\!\!=\!\!CH\!- \qquad H_2C\!\!=\!\!CH\!-\!CH_2\!-$$

乙烯基　　　　　丙烯基（1-丙烯基）　　烯丙基（2-丙烯基）

四、烯烃的性质

（一）烯烃的物理性质

烯烃的物理性质同烷烃相似，常温常压下 $C_2 \sim C_4$ 为气体，$C_5 \sim C_{18}$ 为液体，C_{19} 以上为固体。熔、沸点随分子量的增加而升高，相对密度都小于 1，不溶于水，易溶于非极性或弱极性的有机溶剂，如苯、石油醚、乙醚等。烯烃的沸点比烷烃的略高，含相同碳原子数的直链烯烃比支链烯烃的沸点高，反式异构体的沸点低于顺式异构体，而熔点则高于顺式异构体。

（二）烯烃的化学反应

烯烃分子结构中的碳碳双键是由一个 σ 键和一个 π 键组成的，由于 π 键不稳定，化学性质活泼，容易断裂，可与其他原子或原子团结合发生加成反应、或与强氧化剂发生氧化反应，或烯烃分子双键之间发生聚合反应。

1. 加成反应　含有双键或三键的有机物与其他物质发生反应时，双键或三键中的 π 键断裂，双键或三键两端的原子分别接上其他原子或原子团的反应称为加成反应。

（1）催化加氢　烯烃在催化剂如铂（Pt）、钯（Pd）、镍（Ni）等的作用下与氢加成生成相应的饱和烃，此反应称为催化氢化反应或催化加氢反应，是一个重要的还原反应。这是制备烷烃的一种方法，也是将碳碳双键转化为碳碳单键的一种方法。例如：

$$H_2C\!\!=\!\!CH_2 + H_2 \xrightarrow{\text{催化剂}} H_3C\!-\!CH_3$$

由于催化氢化反应可根据反应所吸收的氢气的量推测分子中所含的碳碳双键的数目，催化氢化反应可用于有机物的结构确证。

（2）加卤素　烯烃与卤素发生加成反应生成邻二卤代烷。卤素的活性为：$F_2 > Cl_2 > Br_2 > I_2$。氟反应太剧烈，容易发生分解反应，碘与烯烃难进行加成反应。所以主要是与氯和溴的反应。

【演示实验3-1】乙烯与溴的反应。

将乙烯通入盛有 1～2mL 溴四氯化碳溶液的试管里，观察实验现象并解释原因。

实验结果：溴的红棕色很快退去。

实验证明：乙烯与溴反应生成无色 1,2-二溴乙烷（$BrCH_2\!-\!CH_2Br$），化学反应方程式如下：

$$H_2C\!\!=\!\!CH_2 + Br_2 \longrightarrow \begin{matrix} H_2C\!-\!CH_2 \\ | \quad\ | \\ Br \ \ Br \end{matrix}$$

红棕色　　　　无色

烯烃与溴水的加成反应速度快，现象非常明显，因此常用于碳碳双键的鉴别。

（3）加卤化氢 烯烃与卤化氢发生加成反应生成相应的卤代烷。卤化氢的反应活性为：HI > HBr > HCl。

对称的烯烃（如乙烯）与卤化氢加成时，卤素原子加到任意一个碳原子上生成的产物都是一样的。

$$CH_2CH_2 + HCl \longrightarrow \underset{\underset{H \quad Cl}{|\quad\;|}}{H_2C-CH_2}$$

但不对称的烯烃（如丙烯）与卤化氢加成时，则有两种产物。

$$H_3C-CH\!\!=\!\!CH_2 + HCl$$

$$\nearrow \underset{\underset{H \quad Cl}{|\quad\;|}}{H_3C-CH-CH_2} \quad \text{次要产物} \atop \text{1-氯丙烷}$$

$$\searrow \underset{\underset{Cl \quad H}{|\quad\;|}}{H_3C-CH-CH_2} \quad \text{主要产物} \atop \text{2-氯丙烷}$$

实验发现，丙烯的加成产物往往以2-氯丙烷为主。俄国化学家马尔科夫尼可夫（1837—1904）根据大量实验总结出一条经验规则：不对称烯烃与不对称试剂（如卤化氢）发生加成反应时，氢原子总是加到含氢较多的双键碳原子上，这一规则简称马氏规则。

2. 氧化反应 烯烃很容易被氧化，烯烃能被 $KMnO_4$ 氧化，可以使 $KMnO_4$ 溶液紫色退色。

$$\underset{\underset{H_3C}{}}{\overset{H_3C}{}}\!C\!\!=\!\!CH_2 + KMnO_4 \xrightarrow{H^+} \underset{\underset{H_3C}{}}{\overset{H_3C}{}}\!C\!\!=\!\!O + CO_2 + MnO_2\!\!\downarrow + H_2O$$

紫色   淡棕褐色

烯烃与酸性高锰酸钾溶液反应时 C＝C 双键断裂，C＝C 双键上的亚甲基会被氧化成 CO_2 和水，另一端生成相应的羧酸或酮。由于不同结构的烯烃氧化会生成特定结构的产物，所以可以根据烯烃的氧化产物推断原来烯烃的结构。

【演示实验3-2】乙烯与酸性 $KMnO_4$ 溶液的反应。

将乙烯通入盛有 1 ~ 2mL 酸性 $KMnO_4$ 溶液的试管中，观察实验现象并解释原因。

实验结果：$KMnO_4$ 溶液的紫色很快退去。

实验证明：乙烯被 $KMnO_4$ 溶液氧化为二氧化碳，由此可用于鉴别乙烯。

【演示实验3-3】乙烯的燃烧。

收集一试管乙烯气体，管口朝下移近酒精灯火焰，点燃试管里的气体，观察实验现象并解释原因。

实验结果：乙烯在空气中燃烧，火焰明亮，并伴有黑烟。

实验证明：乙烯可以燃烧，化学反应方程式如下：

$$H_2C\!\!=\!\!CH_2 + O_2 \xrightarrow{\text{点燃}} 2CO_2 + 2H_2O$$

3. 聚合反应 烯烃在催化剂或引发剂的作用下打开双键，发生分子间的自身加成，形成一个长链大分子的反应叫聚合反应。

聚合反应是烯烃的一个重要反应，参与反应的烯烃叫单体，生成的大分子叫聚合物。

例如聚乙烯是以乙烯为单体聚合而得到的聚合物。

$$n\mathrm{H_2C}\!\!=\!\!\mathrm{CH_2} \xrightarrow[\text{200 ℃,200MPa}]{\mathrm{O_2(0.05\%)}} \!\!-\!\!\!\left[\mathrm{CH_2}\!-\!\mathrm{CH_2}\right]_{\!n}$$
乙烯单体　　　　　　　　　　　聚乙烯

聚乙烯的化学稳定性好，耐低温，耐大多数酸、碱的侵蚀，绝缘性能良好，是目前产量最大、应用最广泛的一种塑料。聚乙烯薄膜广泛用作食品、衣物、医药、化肥、工业品的包装材料以及农用薄膜；高密度聚乙烯可制成瓶、桶、罐、槽等容器，也可制成低泡沫塑料，用作台板和建筑材料；聚乙烯可制成合成纤维，用于生产渔网和绳索。

第二节　炔　烃

分子中含有碳碳三键的不饱和烃叫炔烃，它比相同碳原子数的烯烃少两个氢原子，其通式为 C_nH_{2n-2}（$n\geqslant 2$）。乙炔（C_2H_2）是最简单的炔烃。

一、乙炔的结构

乙炔的分子式为 C_2H_2，结构式为 H—C≡C—H ，结构简式为 HC≡CH ，电子式为H⋮C⋮⋮C⋮H。可以用乙炔的分子模型来表示乙炔的分子结构，如图 3-2 所示。

（a）乙炔的球棍模型　　　　（b）乙炔的比例模型

图3-2　乙炔的分子结构

乙炔是一个线型分子，它的两个碳原子与两个氢原子都在同一条直线上；碳碳三键的键长（0.120nm）比碳碳单键（0.154nm）和碳碳双键（0.134nm）的键长都要短，乙炔的键长键角如图 3-3 所示。乙炔分子中碳碳三键的键能为812kJ/mol，比乙烷分子中碳碳单键键能 345.6kJ/mol 的三倍要小，碳碳三键是由一个较强的 σ 键和两个较弱的 π 键组成的。

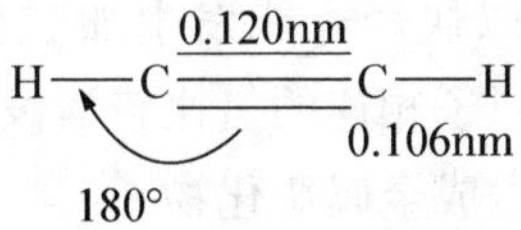

图3-3　乙炔的键长键角

二、炔烃的同分异构现象

炔烃与烯烃相似，存在碳链异构，三键的位置异构。但炔烃为线型结构，无顺反异构。如分子式为 C_4H_6 的炔烃同分异构体有：

$$CH_3CH_2C\equiv CH \qquad\qquad CH_3C\equiv CCH_3$$

1-丁炔   2-丁炔

三、炔烃的命名

炔烃的命名与烯烃相似，简单的炔烃可以采用普通命名法，根据碳原子数命名为"某炔"，如乙炔、丙炔。复杂的炔烃采用系统命名法，命名原则如下：

1. 选主链　选择含碳碳三键的最长碳链为主链，如有两条相同长度的主链，选择取代基较多者，根据碳原子的数目称为"某炔"。

2. 给主链编号　从靠近三键的一端开始，用阿拉伯数字给主链上的碳原子编号，使三键碳原子的位次最小。

3. 写名称　把三键碳原子的最小位次写在炔的名称前面，取代基的位次写在取代基名称之前，取代基也写在某炔之前。

4. 烯炔的命名　当分子中同时含有双键和三键时，选择含有两者在内的最长的碳链作为主链，根据碳原子的数目称为"某烯炔"。从靠近双键或三键的一端开始编号，使它们的位次之和最小，若遇两者位次相同时，应使双键位次最小。例如：

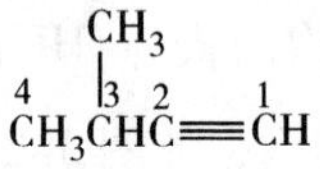

$$\overset{4}{C}H_3\overset{3}{C}H\overset{2}{C}\equiv\overset{1}{C}H \qquad\qquad H_2\overset{1}{C}=\overset{2}{C}H\overset{3}{C}\equiv\overset{4}{C}\overset{5}{C}H_3$$
$$\underset{CH_3}{\overset{|}{}}$$

3-甲基-1-丁炔 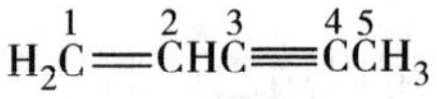   1-戊烯-3-炔

四、炔烃的性质

（一）炔烃的物理性质

炔烃的物理性质同烷烃、烯烃相似，在常温常压下，$C_2\sim C_4$ 为气体，$C_5\sim C_{15}$ 为液体，C_{16} 以上为固体。炔烃的熔、沸点和相对密度都比同碳原子数的烷烃和烯烃的略高，不易溶于水，易溶于苯、丙酮等有机溶剂。

（二）炔烃的化学性质

乙炔与乙烯相似，分子中都含有 π 键。由于 π 键不稳定，化学性质活泼，容易断裂与其他原子或原子团结合，所以炔烃也能发生加成反应、氧化反应和聚合反应。此外，乙炔和末端炔烃中与三键碳原子相连的氢比较活泼，具有一定的酸性，可以发生置换反应，能被银、铜等金属置换生成金属炔化物。

1. 加成反应

（1）催化加氢　炔烃在催化剂如铂（Pt）、钯（Pd）、镍（Ni）等的作用下与氢加成可生成相应的饱和烃，为炔烃的全部还原。例如：

$$HC\equiv CH + 2H_2 \xrightarrow{\text{催化剂}} CH_3CH_3$$

在某些活性低的特殊催化剂作用下，可使炔烃只加一分子氢生成相应的烯烃，为炔烃的部分还原。例如：

$$HC\equiv CH + H_2 \xrightarrow{Pd-BaSO_4-喹啉} H_2C=CH_2$$

（2）加卤素　炔烃可与卤素发生加成反应，反应为分步加成，先加一分子卤素生成邻二卤代烯，在过量卤素的存在下，继续反应生成四卤代烷。

【演示实验3-4】乙炔与溴的反应。

将乙炔通入盛有1~2mL溴四氯化碳溶液的试管里，观察实验现象并解释原因。

实验结果：溴的红棕色退去。

实验证明：乙炔与溴加成，化学反应方程式如下：

$$HC\equiv CH \xrightarrow{Br_2} BrHC=CHBr \xrightarrow{Br_2} CHBr_2CHBr_2$$
$$\qquad\qquad\qquad 1,2-二溴乙烯 \qquad 1,1,2,2-四溴乙烷$$

反应先加一分子溴生成二溴代烯，在过量溴存在下，继续反应生成四溴代烷。此反应可用于炔烃的鉴别。

（3）加卤化氢　炔烃与卤化氢的加成反应也是分步反应，先生成卤代烯烃，继续反应生成二卤代烷。不对称炔烃与卤化氢的加成反应同样遵循马氏规则。例如：

$$H_3C-C\equiv CH \xrightarrow{HBr} H_3C-\underset{Br}{\overset{}{C}}=CH_2 \xrightarrow{HBr} H_3C-\underset{Br}{\overset{Br}{C}}-CH_3$$
$$\qquad\qquad\qquad 2-溴丙烯 \qquad\qquad 2,2-二溴丙烷$$

2. 氧化反应　炔烃能被 $KMnO_4$ 氧化，可以使 $KMnO_4$ 溶液退色。

【演示实验3-5】乙炔与酸性 $KMnO_4$ 溶液的反应。

将乙炔通入盛有1~2mL酸性 $KMnO_4$ 溶液的试管中，观察实验现象并解释原因。

实验结果：$KMnO_4$ 溶液的紫色退去，并有气泡产生。

实验证明：乙炔被 $KMnO_4$ 溶液氧化生成二氧化碳，由此可用于鉴别乙炔。

【演示实验3-6】乙炔的燃烧。

收集一试管乙炔气体，管口朝下移近酒精灯火焰，点燃试管里的气体，观察实验现象并解释原因。

实验结果：乙炔在空气中燃烧，火焰明亮并带有浓烟。

实验证明：乙炔可以燃烧，化学反应方程式如下：

$$2C_2H_2 + 5O_2 \xrightarrow{点燃} 4CO_2 + 2H_2O$$

乙炔燃烧时火焰温度很高（>3000℃），其火焰称为氧炔焰，常用于气焊和气割。

3. 末端炔氢（炔键上活泼氢）的置换反应　与乙烯不同，乙炔和末端炔烃中与三键碳原子相连的氢比较活泼，具有一定的酸性，可以被银、亚铜等金属离子置换生成金属炔化物。

【演示实验3-7】乙炔与硝酸银氨溶液或氯化亚铜氨溶液的反应。

在两支试管中分别加入2mL硝酸银氨溶液和2mL氯化亚铜氨溶液，再分别通入乙炔气体，观察实验现象并解释原因。

实验结果：分别生成白色的乙炔银沉淀和红棕色的乙炔亚铜沉淀。

实验证明：乙炔具有一定的酸性，可以被银、亚铜等金属离子置换生成金属炔化物。

$$HC \equiv CH + AgNO_3 + NH_3 \cdot H_2O \longrightarrow AgC \equiv CAg\downarrow + 2NH_4Cl + 2H_2O$$

$$HC \equiv CH + CuCl_2 + NH_3 \cdot H_2O \longrightarrow CuC \equiv CCu\downarrow + 2NH_4Cl + 2H_2O$$

此反应灵敏，现象明显，可用于鉴别末端炔烃。但应注意，生成的这些金属炔化物在干燥时易爆炸，应及时用硝酸或盐酸处理。

4. 聚合反应 与乙烯不同，乙炔不易聚合成链状的高分子聚合物，在一定条件下，可聚合成二聚物和三聚物。例如：

$$2HC \equiv CH \xrightarrow[NH_4Cl]{CuCl_2} H_2C = CHC \equiv CH$$

1-丁烯-3-炔

$$H_2C = CHC \equiv CH + HCl \longrightarrow H_2C = CHC = CH_2$$
$$\overset{|}{\underset{Cl}{}}$$

2-氯-1,3-丁二烯

$$nH_2C = \overset{|}{\underset{Cl}{C}} - CH = CH_2 \longrightarrow \left[H_2C - \overset{|}{\underset{Cl}{C}} = CH - CH_2 \right]_n$$

氯丁橡胶

氯丁橡胶是以氯丁二烯（即2-氯-1,3-丁二烯）为主要原料而生产的合成橡胶，具有耐老化、耐热、耐油、耐化学腐蚀性，因而被广泛应用于抗风化产品、胶鞋底、涂料等。

第三节 二 烯 烃

分子中含有两个碳碳双键的不饱和烃叫二烯烃。二烯烃比相同数目碳原子的烯烃少两个氢原子，通式与炔烃相同，为 C_nH_{2n-2}。

一、二烯烃的分类

根据两个双键的相对位置不同，二烯烃可以分为聚集二烯烃、隔离二烯烃和共轭二烯烃三类。聚集二烯烃分子中两个双键共用一个碳原子，如丙二烯（$CH_2 = C = CH_2$）；隔离二烯烃分子中两个双键被一个或多个饱和碳原子隔开，如1,4-戊二烯（$CH_2 = CH - CH_2 - CH = CH_2$）；共轭二烯烃分子中两个双键通过中间的一个单键连接而成，如1,3-丁二烯（$CH_2 = CH - CH = CH_2$）。

二、共轭二烯烃的结构

共轭二烯烃由两个乙烯基直接相连构成，主要有 1,3-丁二烯和 2-甲基-1,3-丁二烯（习惯命名为异戊二烯），两者都是合成橡胶的单体。

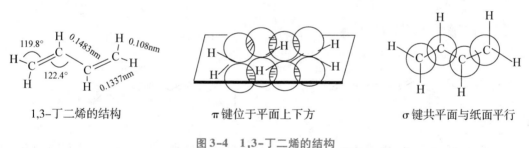

| 结构式 | 结构简式 | 键线式 |

1,3-丁二烯

1,3-丁二烯是最简单的共轭二烯烃，1,3-丁二烯是一个平面型分子，分子中所有碳原子和氢原子均在同一平面上，分子结构中两个双键中的两个 π 键电子不局限在组成双键的两个原子间运动，而是分布在四个碳原子周围，成为一个整体，形成一个大 π 键。像 1,3-丁二烯这样，双键（或三键）与单键交替相连的体系称为 π-π 共轭体系。形成共轭体系后，键长趋向于平均化，体系能量降低，稳定性增强，这种效应称为 π-π 共轭效应。如图 3-4 所示。

1,3-丁二烯的结构 　　　　π 键位于平面上下方 　　　　σ 键共平面与纸面平行

图 3-4　1,3-丁二烯的结构

三、共轭二烯烃的性质

1,3-丁二烯是一种无色微带香味的气体，沸点 -4℃，不溶于水，易溶于丙酮等有机溶剂。1,3-丁二烯比单烯烃更容易发生聚合反应，工业上用它合成顺丁橡胶、氯丁橡胶、丁钠橡胶（聚丁二烯）等。例如：

$$n\,CH_2{=}HC{-}CH{=}CH_2 \xrightarrow[60℃]{Na} {-}\!\!\left[H_2C{-}CH{=}CH{-}CH_2\right]_n$$

聚丁二烯

异戊二烯为无色刺激性液体，沸点 34℃，不溶于水，易溶于苯等有机溶剂。天然橡胶为异戊二烯的聚合体。

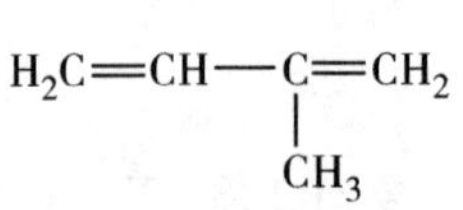

异戊二烯 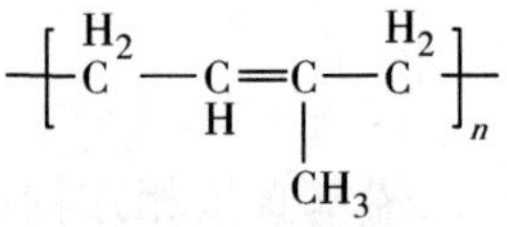   聚异戊二烯

共轭二烯烃的聚合反应是合成橡胶的主要化学反应。合成橡胶成本低廉，而且某些性能优于天然橡胶。近些年合成的丁苯橡胶在耐磨、耐热、耐老化及硫化速度方面优于天然橡胶，是最大的通用合成橡胶品种，广泛用于轮胎、胶带、胶管、电线电缆、医疗器具及各种橡胶制品的生产等领域。

四、异戊二烯与萜类

萜类多是异戊二烯的聚合体及其衍生物，在自然界中分布广泛且具有广泛生物活性的一类重要有机物。挥发油、树脂及类胡萝卜素等都属于萜，日常用药中所含有的薄荷脑（薄荷醇）、龙脑、胡萝卜素、维生素 A 等均属于萜。

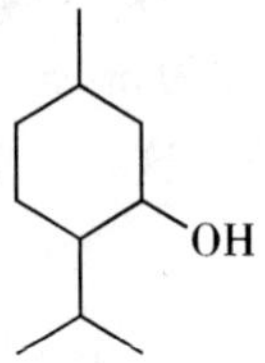

薄荷醇 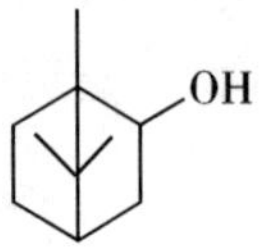   龙脑 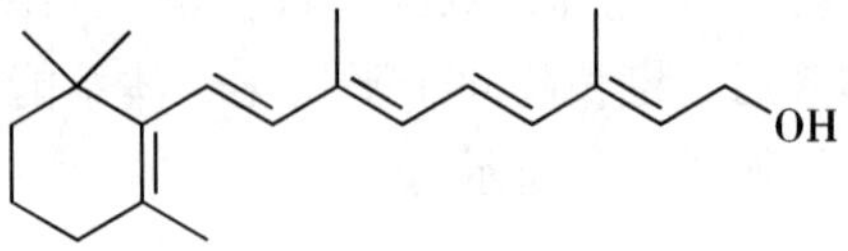   维生素A

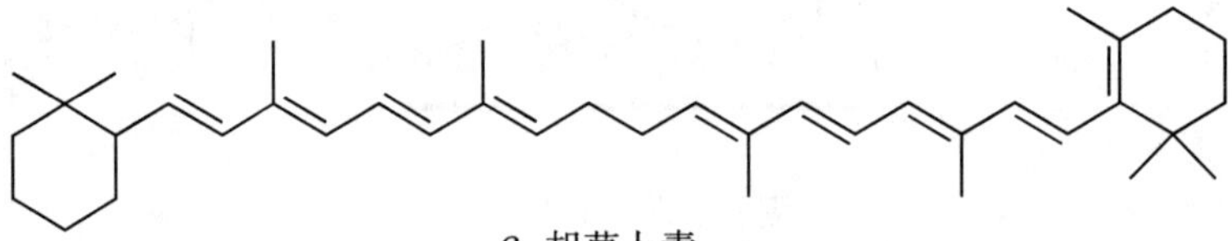

β-胡萝卜素

萜类根据分子中异戊二烯单位的数目可分为单萜、倍半萜、二萜、三萜、多萜等，见表3-1。

表3-1 萜类及其分布

类型	碳原子数	异戊二烯单位数	存在
单萜	10	2	挥发油
倍半萜	15	3	挥发油
二萜	20	4	树脂、苦味质、植物醇
二倍半萜	25	5	海绵、植物病菌、昆虫代谢物
三萜	30	6	皂苷、树脂、植物乳汁
四萜	40	8	植物胡萝卜素

知识拓展

挥发油的药用价值

龙脑主要存在于热带植物龙脑香树的挥发油中，有清亮气味，具有发汗、兴奋、镇痛及抗氧化的药理作用，是仁丹、冰硼散、速效救心丸等药物的有效成分，也可用作化妆品和配制香料；杜鹃酮存在于兴安杜鹃叶的挥发油中，具有平喘、止咳、祛痰等作用，可用于治疗慢性气管炎。橙花醇存在于橙花油、柠檬草油和多种植物的挥发油中，是香料工业不可缺少的原料；樟脑主要存在于樟树的挥发油中，有强心效能和愉快的香味，可用作强心剂、兴奋剂、祛痰剂和防蛀剂。

柠檬醛是由热带植物柠檬草中提取得到的柠檬油的主要成分，在柠檬油中的含量达到 70% ~80%；也存在于橘皮油中，是制造香料及合成维生素 A 的重要原料。

本 章 小 结

1. 不饱和烃的结构 乙烯的分子式为 C_2H_4，结构简式为 $CH_2{=}CH_2$。乙烯的碳原子和氢原子都在同一个平面上，碳碳双键由一个 σ 键和一个 π 键组成。

乙炔的分子式为 C_2H_2，结构简式为 $CH{\equiv}CH$。乙炔是一个线型分子，它的两个碳原子与两个氢原子都在同一条直线上，碳碳三键是由一个 σ 键和两个 π 键组成的。

1,3-丁二烯（$CH_2{=}CH{-}CH{=}CH_2$）是一个平面型分子，分子中所有碳原子和氢原子均在同一平面上，分子结构形成 π-π 共轭体系。

2. 不饱和烃的异构和命名

（1）烯烃存在碳链异构、位置异构两种构造异构现象。另外，由于双键两侧的基团在空间的位置不同，会产生顺反异构，顺反异构属于构型异构。

炔烃为线型结构，只存在碳链异构和位置异构，无顺反异构。

（2）简单的不饱和烃采用普通命名法，根据碳原子数命名为"某烯"或"某炔"。复杂的不饱和烃采用系统命名法命名。

①选主链：选择含有碳碳双键或三键的最长碳链为主链，如有两条相同长度的最长碳链，选择取代基较多者为主链。

②主链编号：从距离双键或三键最近的一端开始对主链编号，使双键或三键碳原子的位次数字尽可能最小。

③写名称：将取代基的位次、数目以及双键位置以较小编号在母体名称前标出。

3. 不饱和烃的化学反应 不饱和烃由于 π 键不稳定，化学性质活泼，容易断裂与其他原子或原子团结合，发生加成反应、氧化反应和聚合反应。此外，乙炔和末端炔烃中与碳原子相连的氢比较活泼，具有一定的酸性，末端炔烃炔键上的活泼氢可以发生置换反应，被银、亚铜等金属离子置换生成金属炔化物。

不对称烯烃或炔烃与不对称的试剂（如卤化氢）发生加成反应时遵循马氏规则，氢原子总是加到含氢较多的双键或三键碳原子上。

目 标 检 测

一、单项选择题

1. 可用来鉴别1-丁炔和2-丁炔的试剂是（   ）
   A. 三氯化铁　　　　　B. 高锰酸钾　　　　　C. 银氨溶液　　　　　D. 溴水

2. 烯烃和溴的加成反应可观察到的现象是（   ）
   A. 沉淀　　　　　　　B. 气体　　　　　　　C. 无变化　　　　　　D. 退色

3. 马尔科夫尼科夫规则适用于（   ）
   A. 烯烃与溴的加成反应　　　　　　　　B. 烷烃的卤代反应
   C. 不对称烯烃与不对称试剂的加成反应　D. 烯烃的氧化反应

4. 不饱和烃与卤素的反应属于（   ）
   A. 加成反应　　　　　B. 还原反应　　　　　C. 氧化反应　　　　　D. 聚合反应

5. 2-丁烯和1-丁烯互为（   ）
   A. 碳链异构　　　　　B. 位置异构　　　　　C. 官能团异构　　　　D. 顺反异构

6. 下列各组化合物互为同分异构体的是（   ）
   A. 乙烷和乙烯　　　　　　　　　　　B. 1-丁炔和1-丁烯
   C. 1-丁炔和2-丁炔　　　　　　　　　D. 乙烷和乙炔

二、填空题

1. 烯烃的通式为_____，官能团是_____，最简单的烯烃是_____。

2. 炔烃的通式为_____，官能团是_____，最简单的炔烃是_____。

3. 碳碳双键含有_____个 σ 键和_____个 π 键；碳碳三键含有_____个 σ 键和_____个 π 键。

4. 由于不饱和烃官能团中存在_____键，比较活泼，因此它们容易发生化学反应，其重要的化学反应是_____反应，除此之外，也容易发生氧化反应、聚合反应。

5. 产生顺反异构的条件是：①_____，②_____。

三、用系统命名法命名下列化合物

1. $CH_3CH=CHCHCH_3$
   （侧链 CH_3）

2. （结构式）
   $$\begin{array}{c} H \\ | \\ H_3C \end{array} C=C \begin{array}{c} CH_2CH_3 \\ | \\ H \end{array}$$

3. $CH_3CC\equiv CH$
   （上 CH_3，下 CH_3）

4. $H_2C=CH—CH_2—C\equiv CH$

四、写出下列化合物的结构式

1. 乙烯和乙炔

2. 1,3-丁二烯

3. (E)-3,4-二甲基 3-已烯

4. 2,3-二甲基丁烷

五、写出下列反应的主要产物。

1. $H_2C{=}CH_2 + H_2 \xrightarrow{\text{催化剂}}$

2. $H_2C{=}CH_2 + Br_2 \longrightarrow$

3. $HC{\equiv}CH + AgNO_3 + NH_3 \cdot H_2O \longrightarrow$

4. $HC{\equiv}CH + HCl(过量) \xrightarrow{HgCl_2}$

5. $H_3CHC{=}CH_2 + HBr \longrightarrow$

六、简答题

1. 用化学方法鉴别乙烷、乙烯和乙炔。

2. 某化合物分子式为 C_5H_8，1mol 该化合物可吸收 2mol 氢气，当该化合物与硝酸银氨溶液作用时有白色沉淀生成；当它吸收 1mol 氢气时，产物为 3-甲基-1-丁烯，试写出该化合物的结构简式。

第四章　芳香烃和卤代烃

1. 掌握苯的结构和理化性质。
2. 熟悉萘的结构与理化性质。
3. 了解蒽和菲及常见致癌烃；了解重要的卤代烃。

1825 年，英国科学家法拉第（M. Faraday）首先发现了苯（C_6H_6），随后科学家从煤和石油中提取出苯、甲苯、萘及其他芳烃。有机物由于具有特殊稳定的环状结构（芳香环）而呈现出的难加成、难氧化、易取代的性质叫芳香性。具有芳香性的烃称为芳香烃，简称芳烃。芳烃中最常见的是只含一个苯环的芳香烃，即苯系芳香烃。

第一节　苯

一、苯

（一）苯的结构

苯的分子式是 C_6H_6，是最简单的芳香烃，也是苯系芳烃中的典型代表。

早在 1825 年人们就得到了性质相当稳定的苯，但对苯的结构研究却经历了漫长的过程。1865 年德国化学家凯库勒（A. Kekulé，1829—1896 年）首先提出了苯的环状结构，即凯库勒式（图 4-1）。苯的凯库勒结构式满足了碳的 4 价，因此，凯库勒式比较常见。但在现代文献及书籍中（尤其是药品说明书中）使用较多的是比凯库勒式更直观的、更科学的环式结构。

现代检测仪器证实：苯环上的碳碳键完全相同，键长均为 0.139nm，介于一般的单键（0.154nm）和一般的双键（0.134nm）之间，是单键和双键平均化以后的产物。

苯分子中 6 个碳原子相互连接成正六边形，氢原子连接在碳原子平面上，向环外空间均匀分散伸展，所有原子共平面，键角都是 120°。苯的最重要的结构是：在 6 个碳原子和 6 个氢原子所处的正六边形平面上，其中每个碳原子上 1 个垂直于苯环平面的哑铃形 p 电子与相邻碳原子"肩并肩"，形成了一个环状共轭大 π 键。

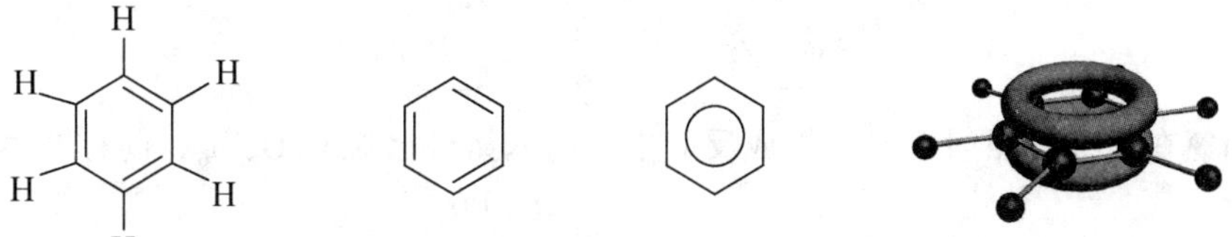

图 4-1 苯的结构

结构式　　　　结构简式

凯库勒式　　　　　环式结构　　　　球棍模型

环状共轭大 π 键稳固地分布在 6 个碳原子所处的正六边形平面的上下，其高度稳定性决定了苯及其他芳香烃、芳香醇、芳香醛、芳香酸、芳香胺、杂环化合物等芳环化合物的芳香性。

（二）苯的性质

在常温下，苯是一种无色、有特殊气味的易挥发液体，沸点为 80.1℃，熔点为 5.5℃，难溶于水，易溶于有机溶剂，本身也可作为有机溶剂。苯毒性较大，苯蒸气可经过呼吸系统、消化系统以及皮肤吸收，短时间吸入高浓度的苯蒸气会引起急性中毒，甚至危及生命。

1. 取代反应　在一定条件下，苯可以与卤素、浓硝酸、浓硫酸等发生取代反应。

（1）卤代反应　在三卤化铁的催化下，苯能与卤素发生反应，苯环上的氢原子能被卤原子取代生成卤苯，此反应叫卤代反应。例如：

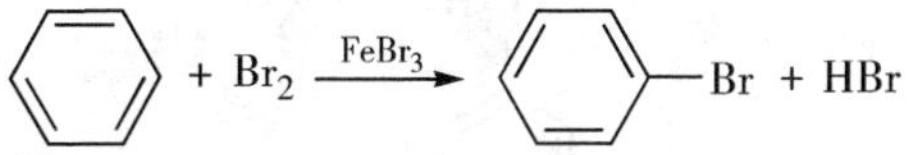

溴苯是无色液体，密度比水大，用于合成药物、农药、染料等。

（2）硝化反应

硝基苯是一种带有苦杏仁味、无色油状液体，密度比水大。硝基苯有毒，是制造染料的重要原料。

（3）磺化反应

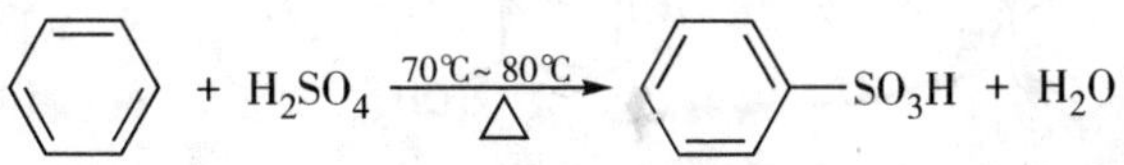

苯磺酸是一种有机强酸，为结晶性固体，溶解度大，有吸水性。用于苯酚、间苯二酚的有机合成。

2. 加成反应　苯的环状大 π 键比较稳定，不如烯烃碳碳双键上的 π 键活泼，尽管如此，在特定条件下仍能发生加成反应。如在镍作催化剂的条件下，加热到 180℃～250℃，苯可以与氢气发生加成反应生成环己烷。

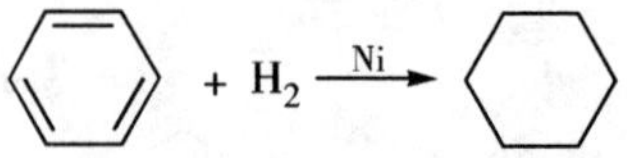

苯和氯在紫外线照射下发生加成反应生成的六氯环己烷 $C_6H_6Cl_6$，简称"六六六"。

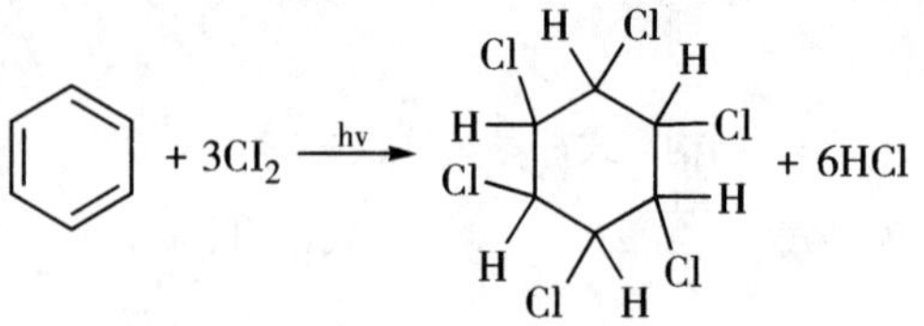

六六六为高效、高残留剧毒农药，曾被大量用作杀虫剂，后来发现它污染环境，使人产生累积性中毒。

二、苯的同系物

分子中只含一个苯环，组成上相差 n 个 CH_2 的系列芳香烃就是苯的同系物。分子通式为 C_nH_{2n-6}（$n \geqslant 6$）。

（一）苯的同系物的命名

苯的同系物是苯分子中氢原子被烷基取代的化合物，可分为一烷基苯、二烷基苯和三烷基苯。

苯环上只有一个取代基时无异构现象，全名时以苯环为母体，烷基作为取代基。例如：

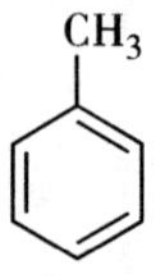

甲苯 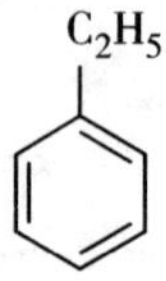   乙苯 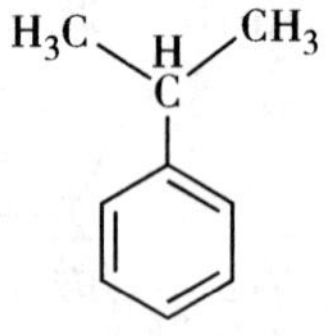   异丙苯

苯环上有两个相同取代基时，可产生三种异构体。根据它们的相对位置不同，命名时在前面加邻（o）、间（m）、对（p）等词头或用阿拉伯数字表示。例如：

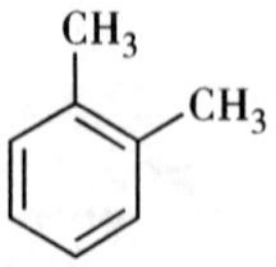

邻二甲苯   间二甲苯   对二甲苯

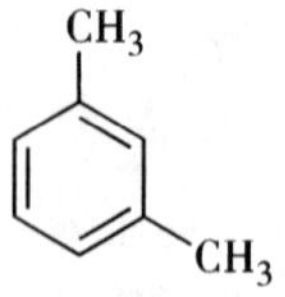

1,2-二甲苯   1,3-二甲苯   1,4-二甲苯

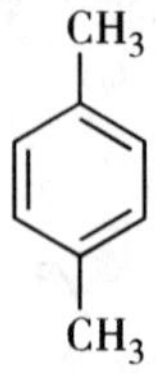

苯环上有三个相同取代基时，同样亦有三种异构体。命名时用阿拉伯数字标明取代基的位置或者用词头"连""偏""均"表示。例如：

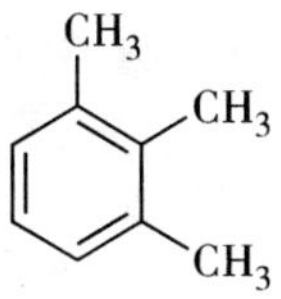

连三甲苯
1,2,3-三甲苯

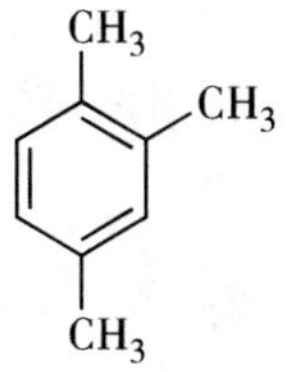

偏三甲苯
1,2,4-三甲苯

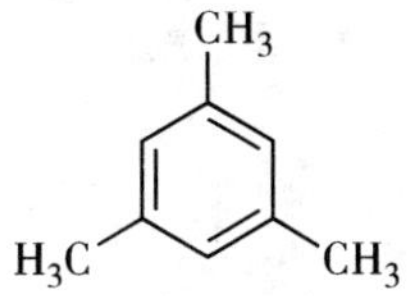

均三甲苯
1,3,5-三甲苯

芳香烃芳环上一个氢原子离去以后形成的基团称为芳香烃基，简称芳基，用 Ar- 表示。例如：

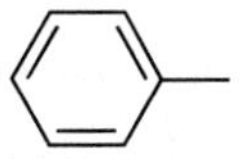

苯基（C_6H_5-）

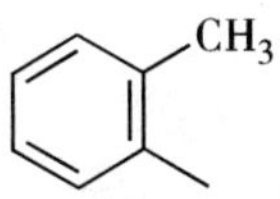

邻甲苯基

（二）氧化反应

苯环一般不易氧化，不能使酸性高锰酸钾退色，但在特定的较激烈的条件下，苯环可被氧化破坏。例如：

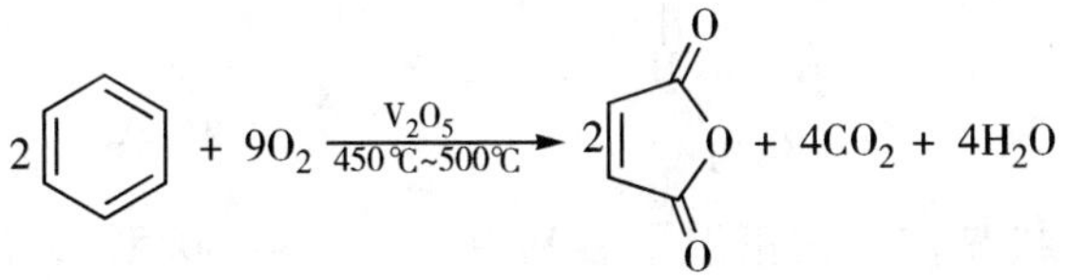

$$2 \text{(苯)} + 9O_2 \xrightarrow[450℃\sim500℃]{V_2O_5} 2 \text{(顺丁烯二酸酐)} + 4CO_2 + 4H_2O$$

顺丁烯二酸酐

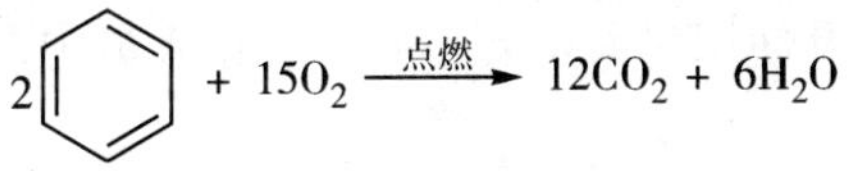

$$2 \text{(苯)} + 15O_2 \xrightarrow{点燃} 12CO_2 + 6H_2O$$

当苯环上具有侧链，且侧链中与苯直接相连的 α 碳原子上有氢原子（活性 α-H）时，则易被氧化。且不论侧链长短如何，最终都被氧化成苯甲酸，同时高锰酸钾溶液的紫红色退去，所以此反应可以用来检验绝大多数苯的同系物。例如：

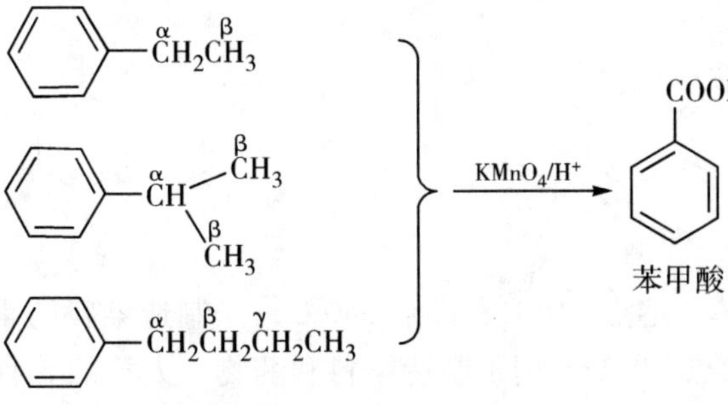

$$\xrightarrow{KMnO_4/H^+}$$

苯甲酸

但是无活性 α-H 的苯环侧链不能被高锰酸钾氧化。

【演示实验4-1】苯、甲苯与高锰酸钾溶液的反应。

取两支试管分别加入 1mL 酸性高锰酸钾溶液，往一支试管滴加 10 滴苯，另一支试管滴加 10 滴甲苯，振荡 2 分钟，观察实验现象并解释原因。

实验结果：苯不能使酸性高锰酸钾溶液退色，甲苯能使酸性高锰酸钾溶液退色。

实验证明：苯比较稳定，难于氧化；甲苯可被酸性高锰酸钾溶液等强氧化剂氧化。

第二节　稠环芳香烃及致癌烃

一、稠环芳香烃

两个或多个苯环两两之间共用两个碳原子相互稠合成的芳香烃称为稠环芳香烃，简称稠环芳烃。最简单最重要的稠环芳烃是萘、蒽、菲。

（一）萘

萘的分子式为 $C_{10}H_8$，是由两个苯环共用两个碳原子稠合而成的。萘分子的结构式如下：

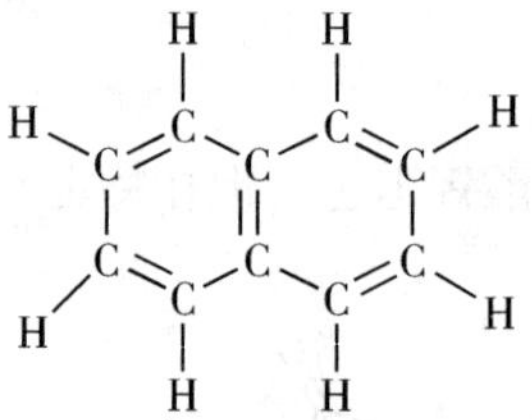

结构式 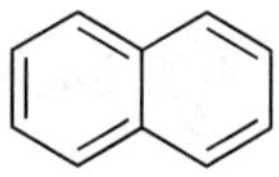　　　　结构简式

萘是一种白色片状晶体，在室温下容易升华，熔点 80.5℃，沸点 218℃，不溶于水，可溶于乙醇、乙醚等有机溶剂中，具有特殊的气味。萘的蒸气及粉尘对人有害，卫生球的主要成分是萘，生产中及使用时一定要小心，防止人员中毒。

（二）蒽和菲

蒽和菲的分子式都是 $C_{14}H_{10}$，两者互为同分异构体。蒽和菲是由三个苯环稠合而成的，其结构式如下：

蒽　　　　　　　　菲

蒽为无色片状晶体，熔点 216℃，沸点 340℃，是制造染料的重要原料；菲为无色晶体，熔点 101℃，沸点 340℃，用于制造染料和药物。大黄的 5 种主要有效成分都是 9,10-蒽醌的衍生物，复方丹参滴丸的有效成分就是菲醌。

环戊烷骈多氢菲（简称环戊烷多氢菲）是甾族化合物的母体，它的衍生物甾族化合物广泛存在于动植物体内，具有重要的生理作用。常见的甾族化合物有胆固醇、谷甾醇、维生素 D、可的松、胆酸和性激素等。

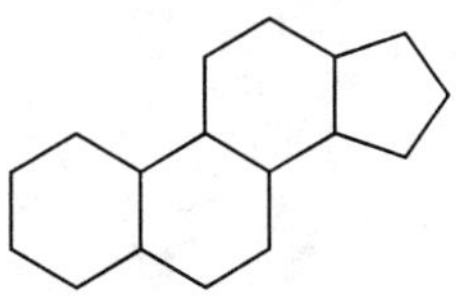

环戊烷多氢菲 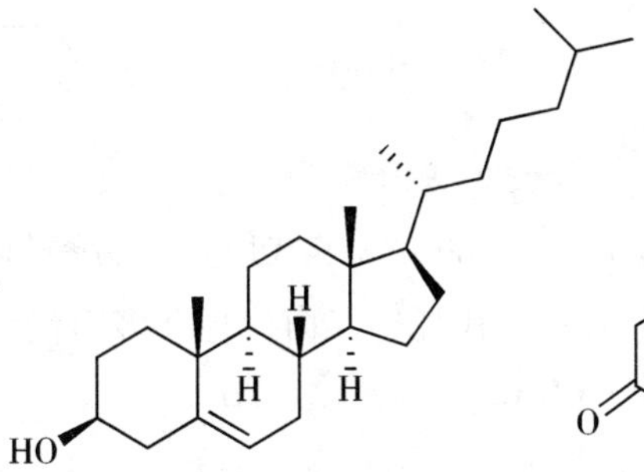　　　　　　胆固醇 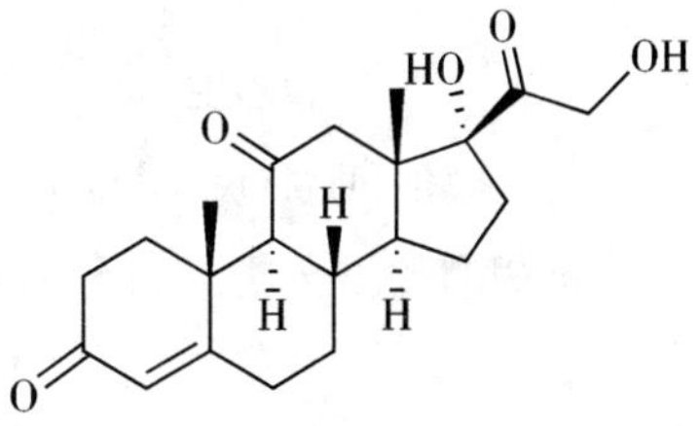　　　　　　　　可的松

二、致癌烃

在 20 世纪初，人们已注意到在长期从事煤焦油作业的人员中有皮肤癌的病例，后来用动物试验的方法，证实了煤焦油中存在微量的 3,4-苯并芘，它有着高度的致癌性。

致癌烃通常由四个或四个以上苯环稠合而成，也属于稠环芳烃。常见的致癌烃有 1,2-苯并蒽、3,4-苯并芘、1,2,5,6-二苯并蒽等。

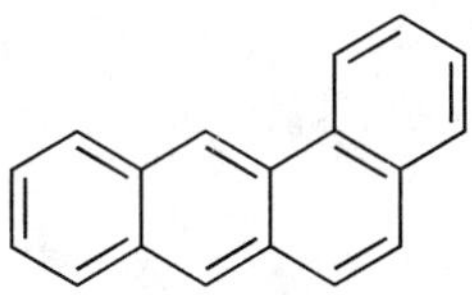

1,2-苯并蒽 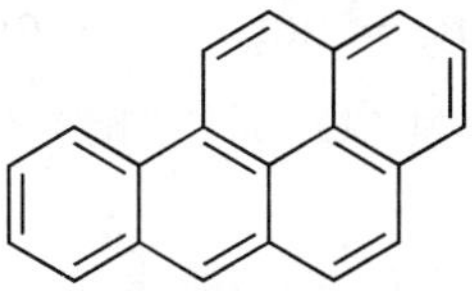　　　　　　　3,4-苯并芘 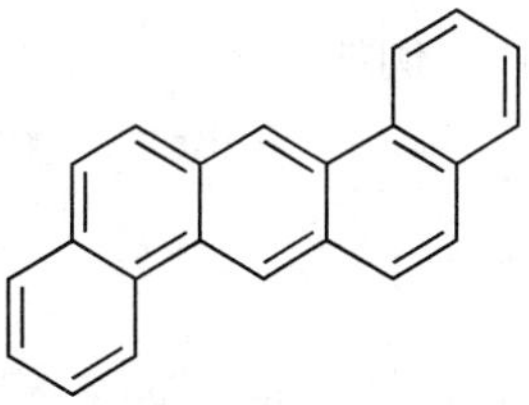　　　　　　1,2,5,6-二苯并蒽

致癌烃能引起恶性肿瘤主要存在于煤烟、石油、沥青和烟草的烟雾以及烟熏的食物中。因此，杜绝垃圾焚烧，提倡秸秆还田，少食烧烤食品，减少煤炭燃烧应该是最好的防癌措施。

第三节　卤　代　烃

烃分子中的一个或几个氢原子被卤原子取代所生成的化合物，称为卤代烃，简称卤烃。一元卤代烃的通式为 R—X，卤原子（X）是卤代烃的官能团，卤代烃中常见的卤原子是氯、溴、碘。

一、卤代烃的分类

1. 按烃基分类　可分为脂肪族卤代烃和芳香族卤代烃两类。其中脂肪族卤代烃又可分为饱和脂肪族卤代烃和不饱和脂肪族卤代烃。

$$CH_3CH_2Br \qquad CH_3CH\!=\!CHBr \qquad \text{(苯环)}\!-\!Cl$$

溴乙烷　　　　　1-溴丙烯　　　　　氯苯

（饱和脂肪族卤代烃）（不饱和脂肪族卤代烃）　（芳香族卤代烃）

2. 按卤原子数分类　可分为一卤代烃、二卤代烃和多卤代烃。例如：

$$CH_3Cl \qquad CH_2Cl_2 \qquad CHCl_3 \qquad CCl_4$$

一氯甲烷　　　　二氯甲烷　　　　三氯甲烷　　　　四氯化碳

3. 按卤素相连碳原子分类　可分为伯、仲、叔卤代烃。

4. 按卤素原子分类　可分为氟代烃、氯代烃、溴代烃和碘代烃。

二、卤代烃的命名

（一）普通命名法

简单卤代烃命名时，可根据卤原子相连的烃基将其命名为"卤某烃"或"某基卤"。例如：

$$CH_3Cl \qquad CH_3CH_2Cl \qquad CH_2\!=\!CHCl \qquad CF_2\!=\!CF_2 \qquad C_6H_5CH_2Cl$$

一氯甲烷　　　　氯乙烷　　　　氯乙烯　　　　四氟乙烯　　苯甲基氯(又名苄氯)

（二）系统命名法

较复杂的卤代烃采用系统命名法，以相应的烃为母体，卤原子为取代基。命名的基本原则是：选择连有卤原子的碳在内的最长碳链（有不饱和键的须包括双键、三键碳）作为主链，根据主链碳原子的数目称为"某烷"，或"某烯"，或"某炔"；把卤原子与其他支链作为取代基按"顺序规则"依次列出（卤原子与烃基同时存在时，先烃基后卤原子），并写在"某烷""某烯""某炔"的前面。例如：

$$CH_2\!=\!CHCH_2Cl \qquad \underset{\quad\ \ Br}{CH_2\!=\!CHCH_2\overset{|}{C}HCH_3} \qquad \underset{Br\ \ CH_3}{CH_3\overset{|}{C}H\overset{|}{C}HCH_2CH_3}$$

3-氯丙烯　　　　　　4-溴-1-戊烯　　　3-甲基-2-溴戊烷

一些卤代烃也常采用俗名，如氯仿（$CHCl_3$）、碘仿（CHI_3）等。

三、卤代烃的性质

（一）物理性质

常温常压下，氯甲烷、氯乙烷、溴甲烷等低级卤代烃为气体，其余大多数低级卤代烃为液体，高级卤代烃为固体。卤代烃不溶于水，易溶于醇、醚等有机溶剂。氯仿、四氯化碳等是常用的有机溶剂。除氟代烃和一氯代烃外，大多数卤代烃相对密度都大于1，比水重。卤代烃的沸点一般随相对分子质量的增大而升高，同分异构体中，支链越多，沸点越低。烃基相同而卤原子不同的卤代烃，其沸点随卤素的原子序数增加而升高。卤代烃的蒸气有毒，使用时应注意安全。

（二）化学性质

卤代烃的官能团是卤原子，由于卤原子的电负性较大，碳卤键具有较强的极性，容易发生异裂，表现出较强的化学反应活性。

1. 取代反应　在卤代烃分子中，C—X 中的碳原子电子云密度较低，容易受到试剂中的负离子（OH^-、ONO_2^-等）的进攻，导致 C—X 断裂而发生取代反应。

（1）被羟基取代　卤代烷与氢氧化钠或氢氧化钾水溶液共热，卤原子被羟基（—OH）取代生成醇，该反应又称为卤代烃的碱性水解反应。例如：

$$CH_3CH_2Cl + KOH \xrightarrow[H_2O]{\triangle} CH_3CH_2OH + KCl$$

（2）与硝酸银反应　卤代烷与硝酸银的醇溶液反应，卤原子与银离子结合成卤化银沉淀，同时生成硝酸酯。例如：

$$CH_3CH_2Cl + AgONO_2 \longrightarrow CH_3CH_2ONO_2 + AgCl \downarrow$$
$$\text{硝酸酯}$$

2. 消除反应　一卤代烷与强碱的醇溶液共热，分子中脱去一分子卤化氢生成烯烃，这种分子内消除一个简单分子（如 HX、H_2O 等）形成不饱和烃的反应称为消除反应。例如：

$$CH_3CHCH_2 \xrightarrow[\triangle]{KOH/醇} CH_3CH = CH_2 + KBr$$
$$\quad\quad | \quad |$$
$$\quad\quad H \quad Br$$

不对称卤代烷发生消除反应时，可得到两种不同的产物，含氢较少的碳上的氢更易消除。

$$CH_3CH_2CHCH_3 \xrightarrow{KOH/醇}$$
$$\quad\quad\quad |$$
$$\quad\quad\quad Br$$

→ $CH_3CH = CHCH_3$ 　2-丁烯　81%

→ $CH_3CH_2CH = CH_2$ 　1-丁烯　19%

不同卤代烷消除反应活性顺序为：叔卤代烷＞仲卤代烷＞伯卤代烷。

3. 格氏试剂的生成　卤代烃与锂、钠、钾、镁等金属反应，生成有机金属化合物。其中卤代烃在无水乙醚中与金属镁反应生成的烃基卤代镁，称为格林尼亚（Grignard）试剂，简称格氏试剂。

$$RX + Mg \xrightarrow{无水乙醚} RMgX$$

格氏试剂性质非常活泼，能与含活泼氢的化合物（如水、醇、酸、氨等）作用，生成相应的烃。在有机合成中意义重大。

4. 双键位置对卤素活泼性的影响　卤代烃中卤原子的反应活性与其相连的烃基结

构有着密切关系（表4-1）。

表4-1 不同类型卤代烃中卤原子的活性

卤代烃	与硝酸银的醇溶液反应现象	卤原子活性
$CH_2=CHX$ 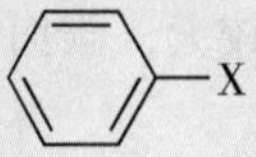　苯环-X 卤代乙烯型	加热也不产生 AgX 沉淀	最不活泼
$CH_2=CH(CH_2)_nX$　苯环-$(CH_2)_nX$ 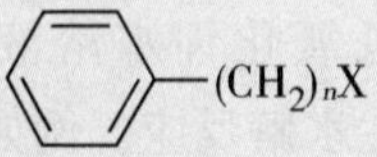 $(n=2,3,4...)$ 卤代烷型	加热后缓慢产生 AgX 沉淀	比较活泼
$CH_2=CHCH_2X$　苯环-CH_2X 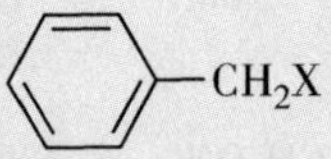 卤代烯丙型	室温下立即产生 AgX 沉淀	最活泼

四、重要的卤代烃

（一）三氯甲烷

三氯甲烷（$CHCl_3$）俗名氯仿，为无色液体，有香甜气味，沸点61.7℃，不易燃烧，比水重，不溶于水，能与乙醇、苯、乙醚、石油醚、四氯化碳等混溶，是优良的有机溶剂。

医药上常用于中药有效成分的提取和精制。例如，中药苦参中氧化苦参碱的提取，中药粉防己中粉防己甲素、粉防己乙素的提取，氯仿是最好的溶剂。

氯仿在光照下可被逐渐氧化生成剧毒的光气（$COCl_2$），故氯仿应置于棕色瓶密闭保存，并加入1%的乙醇破坏可能生成的光气。

（二）四氯化碳

四氯化碳（CCl_4）为无色液体，沸点76.8℃，能溶解脂肪、油漆、树脂、橡胶等物质，是优良的溶剂及萃取剂。四氯化碳蒸气有毒，注意不要吸入体内。四氯化碳不能燃烧，不导电，其蒸气比空气重，故能覆盖在燃烧的物体上隔绝空气而灭火，适于油类和电源火灾的灭火。由于四氯化碳在500℃以上与水作用产生剧毒的光气（$COCl_2$），所以用它作灭火剂时，必须注意空气流通，以免中毒。四氯化碳与金属钠在温度较高时反应发生爆炸，所以当金属钠着火时，不能用四氯化碳灭火。

（三）聚氯乙烯

聚氯乙烯由氯乙烯聚合而成，为白色粉末状固体高聚物，简称 PVC。聚氯乙烯具有阻燃性，耐化学酸碱腐蚀（耐浓盐酸、浓度 90% 的硫酸、60% 的硝酸和 20% 的氢氧化钠等），机械强度较高，电绝缘性好。聚氯乙烯有防火耐热作用，广泛应用于电线外皮和光纤外皮，也常作为塑料、保鲜膜的原料。

（四）聚四氟乙烯

聚四氟乙烯由四氟乙烯聚合而成，为白色固体，具有不燃性，熔点为 327℃，但在 260℃ 以上就会变质。聚四氟乙烯简称 PTFE，商品名"特氟隆"。聚四氟乙烯性能非常稳定，耐高低温（可使用温度 -200℃ ～250℃）、耐强酸强碱（不与"王水"反应）、耐老化，具有优良的绝缘性、自润滑性、表面不粘性。聚四氟乙烯有"塑料王"之称，它是常用的工程和医用材料，可用作人造器官、电磁搅拌磁心外壳等的材料，还可用作不粘锅的内衬。

（五）二噁英

二噁英化学名为 2,3,7,8-四氯二苯并对二噁英，一种白色不溶于水的固体，不与大多数化学试剂作用。约 300℃ 时熔化，700℃ 时开始分解，800℃ 迅速完全分解。它主要是一些有机物在氯化过程中生成的，如农药生产、纸浆漂白、工业废弃物和垃圾焚烧等。二噁英是持久性有机污染物，自然环境中的微生物降解与日光分解对其分子结构的影响很小，因此能够在环境中持久存在并不断富集。人类接触二噁英 90% 是通过食物摄入。二噁英经过牲畜的草料或饲料所产生的食物链不断传递和积累放大，进入人体后很难被分解或排出，对肝脏、生殖系统造成损害，并引起癌变。二噁英被世界卫生组织列为一级致癌物质。

知识拓展

石油和煤

石油又称"原油"，是一种黑色或暗棕色的黏稠油状液体，不溶于水，有特殊气味，密度小于水，没有固定的熔点和沸点。石油主要是由多种碳氢化合物组成的混合物，由于原油的成分复杂，需先在炼油厂进行精炼。利用原油中各组分沸点的不同，将复杂的混合物分离成简单的混合物的过程叫做分馏，工业中分馏石油是在分馏塔中进行的。石油分馏可以获得汽油、煤油、柴油等含碳原子少的轻质油，但其产量难以满足社会的需求，而碳原子多的重油却供大于求。因此，通过催化裂化过程可以将碳原子较多、沸点较高的烃断裂为碳原子较少、沸点较低的汽油等，再通过进一步裂解，可以获得很多重要的化工原料。乙烯、丙烯、甲烷等都是通过石油裂化和裂解过程得到的重要化工原料。另外，石油在加热和催化剂的作用下，可以通过结构的重新调整，使链状烃转化为环状烃，如苯和甲苯等，它们也是重要的化工原料。

煤是由有机化合物和少量无机物组成的复杂混合物，主要含碳元素，还含有少量氢、氧、氮、硫等元素。煤的利用主要是通过煤的干馏、煤的液化和气化。煤干馏是指煤隔绝空气高温使之分解，得到焦炭、煤焦油、煤气，它们被广泛地应用在医药、冶金、材料合成、能源等领域。煤的气化是将其中的有机化合物转化为可燃性气体的过程，主要反应是碳与水蒸气反应生成水煤气等。煤可以直接液化，既可以使煤与氢气作用生成液体燃料；也可以间接液化，先转化为一氧化碳和氢气，再在催化剂作用下合成甲醇等。

石油和煤是人类赖以生存的主要化石能源，也是重要化工原料，在国民经济中占有非常重要的地位，分别被人们称为"工业的粮食"和"工业的血液"。

本 章 小 结

1. 苯的结构　苯的凯库勒结构式和结构简式；苯分子中的六个碳原子相互连接成正六边形平面结构，各个键角都是120°，大 π 键电子平均分布在六个碳原子所在平面的上方和下方。

2. 苯的性质　苯难加成、难氧化，容易发生卤代、硝化和磺化等取代反应。

3. 苯的同系物的命名　一般以苯环为母体，烷基作为取代基命名。

4. 苯的同系物侧链的氧化反应　当苯环的侧链具有 α-H 时易被氧化，且不论侧链长短如何，最终都被氧化成苯甲酸。

5. 萘、蒽、菲的结构　萘是由两个苯环共用两个碳原子稠合而成的，蒽和菲是由三个苯环稠合而成的。

6. 卤代烃的分类　卤代烃可以根据与卤原子相连接的烃基、分子中所含卤原子的数目、卤原子连接的碳原子类型和卤素原子不同而有多种分类。

7. 卤代烃的系统命名原则　以相应的烃为母体，将卤原子作为取代基。

8. 卤代烃的性质

（1）**取代反应**　与氢氧化钠或氢氧化钾水溶液共热发生水解反应、与硝酸银醇溶液反应。

①卤代烷与硝酸银醇溶液反应活性顺序为：叔卤代烷 > 仲卤代烷 > 伯卤代烷。

②卤代烃中卤原子活性顺序为：卤代烯丙型 > 卤代烷型 > 卤代乙烯型。

（2）**消除反应**　不对称卤代烷发生消除反应时，含氢较少的碳上的氢更易消除。不同卤代烷消除反应的活性顺序为：叔卤代烷 > 仲卤代烷 > 伯卤代烷。

（3）**格氏试剂的生成**　卤代烃在无水乙醚中与金属镁反应生成格氏试剂。

目 标 检 测

一、单项选择题

1. 下列化合物属于芳香烃的是(　　　)

A. （甲苯结构）　　B. （环戊基甲烷结构 —CH₃）　　C. （环己烷结构）　　D. （硝基苯结构 NO₂）

2. 与苯不是同系物的芳香烃是(　　　)

A. 乙苯　　　　　B. 甲苯　　　　　C. 萘　　　　　D. 溴苯

3. 苯的二取代物有几种同分异构体(　　　)

A. 1　　　　　　B. 2　　　　　　C. 3　　　　　　D. 4

4. 下列化合物不能使酸性高锰酸钾溶液退色的是(　　　)

A. 乙烯　　　　　B. 乙炔　　　　　C. 苯　　　　　D. 甲苯

5. 下列化合物在室温能与硝酸银醇溶液反应生成沉淀的是(　　　)

A. 氯乙烯　　　　B. 氯苯　　　　　C. 溴苯　　　　　D. 苄氯

6. 下列溴代烷与 KOH 醇溶液最容易发生消除反应的是(　　　)

A. $CH_3CH_2CH_2CH_2CH_2Br$　　　　　B. $\underset{\underset{CH_3}{|}}{CH_3CH_2CHCH_2Br}$

C. $\underset{\underset{CH_3}{|}}{CH_3\overset{\overset{Br}{|}}{CH}CHCH_3}$　　　　　D. $CH_3\overset{\overset{CH_3}{|}}{\underset{\underset{Br}{|}}{C}}CH_2CH_3$

7. 下列溶剂可用于制备格氏试剂的是(　　　)

A. 乙醚　　　　　B. 乙醇　　　　　C. 乙酸　　　　　D. 水

二、填空题

1. 己烷、己烯、甲苯中，既能使溴水退色，又能使高锰酸钾退色的是＿＿＿＿＿；既不能使溴水退色，又不能使高锰酸钾退色的是＿＿＿＿＿；只能使高锰酸钾退色的是＿＿＿＿＿。

2. 苯是一种＿＿＿＿色，有＿＿＿＿气味的＿＿＿＿体，不溶于水。

3. 苯的化学性质主要表现在：易发生＿＿＿＿，难发生＿＿＿＿和＿＿＿＿反应。

4. 芳香烃是指具有芳香性的一类物质。所谓芳香性是指化学性质比较＿＿＿＿，难以发生＿＿＿＿反应，较易发生＿＿＿＿反应。

5. 两个或多个苯环共用两个相邻的碳原子相互稠合而成的芳香烃称为＿＿＿＿。

6. 最简单最重要的稠环芳烃是＿＿＿＿、＿＿＿＿、＿＿＿＿。

7. 萘的结构式是＿＿＿＿，蒽的结构式是＿＿＿＿，菲的结构式是＿＿＿＿。

8. 常见的致癌烃有 ＿＿＿＿＿ 、 ＿＿＿＿＿ 、 ＿＿＿＿＿ 等，常在 ＿＿＿＿＿ 、 ＿＿＿＿＿ 中产生。

三、命名或写出下列化合物的结构式

1.

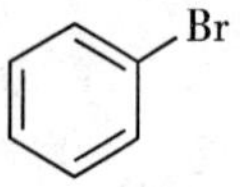

2.

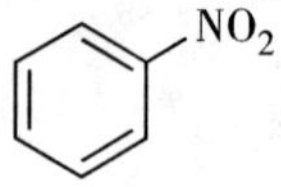

3.

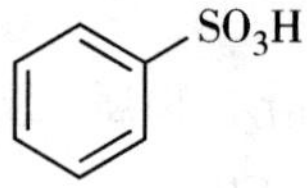

4.

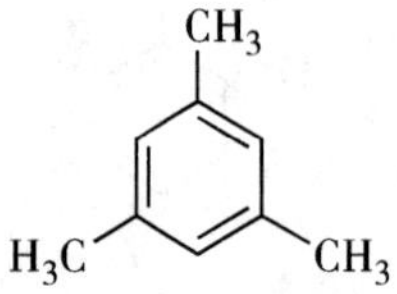

5. 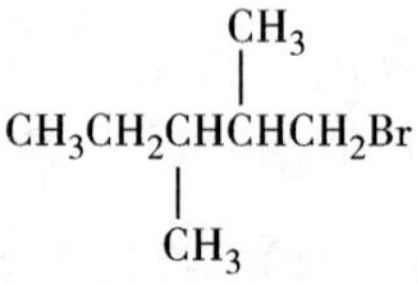 $CH_3CH_2CHCHCH_2Br$ （CH₃ 上下为取代基）

6. 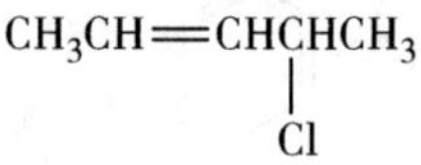 $CH_3CH=CHCHCH_3$ （Cl 取代）

7. 对二甲苯

8. 1,2,4-三甲苯

9. 苄氯

四、完成下列反应方程式

1. 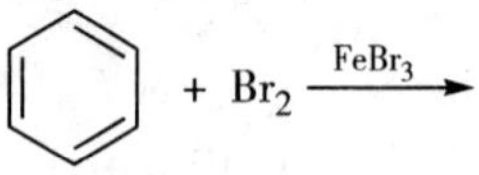 $\bigcirc$ + Br_2 $\xrightarrow{FeBr_3}$

2. $\bigcirc$ + $HONO_2$ $\xrightarrow{浓硫酸}$

3. $\bigcirc$ + H_2SO_4 $\xrightarrow[\triangle]{70℃\sim80℃}$

4. $\bigcirc$—CH_2CH_3 $\xrightarrow{KMnO_4}$

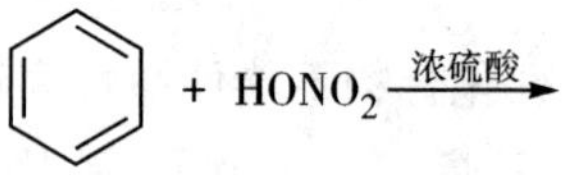

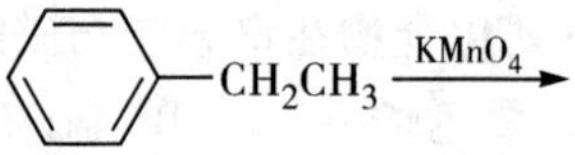

5. 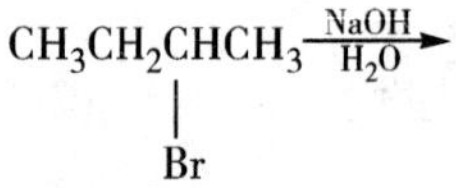 $CH_3CH_2CHCH_3$ （Br） $\xrightarrow{NaOH/H_2O}$

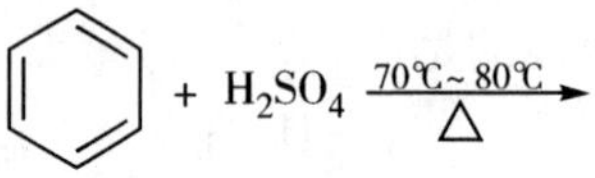

6. 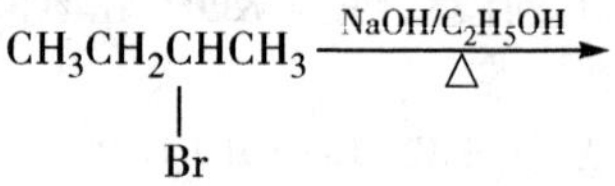 $CH_3CH_2CHCH_3$ （Br） $\xrightarrow[\triangle]{NaOH/C_2H_5OH}$

五、用简便的化学方法鉴别下列各组化合物

1. 苯和甲苯

2. 氯苯和苄氯

第五章　醇、酚、醚

> 1. 掌握醇、酚、醚的命名和化学性质。
> 2. 熟悉醇、酚、醚的物理性质以及重要的醇、酚、醚。
> 3. 了解醇、酚、醚的结构和分类。

醇（alcohol）、酚（phenol）、醚（ether）具有相似的结构，即分子中碳原子和氧原子都以单键相连，都属于烃的含氧衍生物。

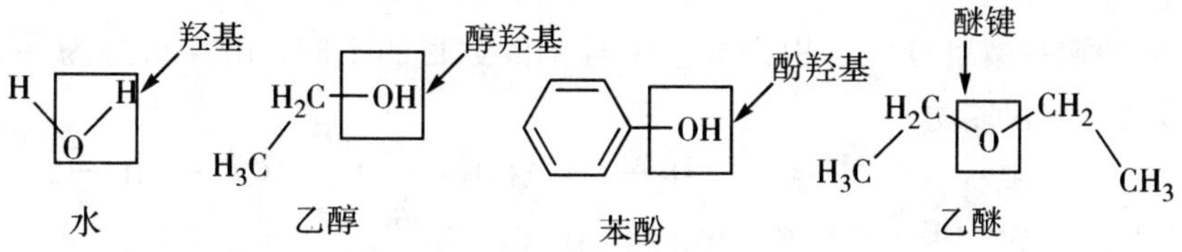

水分子（H—O—H）去掉一个氢原子剩下的基团称为羟基，即—OH。脂肪烃、脂环烃分子中的氢原子，或芳香烃侧链上的氢原子被羟基取代生成的化合物称为醇，醇类可用结构简式 R—OH 表示。羟基与芳烃芳环碳原子直接相连的化合物称为酚，结构简式为 Ar—OH。水分子中两个氢原子都被烃基（R 或 Ar）取代的化合物称为醚，结构简式为 R—O—R′。

第一节　醇

一、醇的结构、分类和命名

（一）醇的结构

乙醇俗称酒精，是最常见的醇，分子式 C_2H_6O，结构简式为 CH_3CH_2OH，其分子结构如图 5-1 所示。

醇的结构特点是羟基与链烃碳原子或芳烃侧链上的链烃碳原子相连，这些羟基碳大多是饱和碳。醇羟基（R）—OH 是醇的官能团。

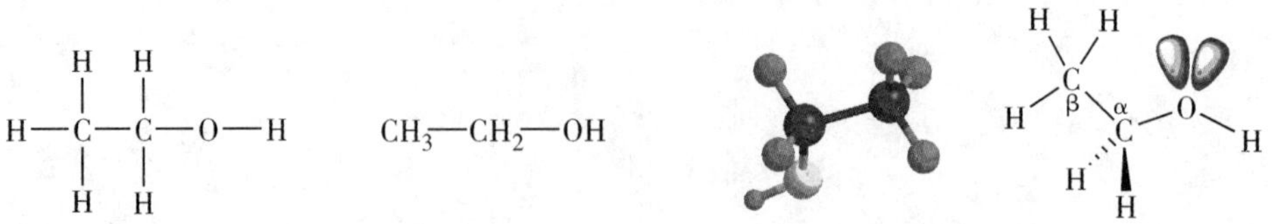

结构式　　结构简式　　立体结构

图 5-1　乙醇的结构

（二）醇的分类

醇的分类方法主要有以下三种：

1. 根据醇羟基所连的烃基种类分类　根据与羟基所连的烃基种类的不同，醇可以分为脂肪醇、脂环醇和芳香醇。分子中羟基与脂肪烃基相连的为脂肪醇，与脂环烃基相连的为脂环醇，与芳香烃侧链相连的是芳香醇。例如：

$CH_3CH_2—OH$

脂肪醇

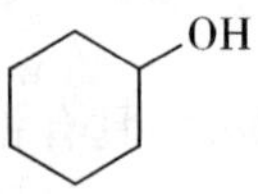

脂环醇

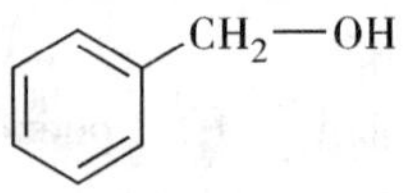

芳香醇

2. 根据醇羟基数目分类　根据分子中羟基的数目的不同，醇又可分为一元醇、二元醇和多元醇。例如：

$CH_3CH_2CH_2—OH$

一元醇

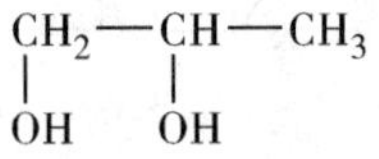

二元醇

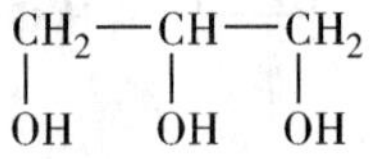

三元醇（多元醇）

3. 根据醇羟基所连碳原子的类型分类　根据分子中与羟基相连碳原子（α-碳原子）的类型，醇又分为伯醇、仲醇和叔醇。例如：

$CH_3CH_2CH_2CH_2—OH$

伯醇

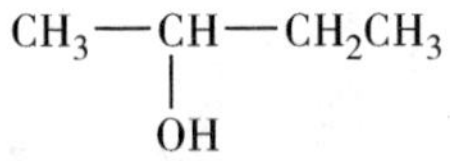

仲醇

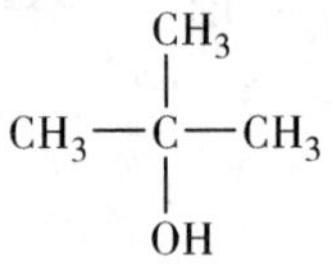

叔醇

（三）醇的命名

1. 普通命名法　普通命名法适用于结构比较简单的醇的命名，一般在烃基名称后加上“醇”字即可，“基”字可以省略。例如：

$CH_3CH_2CH_2OH$

正丙醇

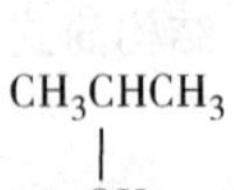

异丙醇

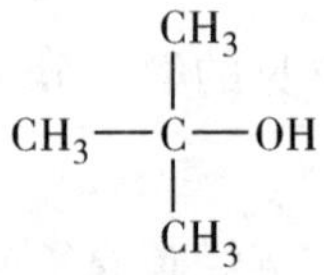

叔丁醇

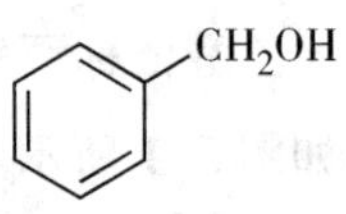

苯甲醇（苄醇）

2. 系统命名法 结构比较复杂的醇可以采用系统命名法命名。

（1）选主链 选择包含与羟基相连的碳原子在内的最长碳链作为主链，根据碳原子数称为"某醇"。

（2）主链编号 从靠近羟基的一端开始给主链碳原子编号，使羟基有最小位次，同时兼顾取代基有较小位次。

（3）命名 将取代基的位次、数目、名称以及表示羟基位次的编号依次写在"某醇"的前面。例如：

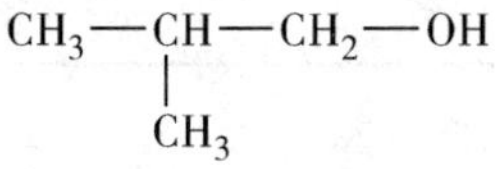

$$CH_3-CH-CH_2-OH \atop |$$
$$CH_3$$

2-甲基-1-丙醇

$$CH_3-CH-CH_2-CH_2-OH \atop |$$
$$CH_3$$

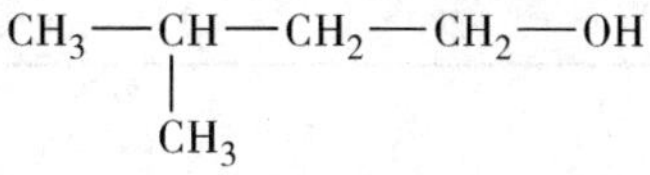

3-甲基-1-丁醇

脂环醇根据成环碳原子数命名为"环某醇"，芳香醇的命名一般将脂肪醇部分看作母体，芳基作为取代基。例如：

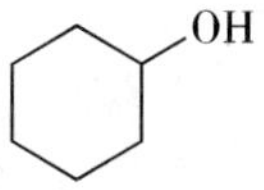

环己醇

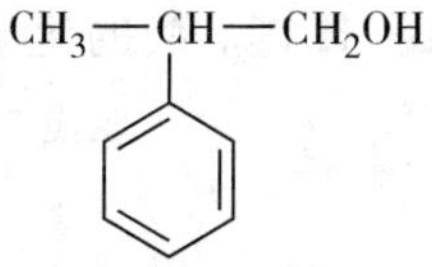

$$CH_3-CH-CH_2OH$$

2-苯基-1-丙醇

多元醇的命名尽可能选择连有羟基最多的最长碳链作为主链，根据羟基数目命名为"某二醇""某三醇"等，并在醇的名称前标明羟基的位次。例如：

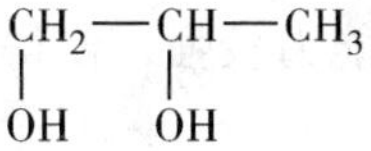

$$CH_2-CH-CH_3 \atop ||$$
$$OHOH$$

1,2-丙二醇

$$CH_2-CH-CH_2 \atop |||$$
$$OHOHOH$$

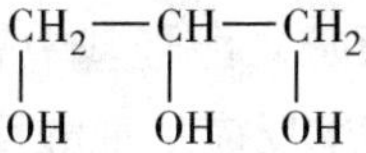

1,2,3-丙三醇

二、醇的性质

（一）醇的物理性质

低级饱和一元醇为无色透明的液体，往往有特殊气味，能与水混溶；四至十一个碳原子的醇为油状液体，可部分溶于水；十二个碳原子以上的高级醇为无色、无味的蜡状固体，不溶于水。

醇分子间可以形成氢键，所以醇的沸点比分子量相近的烷烃高。直链饱和一元醇的沸点随着碳原子数的递增逐渐升高，同分异构体的醇含支链越多沸点越低。

醇分子与水分子之间可以形成氢键，所以醇的水溶性较好，但随着碳链的增长水溶性降低甚至完全不溶。多元醇的沸点更高，水溶性也更好。一些常见醇的沸点和溶解度见表5-1。

表 5-1 一些常见醇的沸点和溶解度

化合物	沸点（℃）	溶解度 (g/100mLH₂O)	化合物	沸点（℃）	溶解度 (g/100mLH₂O)
甲醇	65.0	∞	正丁醇	117.3	7.9
乙醇	78.5	∞	异丁醇	107.9	10.0
正丙醇	97.4	∞	仲丁醇	99.5	12.5
异丙醇	82.4	∞	叔丁醇	82.2	∞
丙三醇	290	∞	正己醇	156	0.6

（二）醇的化学性质

醇的化学性质主要由官能团醇羟基决定，同时也受到烃基的一定影响。

醇分子的反应部位主要有 C—O 键和 O—H 键，以及受 C—O 键极性影响而具有一定活性的 α-C 上的 C—H 键。醇的化学反应都与这三个活性部位密切相关。

1. 与活泼金属的反应 醇羟基中氧的吸电子能力较强，使得 O–H 键有比较大的极性，容易与活泼金属发生反应呈现酸性。

【演示实验 5-1】乙醇与金属钠的反应。

往一干燥的试管中加入 1mL 无水乙醇，然后加入一粒绿豆大小的金属钠，塞上带针孔的胶塞，待产气稳定以后，小心地用火柴点燃生成的气体，观察现象并解释原因；待金属钠完全消失后，往试管中加入 2mL 水，再滴加 1 滴酚酞试液，观察现象并解释原因。

实验结果：乙醇与金属钠的反应不如水与金属钠的反应剧烈；反应生成的气体可以点燃，但无爆鸣声；反应结束后往试管中滴加酚酞试液，溶液变红；随着反应进行，试管壁变热，说明反应放热。

实验证明：乙醇的酸性比水弱，乙醇与金属钠反应生成碱性物质乙醇钠并放出氢气。

$$CH_3CH_2OH + Na \longrightarrow CH_3CH_2ONa + H_2 \uparrow$$
$$\text{乙醇钠}$$

乙醇钠是一种白色固体，碱性比氢氧化钠还强，能溶于乙醇，遇水分解成乙醇和氢氧化钠。

$$CH_3CH_2ONa + H_2O \rightleftharpoons CH_3CH_2OH + NaOH$$

2. 与含氧无机酸的反应 醇的羟基能与硝酸、硫酸、磷酸等含氧无机酸分子发生脱水反应生成无机酸酯，这些无机酸酯的结构特征是氮、硫、磷等通过氧原子与烷基相连。例如：

$$
\begin{array}{c}
CH_2-O\!\!-\!\!H \quad HO\!\!-\!\!NO_2 \\
| \\
CH-O\!\!-\!\!H \;+\; HO\!\!-\!\!NO_2 \\
| \\
CH_2-O\!\!-\!\!H \quad HO\!\!-\!\!NO_2
\end{array}
\longrightarrow
\begin{array}{c}
CH_2-O\!\!-\!\!NO_2 \\
| \\
CH-O\!\!-\!\!NO_2 \;+\; 3H_2O \\
| \\
CH_2-O\!\!-\!\!NO_2
\end{array}
$$

甘油　　　　　硝酸　　　　　三硝酸甘油酯

三硝酸甘油酯俗称硝酸甘油，是一种黄色油状透明液体，受热、震动时易爆炸，可以作为炸药。硝酸甘油具有松弛平滑肌、扩张毛细血管等作用，在医药上用作血管扩张药，制成 0.3% 的硝酸甘油片剂舌下给药，可以治疗冠状动脉狭窄引起的心绞痛。

3. 脱水反应　醇在浓硫酸存在下加热可按两种方式发生脱水反应，即分子内脱水生成烯烃和分子间脱水生成醚。

(1) 分子内脱水生成烯烃　温度较高时醇主要发生分子内脱水消除反应生成烯烃。例如乙醇在浓硫酸存在下加热到 170℃ 发生分子内脱水生成乙烯。

$$
\begin{array}{c}
CH_2-CH_2 \\
|\quad\;\; | \\
H \quad OH
\end{array}
\xrightarrow[170℃]{浓H_2SO_4}
CH_2\!\!=\!\!CH_2 \;+\; H_2O
$$

不同结构的醇发生分子内脱水消除反应的难易程度不同，其中叔醇最容易，仲醇次之，伯醇最难。

(2) 分子间脱水生成醚　温度较低时醇主要发生分子间脱水生成醚。例如乙醇在浓硫酸存在下加热到 140℃ 发生分子间脱水生成乙醚。

$$
C_2H_5\!\!-\!\!OH \;+\; H\!\!-\!\!O\!\!-\!\!C_2H_5 \xrightarrow[140℃]{浓H_2SO_4} C_2H_5\!\!-\!\!O\!\!-\!\!C_2H_5 \;+\; H_2O
$$

4. 氧化反应　醇分子中与羟基相连的碳原子上的氢（α-H）受醇羟基的影响而比较活泼，容易被氧化。常用氧化剂有高锰酸钾（$KMnO_4$）或重铬酸钾（$K_2Cr_2O_7$）的酸性溶液，伯醇先被氧化成醛，醛继续氧化成羧酸。仲醇被氧化成酮，叔醇分子中由于不含 α-H 不易被氧化。例如：

$$
CH_3CH_2OH \xrightarrow[或 KMnO_4/H_2SO_4]{K_2Cr_2O_7/H_2SO_4} CH_3CHO \xrightarrow[或 KMnO_4/H_2SO_4]{K_2Cr_2O_7/H_2SO_4} CH_3COOH
$$

$$
\begin{array}{c}
OH \\
| \\
CH_3-CH-CH_3
\end{array}
\xrightarrow[或 KMnO_4/H_2SO_4]{K_2Cr_2O_7/H_2SO_4}
\begin{array}{c}
O \\
\| \\
CH_3-C-CH_3
\end{array}
$$

【演示实验 5-2】伯、仲、叔醇与重铬酸钾酸性溶液的氧化反应。

取 3 支试管分别滴加 5 滴 5% 重铬酸钾试液和 1 滴浓硫酸，混匀后往 1 号试管中滴加 3 滴正丁醇，2 号试管中滴加 3 滴仲丁醇，3 号试管中滴加 3 滴叔丁醇，振摇试管并微热，观察现象并解释原因。

实验结果：1 号和 2 号试管溶液由橙黄色变为墨绿色，3 号试管溶液橙黄色没有变化。

实验证明：伯醇、仲醇能被重铬酸钾酸性溶液氧化，而叔醇不易被氧化。因此常用重铬酸钾酸性溶液将叔醇与伯醇、仲醇区别开。

知识拓展

如何查酒驾?

乙醇是饮用酒的主要成分，故俗称酒精。饮酒者对准呼气式酒精分析仪呼气，呼出的气体中含有一定比例的乙醇蒸气，呼气式酒精分析仪内特殊设计的玻璃瓶中装有的硫酸、重铬酸钾、水、硝酸银（催化剂）混合物会迅速与之反应，溶液将由橙黄色变为墨绿色。颜色的变化通过电子传感元件转换成电信号，颜色变化的程度与呼出气体中酒精的含量直接相关，从而精确地测出呼出气体中酒精的含量，交警使用该方法可以检出酒后驾车的司机。

三、重要的醇

（一）甲醇

甲醇最初是由木材干馏制得，故俗称木醇。甲醇为无色透明液体，能与水及多种有机溶剂混溶。甲醇有毒，误服 10mL 能使双目失明，30mL 能中毒致死。甲醇是优良的溶剂，也是一种重要的化工原料。

（二）乙醇

乙醇俗称酒精，可以通过淀粉或糖类物质的发酵而得。纯净的乙醇沸点为 78.5℃，是无色透明、易挥发、易燃液体，能与水及多种有机溶剂混溶。临床上使用 75% 的乙醇水溶液作外用消毒剂，长期卧床的病人用 50% 乙醇水溶液涂擦皮肤，有收敛作用，并能促进血液循环，可预防褥疮。高热病人用 20%～30% 乙醇水溶液擦浴以降低体温。乙醇是良好溶剂，用于制取中药浸膏以及提取中药中的有效成分。

（三）丙三醇

丙三醇俗称甘油，为无色、具有甜味的黏稠液体，能与水或乙醇混溶。甘油有润肤作用，但它的吸湿性很强，对皮肤有刺激，所以在使用时须先用适量水稀释。甘油在医药上可用作溶剂，制成酚甘油、碘甘油等。临床上对便秘患者，常用甘油栓剂或 50% 的甘油溶液灌肠，它既有润滑作用，又能产生高渗压，可引起排便反射。

（四）苯甲醇

苯甲醇又称苄醇，是具有芳香气味的无色液体，微溶于水，易溶于乙醇等有机溶剂。苯甲醇具有微弱的麻醉作用和防腐功能，可用于局部止痛以及制剂的防腐。医疗上使用的青霉素稀释液就是 2% 苯甲醇的灭菌液，又称无痛水，但肌肉反复注射本品可引起臀肌挛缩，因此禁止学龄前儿童肌肉注射。

第二节 酚

一、酚的结构、分类和命名

（一）酚的结构

酚是芳环上的氢原子被羟基取代的化合物，是由芳基 Ar— 和羟基—OH 两部分组成的，可以用通式 Ar—OH 表示。酚分子中直接与芳环相连的羟基称为酚羟基，是酚的官能团。

最简单的酚为苯酚（C_6H_5OH），其分子结构如图 5-2 所示。酚羟基中氧原子 p 轨道中的孤对电子与苯的环状大 π 键电子"肩并肩"地融合在一起，形成一个完整的 p-π 共轭体系。氧原子的孤电子对被吸引到苯环上，增加了苯环的电子云密度，使其反应活性增高。同时也使碳–氧键键能增大，碳–氧键不易断裂。

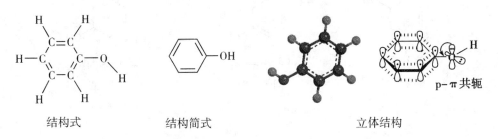

结构式　　　　　　　结构简式　　　　　　　立体结构

图 5-2　苯酚的分子结构示意图

（二）酚的分类

酚根据羟基所连芳基分为苯酚、萘酚等，萘酚又因羟基位置不同分为 α-萘酚和 β-萘酚。例如：

苯酚　　　　　　　　α-萘酚　　　　　　　　β-萘酚

酚根据直接连接在芳环上的羟基数目分为一元酚、二元酚、三元酚等。例如：

一元酚　　　　　　　　二元酚　　　　　　　　三元酚

（三）酚的命名

酚的命名常以苯酚或萘酚为母体，芳环上的其他原子或原子团作为取代基，编号从芳环上连有酚羟基的碳原子开始，也可以采用邻、对、间来表示取代基与酚羟基间的相对位置。例如：

苯酚	4-甲基苯酚	3-甲基苯酚	2-甲基苯酚	α-萘酚
	对甲基苯酚	间甲基苯酚	邻甲基苯酚	

多元酚的命名需对环上的羟基位置进行编号。例如：

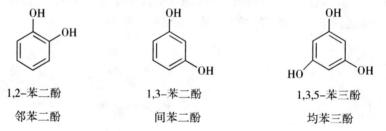

1,2-苯二酚	1,3-苯二酚	1,3,5-苯三酚
邻苯二酚	间苯二酚	均苯三酚

二、酚的性质

（一）酚的物理性质

大多数酚是结晶性固体，少数烷基酚为高沸点的液体。酚分子间可以形成氢键，所以酚具有较高的沸点。酚与水分子之间可以形成氢键，所以酚在水中有一定的溶解度。一些常见酚的熔点、沸点和溶解度见表5-2。

表5-2　一些常见酚的熔点、沸点和溶解度

化合物	熔点（℃）	沸点（℃）	溶解度（g/100mLH$_2$O）
苯酚	43	182	9.3
邻甲基苯酚	30	191	2.5
间甲基苯酚	11	201	2.6
对甲基苯酚	35	201	2.3
α-萘酚	94	279	难

（二）酚的化学性质

苯酚分子中酚羟基的氧原子直接与苯环碳原子相连，该氧原子上有一对未共用电子对占据着 p 轨道，它可以与苯环形成 p-π 共轭体系，电子向苯环转移，从而活化苯环

（特别是邻、对位），同时，苯环也影响羟基，使羟基中的氢可发生一定程度电离而呈弱酸性，见图 5-3。

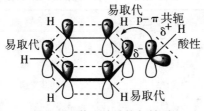

图 5-3 苯酚的结构与性质

1. 酸性 苯环对酚羟基的影响使得酚的酸性比醇强得多，能与氢氧化钠（钾）等强碱作用生成盐，而醇与氢氧化钠（钾）等强碱几乎不发生反应。

【演示实验 5-3】苯酚的弱酸性。

往试管中加入少量苯酚晶体，然后加入 1~2mL 水，振摇试管，观察现象并解释原因；再逐滴滴加 5% 氢氧化钠溶液，边滴加边振摇，观察现象并解释原因。

实验现象：加入水振荡后溶液出现浑浊，说明苯酚在水中溶解度不大；滴加氢氧化钠溶液后，溶液变澄清。

实验证明：苯酚具有一定酸性，能与氢氧化钠作用生成易溶于水的苯酚钠。

$$\text{苯酚(微溶于水)} \quad + NaOH \longrightarrow \text{苯酚钠(溶于水)} + H_2O$$

往澄清的苯酚钠水溶液中通入 CO_2，能将苯酚从苯酚钠的水溶液中游离出来，从而使水溶液变混浊，说明苯酚的酸性比碳酸弱。

$$\text{ONa} + CO_2 + H_2O \longrightarrow \text{OH} + NaHCO_3$$

利用酚呈酸性可以将酚从不溶于水的非酸性有机物中分离出来。当酚与其他难溶、非酸性有机物混在一起时，先加入碱（如 NaOH）的水溶液与酚作用生成水溶性的酚钠，然后将其与其他非酸性有机物分开，最后在其水溶液中通入 CO_2 将酚游离出来。

2. 与三氯化铁的显色反应 酚与三氯化铁溶液能发生显色反应，不同的酚生成不同颜色的化合物。

【演示实验 5-4】酚与三氯化铁的显色反应。

取 3 支试管，1 号试管中加入 1mL 苯酚溶液，2 号试管中加入 1mL 对甲基苯酚溶液，3 号试管中加入 1mL 邻苯二酚溶液，然后往每支试管中逐滴滴加 1% 三氯化铁溶液，振摇试管，观察现象并解释原因。

实验结果：1 号试管显紫色，2 号试管显蓝色，3 号试管显绿色。

实验证明：酚与三氯化铁的水溶液反应，显现出不同的颜色，此反应可以作为酚类物质定性鉴定的依据。一些常见酚与三氯化铁溶液作用的显色情况见表5-3。

表5-3　一些常见酚与三氯化铁溶液作用的显色情况

化合物	生成物颜色	化合物	生成物颜色
苯酚	紫色	邻苯二酚	绿色
邻甲基苯酚	蓝色	对苯二酚	绿色
对甲基苯酚	蓝色	间苯二酚	紫色
间甲基苯酚	蓝色	1,3,5-苯三酚	紫色

3. 苯环上的取代反应　苯酚中羟基活化了苯环，使得苯环上容易发生取代反应。

【演示实验5-5】苯酚与溴水反应。

往试管中滴加2滴苯酚的饱和水溶液，然后加入2mL水稀释，再在振摇下逐滴滴加饱和溴水，观察现象并解释原因。

实验结果：立即生成白色沉淀。

实验证明：苯酚的苯环上容易发生取代反应，与溴水作用立即生成三溴苯酚的白色沉淀，反应很灵敏且定量完成，因此可用于苯酚的定性检验和定量测定。

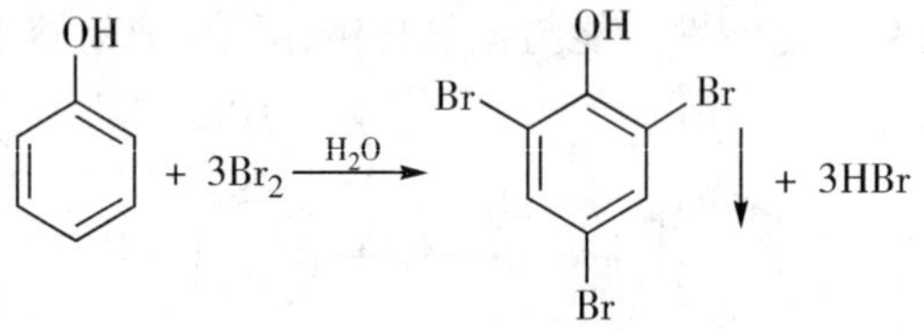

白色

4. 酚的氧化　酚类化合物很容易被氧化，纯苯酚是无色结晶，放置在空气中后就能逐渐被氧化变为粉红色、红色或暗红色，多元酚更容易被氧化。日常生活中绿茶放置变成暗色，茶水放置出现棕红色，主要是因为其中含有的多酚类化合物被氧化的结果。

知识拓展

酚类化合物的保健作用

茶叶中存在大量以儿茶素为主体的茶多酚类化合物，通常含量达20%～30%。茶多酚能对有机体的脂肪代谢起重要的调节作用，可明显抑制血浆和肝脏中胆固醇含量的上升；茶多酚能增强人体微血管壁的韧性，防止内出血；茶多酚还能杀菌消炎、减轻重金属对人体毒害的作用。儿茶素能降低血糖，防治糖尿病；儿茶素还有明显的抗氧化、防衰老的保健作用，也是常用的保健型食品防腐添加剂。

三、重要的酚类化合物

（一）苯酚

苯酚过去是从煤焦油中提取的，具有弱酸性，故俗称石炭酸。纯净的苯酚是无色晶体，露置于空气中由于被氧化而呈粉红色。苯酚有特殊气味，熔点较低（43℃），常温下在水中的溶解度不大，当温度高于65℃时能与水以任意比例互溶，苯酚易溶于乙醇、乙醚等有机溶剂。苯酚具有杀菌作用，医药上可用作消毒剂，3%～5%的苯酚水溶液可用于外科器械的消毒，5%的苯酚水溶液可用作生物制剂的防腐剂，1%的苯酚水溶液可用于皮肤止痒。苯酚有毒且对皮肤有腐蚀性，使用时应小心。

（二）甲酚

甲酚来源于煤焦油，所以称为煤酚，有邻、对、间三种异构体。甲酚的三种异构体沸点相近，不易分离，实际中常使用的是三种异构体的混合物。煤酚的杀菌能力比苯酚强，医药上配制成47%～53%的肥皂溶液俗称来苏儿，也称煤酚皂液，临用时加水稀释至3%～5%，常用于器械和环境的消毒。

（三）苯二酚

苯二酚有三种异构体，均为无色结晶。邻苯二酚又称儿茶酚，常以其衍生物的形式存在于生物体内，易溶于水、乙醇和乙醚。间苯二酚又称雷锁辛，易溶于水、乙醇和乙醚，具有杀菌作用，且刺激性小，其2%～10%的油膏和洗剂可用于治疗皮肤病。对苯二酚在水中溶解度小，还原能力较强，可用作抗氧化剂，保护其他物质不被氧化。

（四）麝香草酚

麝香草酚〔〕是麝香草和百里草中的香气成分，又称百里酚，为白色结晶或结晶性粉末，微溶于水。麝香草酚的杀菌作用比苯酚强，且毒性低，而且能促进气管纤毛运动，有利于气管黏液的分泌，有祛痰作用，故可用于治疗气管炎、百日咳等。

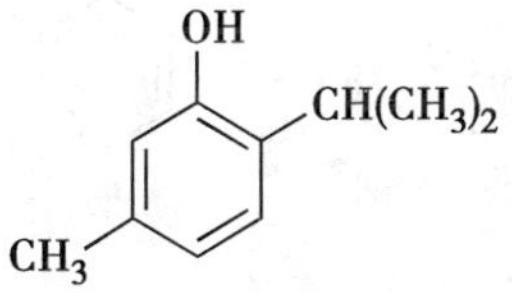

第三节　醚

一、醚的结构、分类和命名

（一）醚的结构

醚是两个烃基通过氧原子连接而成的化合物，可以用通式 R(Ar)—O—R′(Ar′) 表示。两个烃基可以相同，也可以不相同；可以是脂肪烃基、脂环烃基或是芳香烃基。最简单的醚是甲醚（$CH_3—O—CH_3$），甲醚分子的结构如图5-4所示。

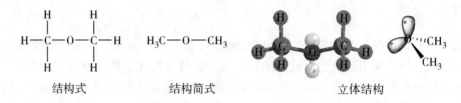

结构式　　　　　　结构简式　　　　　　立体结构

图5-4　甲醚分子的结构示意图

（二）醚的分类

醚根据分子中两个烃基结构分为简单醚、混合醚和环醚。

简单醚是两个烃基相同的醚，例如：$C_2H_5—O—C_2H_5$

混合醚是两个烃基不同的醚，例如：$CH_3—O—C_2H_5$

环醚是烃基的两端连接成环状结构的醚，例如：

（三）醚的命名

醚的命名通常是烃基名加"醚"字，"基"字可以省去，简单醚中"二"字也省去。脂肪混合醚将较小烃基放在较大烃基名称前，芳脂混合醚将芳烃基放在链烃基名称前。例如：

$C_2H_5—O—C_2H_5$　　　　　$CH_3—O—C_2H_5$

乙醚　　　　　　　甲乙醚　　　　　　苯甲醚

三元环醚称环氧化物，命名为"环氧某烷"，其他环醚按杂环化合物的名称命名。例如：

环氧乙烷　　　　　　四氢呋喃

结构复杂的醚一般以较大的烃基为母体，把含氧的较小烃基作为取代基命名。例如：

$$CH_3CH_2CH_2CHCH_3$$
$$|$$
$$OCH_3$$

2-甲氧基戊烷

二、醚的性质

（一）醚的物理性质

常温下甲醚、甲乙醚为气体，其他醚多为无色、易燃、易挥发液体，有特殊气味。醚分子间不能形成氢键，其沸点比分子量相近的醇低得多，如乙醚沸点为 34.6℃，而正丁醇沸点为 117℃。醚与水分子之间可以形成氢键，所以在水中有一定溶解度，如甲醚可与水混溶，乙醚在水中的溶解度为 8g/100mL 左右。醚能溶解许多有机物，常用作有机溶剂。

（二）醚的化学性质

醚的化学性质不活泼，稳定性仅次于烷烃，对稀酸、碱、氧化剂、还原剂都十分稳定。

1. 锌盐的形成 醚分子中的氧原子具有未共用电子对，可与浓酸形成锌盐而溶解于浓酸中。例如：

$$C_2H_5-\overset{..}{O}-C_2H_5 \underset{H_2O}{\overset{\text{浓}H_2SO_4}{\rightleftharpoons}} C_2H_5-\overset{H}{\underset{+}{O}}-C_2H_5 + HSO_4^-$$

锌盐很不稳定，遇水立即分解成醚和酸。利用此性质可以将醚从烃、卤代烃等不含氧的化合物中分离出来。

2. 过氧化物的生成 醚对一般氧化剂是稳定的，但长时间与空气中的氧接触也会逐渐被氧化成过氧化物。例如乙醚长时间与空气中的氧接触可生成过氧化乙醚。

$$C_2H_5-O-C_2H_5 + O_2 \longrightarrow C_2H_5-O-\overset{}{\underset{\underset{O-O-H}{|}}{CH}}-CH_3$$

过氧化乙醚

过氧化醚遇热有爆炸的危险，因此醚类化合物应存放在深色玻璃瓶中，或加入抗氧化剂防止过氧化醚的生成。久置的醚在使用前应检验是否有过氧化醚的存在，若醚能使湿淀粉–KI 试纸变蓝或使 $FeSO_4$–KCNS 试液变红，说明有过氧化物存在。此过氧化物用硫酸亚铁水溶液洗涤，可使其破坏。

三、重要的醚类化合物

（一）乙醚

乙醚是无色透明具有特殊刺激气味的液体，沸点 34.6℃，挥发性极强，易燃烧，乙醚的蒸气与空气混合达到一定比例时，遇火可引起爆炸，因此在制备和使用乙醚时必须远离明火。乙醚微溶于水，能溶解许多有机物，是常用的有机溶剂。乙醚具有麻醉作用，是临床上最早用于外科手术的全身性吸入麻醉剂，但后来发现有毒副作用，对呼吸和循环有抑制作用，现已被新型吸入麻醉剂卤代醚类代替。

（二）环氧乙烷

环氧乙烷是最简单的环醚，有一定毒性，还具有致癌性，室温下为无色气体，沸点为10.8℃，能溶于水，也能溶于乙醇、乙醚等有机溶剂。环氧乙烷是一种广谱、高效的气体杀菌消毒剂，对消毒物品的穿透力强，可以杀灭大多数病原微生物，主要用于外科器材和对热不稳定的药品等进行气体熏蒸消毒。

本 章 小 结

本章主要介绍了含氧衍生物醇、酚、醚的结构、命名和性质等有关知识。

1. 醇、酚、醚的结构 醇的结构特点是羟基与链烃碳原子或芳烃侧链上的链烃碳原子相连，这些羟基碳大多是饱和碳；酚是芳环上的氢原子被羟基取代的化合物；醚是两个烃基通过氧原子连接而成的化合物。

2. 醇、酚、醚的命名 醇的系统命名法为：①选主链；②主链编号；③写名称。

酚的命名常以苯酚或萘酚为母体，芳环上的其他原子或原子团作为取代基。

醚的命名通常是烃基名加"醚"字。

3. 醇、酚、醚的性质 醇和酚的官能团都是羟基，但由于连接的烃基不同，醇和酚的化学性质有比较显著的差异。

（1）醇的主要化学性质有：①与活泼金属的反应；②与含氧无机酸的反应；③脱水反应；④氧化反应。

（2）酚的主要化学性质有：①酸性；②与三氯化铁的显色反应；③苯环上的取代反应；④氧化反应。

（3）醚可以看作是醇或酚的羟基上的氢原子被烃基取代的化合物，化学性质比较稳定，主要化学性质有：①锌盐的形成；②过氧化物的生成。

目 标 检 测

一、单项选择题

1. 下列物质不属于醇的是（　　　）

A. CH_3CH_2—OH

B. 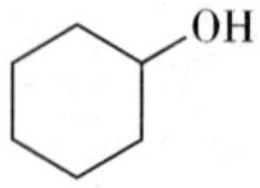 （结构式：环己醇）

C. 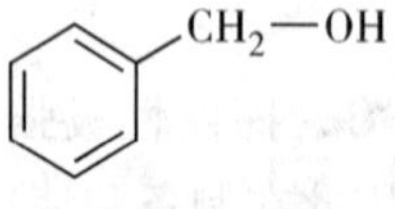 （结构式：苯甲醇）CH_2—OH

D. 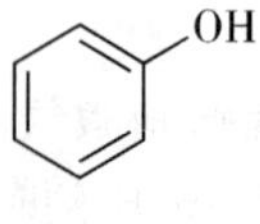 （结构式：苯酚）OH

2. 有机物 $\underset{OH\quad CH_2CH_3}{CH-CH-CH_3}$ （上方为CH_3）的系统命名为（　　　）

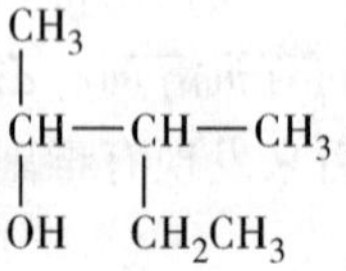

A. 1-甲基-2-乙基-1-丙醇　　　　　　B. 3-甲基-2-戊醇

C. 1,2-二甲基-1-丁醇　　　　　　　D. 3,4-二甲基-4-丁醇

3. 乙醇在浓硫酸存在下加热到170℃脱水生成乙烯的反应属于(　　)

　　A. 取代反应　　　　B. 加成反应　　　　C. 消除反应　　　　D. 氧化反应

4. 临床上用作外用消毒剂的乙醇水溶液浓度是(　　)

　　A. 75%　　　　　　B. 50%　　　　　　C. 95%　　　　　　D. 20% ~ 30%

5. 常用于医疗器械和环境消毒的"来苏儿"主要成分是(　　)

　　A. 苯酚　　　　　　B. 甲酚　　　　　　C. 苯甲醇　　　　　D. 乙醇

6. 下列化合物与溴水反应生成白色沉淀的是(　　)

　　A. 乙醇　　　　　　B. 乙醚　　　　　　C. 苯甲醇　　　　　D. 苯酚

7. 苯酚有毒且有腐蚀性，不慎溅到皮肤上可用来洗涤的试剂是(　　)

　　A. 酒精　　　　　　B. 冷水　　　　　　C. NaOH 溶液　　　　D. HCl 溶液

8. 能证明苯酚具有弱酸性的实验是(　　)

　　A. 苯酚的浑浊水溶液加入 NaOH 后变澄清

　　B. 苯酚的浑浊水溶液加热后变澄清

　　C. 澄清的苯酚钠溶液中通入 CO_2 后变浑浊

　　D. 苯酚中加入浓溴水生成白色沉淀

二、填空题

1. 乙醇俗称_____，根据羟基所连碳原子的类型分类应该属于_____。

2. 乙醇与金属钠反应生成的白色固体是_____，生成的气体是_____，产物的水溶液呈_____（酸性、碱性或中性）。

3. 将 2-甲基-2-丙醇滴加到高锰酸钾酸性溶液的现象是_____。

4. 苯酚俗称_____，往苯酚溶液中滴加三氯化铁溶液立即显_____。

5. 检验久置乙醚中是否有过氧乙醚的方法之一是用_____试纸，试纸_____说明有过氧乙醚的存在，破坏过氧乙醚的方法是用_____洗涤。

三、写出下列化合物的名称或结构简式

1. $CH_3-CH-CH-OH$ （CH_3、CH_2CH_3）　　2. $CH_3CHCHCH_2OH$ （CH_3、CH_3）　　3. $CH_3OC_2H_5$

4. 环戊醇-OH　　5. 间乙基苯酚 OH/C_2H_5　　6. 苯-OC_2H_5

7. 乙醚　　8. 叔丁醇　　9. 甘油

10. 苄醇

四、完成下列反应方程式

1. $CH_3CH_2OH + Na \longrightarrow ($ $)$

2. $CH_3CH_2OH \xrightarrow[170℃]{浓H_2SO_4} ($ $)$

3. $2\,CH_3CH_2OH \xrightarrow[(\quad)]{浓H_2SO_4} C_2H_5{-}O{-}C_2H_5 + H_2O$

4. $CH_3CH_2CH_2OH \xrightarrow[H_2SO_4]{KMnO_4} ($ $)$

5. $CH_3{-}\overset{\displaystyle OH}{\underset{\displaystyle |}{CH}}{-}CH_3 \xrightarrow[H_2SO_4]{K_2Cr_2O_7} ($ $)$

6. 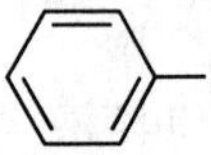 ⬡—OH + NaOH $\longrightarrow ($ $)$

7. 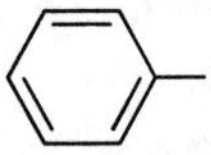 ⬡—ONa + CO_2 + H_2O $\longrightarrow ($ $)$

8. 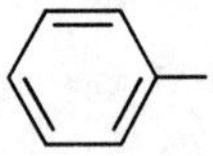 ⬡—OH + $3Br_2 \xrightarrow{H_2O} ($ $)$

五、用简单化学方法鉴别下列各组化合物

1. 正丁醇和叔丁醇
2. 苯酚和苯甲醇
3. 苯酚和苯甲醚

六、推断结构

A、B、C 三种化合物的分子式均为 C_3H_8O，A 不与金属钠反应，B 和 C 与金属钠反应放出氢气。B 用高锰酸钾酸性溶液氧化生成酸，C 生成酮。试写出 A、B、C 的结构简式和名称。

第六章　醛、酮、醌

学习目标

1. 掌握醛、酮的结构特征及命名、分类方法；掌握醛、酮的主要化学性质及不同的醛、酮之间的鉴别方法。

2. 熟悉几种重要的醛、酮及其用途。

3. 了解醌的结构，了解醌的命名及主要性质。

伯醇氧化生成醛（aldehydes），仲醇氧化生成酮（ketones）。

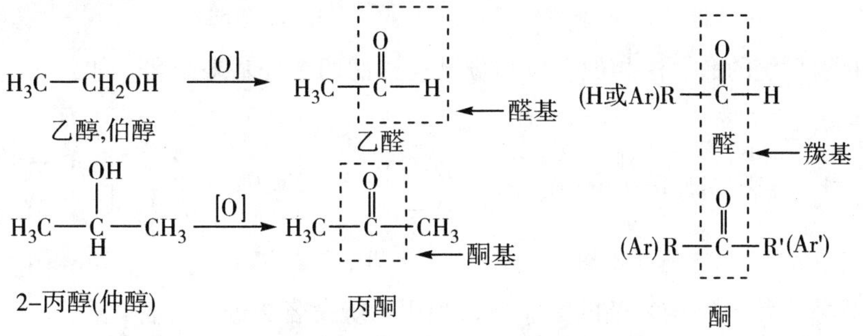

醛（R—CHO）的官能团是醛基（—CHO）、酮（R—CO—R）的官能团是酮基（—CO—），二者略有不同，因此，醛、酮各有特性。醛基和酮基中都有羰基（—CO—），羰基中碳原子和氧原子以双键相连。醛、酮共同含有的羰基（—CO—）决定了它们具有羰基的共性，醛、酮统称羰基化合物。

醌（quinone）类是一类特殊的环状不饱和二酮类化合物。

第一节　醛、酮

一、醛、酮的分类和命名

（一）醛、酮的分类

根据烃基结构不同，醛、酮可分为脂肪醛、酮和芳香醛、酮，例如：

脂肪醛、酮   H—CHO   （丙烯醛）   （丙酮 H_3C—CO—CH_3）   （环己酮）

甲醛   丙烯醛   丙酮   环己酮

芳香醛、酮

苯甲醛   苯乙酮   二苯酮

根据烃基的饱和程度，脂肪醛、酮可分为饱和醛、酮和不饱和醛、酮；根据羰基的数目，醛、酮又可分为一元醛、酮和多元醛、酮；在一元酮中，两个烃基相同的称为简单酮，不同的称为混合酮。

（二）醛、酮的命名

1. 普通命名法 对于结构简单的醛、酮可用普通命名法。

醛与羧酸的普通命名法相似，只需根据碳原子个数称为"某醛"。如：

HCHO $CH_3CH_2CH_2CHO$ $CH_3CH(CH_3)CHO$ $CH_3CH(CH_3)CH_2CHO$ C_6H_5CHO

甲醛   正丁醛   异丁醛   异戊醛   苯甲醛

简单的酮与醚的命名法相似，以与羰基相连的两个烃基来命名。如：

H_3C—CO—CH_3 H_3C—CO—CH_2CH_3 C_6H_5—CO—CH_3 C_6H_5—CO—C_6H_5

二甲酮   甲乙酮   苯乙酮   二苯基酮

2. 系统命名法 结构复杂的醛、酮，须用系统命名法进行命名。

（1）**选择主链** 选择包含羰基碳原子在内的最长碳链作为主链，根据主链碳原子数和官能团称为某醛或某酮。

（2）**给主链碳原子编号** 编号时，醛分子中位于末端的醛基碳编为1号碳，再依次编号；酮分子中碳链的编号从离酮基碳原子最近的一端开始，用阿拉伯数字编号。若以希腊字母编号，则与官能团羰基相连的碳原子为 α 碳原子，然后依次为 β、γ、δ。

（3）**命名** 先将取代基的位置编号、数目、名称写在前面，然后加上某醛或某酮。

$\overset{4}{C}H_3\underset{\gamma}{C}H\underset{\beta}{C}H_2\underset{\alpha}{C}HO$ （苯甲醛）   （苯乙酮） $\underset{1}{H_3C}$—$\underset{2}{\overset{O}{C}}$—$\underset{3}{C}H_2\underset{4}{C}H_3$ （环己酮）
       CH_3

3–甲基丁醛   苯甲醛   苯乙酮   丁酮   环己酮

芳香醛的命名则是将脂肪醛部分当作母体，芳香烃基看做是取代基进行命名。

二、羰基结构与醛、酮的共同性质

羰基和烯键（C＝C）结构相似，都是不饱和双键形成的基团，都能发生加成反应。碳、氧之中氧原子的电负性较大，在其诱导作用下，羰基碳原子带有一定的正电荷，氧原子带有一定的负电荷。如下所示：

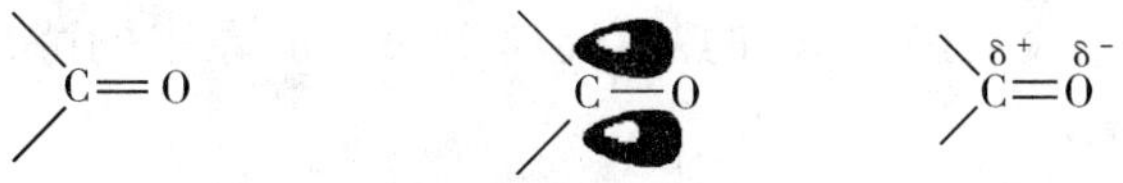

电负性C<O   π电子云偏向氧原子   极性双键

醛、酮均能发生羰基上的亲核加成反应；与羰基相连的 α-碳上的氢原子（即 α-H）还能发生取代反应；醛基氢可发生氧化反应；羰基双键上也能发生加氢还原反应。

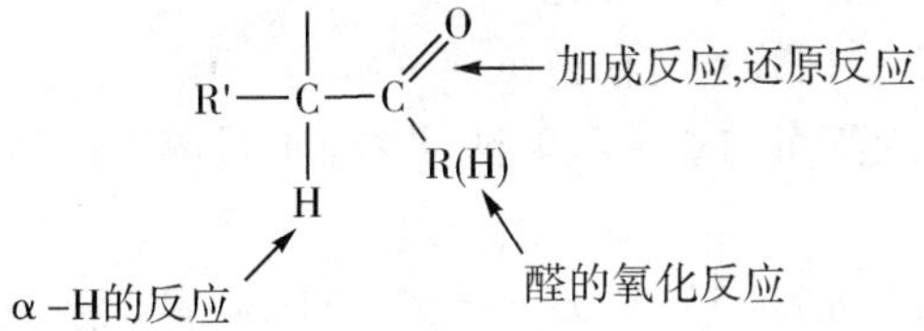

加成反应,还原反应

α-H的反应   醛的氧化反应

常温下，除了甲醛为气体之外，所有醛、酮均为液体或固体。十二个碳以下的醛、酮为液体，大于十二个碳原子的高级醛、酮多为固体。低级醛、酮多有刺激性气味。醛的沸点比与其相对分子质量相当的烷烃高，比与其相对分子质量相当的醇低。四碳以下的脂肪醛、酮易溶于水，五碳以上的醛、酮微溶或不溶于水中，易溶于有机溶剂。含八到十三个碳原子的醛、酮在较低浓度下有香味，通常用于食品和化妆品工业。

1. 加成反应 醛、酮均含有结构相似的羰基（C＝O），羰基一端带有正电荷的碳原子在反应中特别活泼，羰基碳能够接受外来亲核试剂（多为负离子）的攻击，发生亲核加成，而外来离子中带正电荷的基团则随后加成到羰基氧原子上。

（1）与氢氰酸加成反应 氢氰酸电离出的氰基负离子（CN^-）能与醛、脂肪族甲基酮和八个碳原子以下的环酮发生亲核加成反应，生成羟基氰，或称氰醇。因在原来的碳链上增加了一个碳原子，故该反应在有机合成中是用来增长碳链的一种方法。

$$CH_3CH_2CHO \xrightarrow{NaCN,H_2SO_4} CH_3CH_2CHOH + NaHSO_4$$
$$\underset{CN}{|}$$

由于剧毒的氢氰酸极易挥发，在实验室中，常用氰化钾或氰化钠加上强酸来代替氢氰酸。反应操作需在通风装置下进行。

（2）与亚硫酸氢钠的加成反应 醛、脂肪族甲基酮和八个碳原子以下的环酮能与亚硫酸氢钠反应，生成稳定的 α-羟基磺酸钠。该产物难溶于饱和亚硫酸氢钠溶液，有白色晶体析出。反应中亚硫酸氢根负离子（HSO_3^-）作为亲核试剂，反应进行很快。反应式如下：

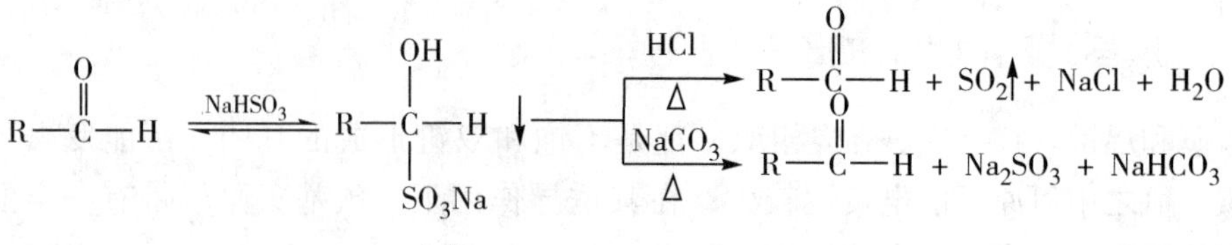

白色

生成的晶体与稀酸或碱一起加热，反应很快生成原来的醛，因此可用来分离提纯醛。

【演示实验6-1】饱和亚硫酸氢钠与乙醛、丙酮的反应。

取1号、2号两支干燥试管，各加入饱和亚硫酸氢钠溶液1滴，然后分别加入5滴乙醛、丙酮，振摇，注意观察变化。若无晶体析出再加1mL乙醇。往生成结晶的试管中滴加2.5mol/L盐酸，观察发生的变化。

实验结果：1号、2号试管均有白色沉淀（浑浊）产生，该沉淀在酸中可溶。

实验证明：乙醛、丙酮可与亚硫酸氢钠反应生成难溶于饱和亚硫酸氢钠溶液的白色沉淀。

（3）醛、酮与氨的衍生物的加成反应　氨（NH_3）是个亲核试剂，它的衍生物如羟胺、肼、苯肼、2,4-二硝基苯肼、氨基脲等都是亲核试剂。

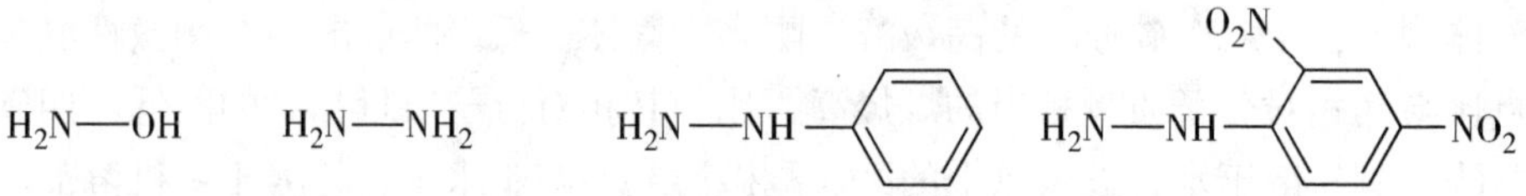

与氨相似，上述氨的衍生物分子中氮原子的电负性较大，带部分负电荷，是亲核试剂，能与醛、酮发生亲核加成反应。由于加成产物不稳定，容易分子内脱水生成含有碳氮双键的肟、腙、苯腙、2,4-二硝基苯腙等有色晶体。特别是不同醛、酮所生成的2,4-二硝基苯腙的颜色不同，多呈不同深浅的橙黄或者橙红色晶体。根据晶体的颜色、结晶形态和熔点的不同，可以鉴定不同的醛、酮。

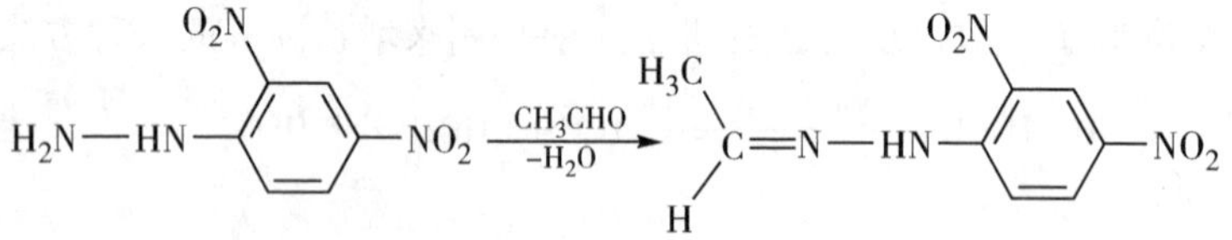

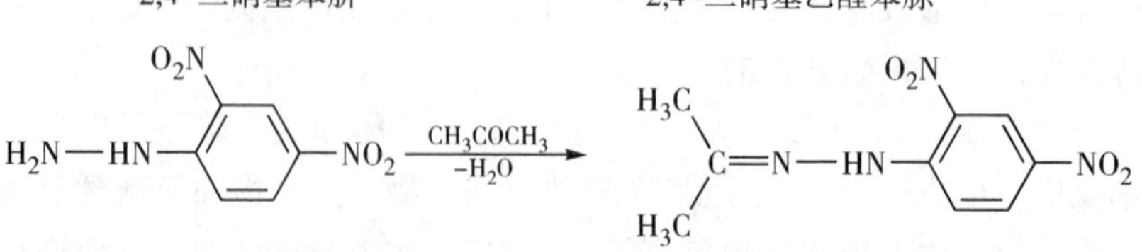

氨的衍生物用以检验羰基的存在及鉴定醛、酮，是羰基试剂。例如2,4-二硝基苯肼就是最常用的羰基试剂，它能与所有的醛、酮快速发生反应。

【演示实验6-2】2,4-二硝基苯肼与醛、酮的反应。

在编号为1号、2号、3号三支试管中各加入2,4-二硝基苯肼试剂10滴，然后分别向各个试管中加入5滴乙醛、丙酮、蒸馏水。观察试管中的现象，对比分析。

实验结果：1号、2号试管有不同深浅的橙红色沉淀产生；3号试管无变化。

实验证明：醛、酮可与羰基试剂反应，生成深浅不同但颜色接近的乙醛苯腙、丙酮苯腙。

2. 卤代反应 醛酮分子中，与官能团羰基直接相连的碳原子称为α-碳原子，α-碳原子上的氢原子通常称为α-氢原子即α-H，α-H由于受到羰基的影响而显得活泼，所以称之为α-活泼氢。具有α-H的醛和酮能发生卤代反应和卤仿反应等。

酸或碱催化下，醛分子中的α-H能够被卤素原子（Cl、Br、I）取代生成α-卤代醛。通过控制反应条件，可使反应停留在一卤代、二卤代、三卤代阶段。因此可用来制备各种卤代的醛酮。

$$
\begin{array}{c}
\overset{\displaystyle |}{\underset{\displaystyle |}{-C-}}\overset{\displaystyle O}{\overset{\displaystyle \|}{C}}-H + X_2 \xrightarrow{H^+ 或 OH^-} \overset{\displaystyle |}{\underset{\displaystyle |}{-C-}}\overset{\displaystyle O}{\overset{\displaystyle \|}{C}}-H + HX \quad (X=Cl, Br, I)
\end{array}
$$

例如：乙醛和甲基酮在碱性条件下与卤素反应（常用次卤酸钠或卤素的碱溶液），三个α-氢原子可完全被卤素取代，在生成三卤取代物中，卤素的强吸电子作用使得羰基碳原子上电子云密度降低，在碱性条件下极容易与亲核试剂进行加成，进而发生碳碳键断裂，生成三卤甲烷（又称卤仿）和羧酸盐，因此称为卤仿反应（haloform reaction）。

$$
H_3C-\overset{\displaystyle O}{\overset{\displaystyle \|}{C}}-R(H) \xrightarrow{OH^-, X_2} X_3C-\overset{\displaystyle O}{\overset{\displaystyle \|}{C}}-R(H) \xrightarrow{OH^-} CHX_3\downarrow + (H)RCOONa
$$

次卤酸钠或卤素的碱溶液具有氧化性，而乙醇和α-碳原子上连有甲基的仲醇，可被次卤酸盐氧化成相应的羰基化合物。故卤仿反应也可用于该种类型醇的定性鉴别。

$$
H_3C-\overset{\displaystyle O}{\overset{\displaystyle \|}{C}}-R(H) \xrightarrow{OH^-, I_2} CHI_3\downarrow + (H)RCOONa + NaI + H_2O
$$

碘仿是具有特殊臭味的黄色固体，水溶性极小，在反应中易析出，且反应速度很快，碘仿反应常被用来将乙醛、甲基酮（或连有甲基的仲醇）与其他醛、酮或非甲基仲醇加以鉴别。

【演示实验6-3】碘仿反应。

取编号为1号、2号、3号、4号的四支试管，分别加甲醛、乙醛、乙醇、丙酮各5滴，再各加碘溶液10滴，然后分别滴加氢氧化钠溶液，到碘的颜色恰好退去。观察并各试管中发生的变化。

实验结果：2号、3号、4号试管出现黄色沉淀或浑浊。

实验证明：除了甲醛外，乙醛、乙醇、丙酮均能发生碘仿反应。

乙醛分子中的三个α-H原子被氯原子取代生成三氯乙醛，三氯乙醛是乙醛的一个重要的衍生物，易与水结合生成水合三氯乙醛，简称水合氯醛。

$$H-\underset{\underset{H}{|}}{\overset{\overset{H}{|}}{C}}-\overset{\overset{O}{\|}}{C}-H + 3Cl_2 + H_2O \xrightarrow{H^+} Cl-\underset{\underset{Cl}{|}}{\overset{\overset{Cl}{|}}{C}}-\underset{\underset{H}{|}}{\overset{\overset{OH}{|}}{C}}-OH + 3HCl$$

水合三氯乙醛

水合氯醛为无色晶体，有刺激性气味，味略苦，易溶于水、乙醚和乙醇溶剂中。10%的水合氯醛溶液在临床上用作长时间作用的催眠药，用于失眠、烦躁不安、惊厥等症状，是比较安全的催眠药和镇静药，但对胃有一定的刺激性。

3. 还原反应 醛、酮易被还原，在催化剂铂、钯、镍的存在下，可使羰基还原成相应的醇，其中醛被还原成伯醇。

$$RCHO + H_2 \xrightarrow{Pt、Pd或Ni} RCH_2OH$$

三、醛的还原性

1. 氧化反应 醛基上的氢原子比较活泼，容易被氧化，醛基化合物有显著的还原性，醛基不仅能被高锰酸钾、重铬酸钾等强氧化剂氧化，也能够被一些弱氧化剂氧化。常用的弱氧化剂有托伦试剂（Tollens），斐林试剂（Fehling）等。

（1）醛能与托伦试剂反应 托伦试剂即是银氨配合物溶液，由适量的硝酸银溶液和氨水溶液配制而成。主要成分为 $[Ag(NH_3)_2]^+$，可将醛氧化成羧酸，而 $[Ag(NH_3)_2]^+$ 被还原成金属银，并可均匀地附着在试管内壁上，形成银镜，因此该反应称为银镜反应。

$$(Ar)RCHO + 2[Ag(NH_3)_2]^+ + 2OH^- \xrightarrow{\triangle} (Ar)RCOONH_4 + 2Ag\downarrow + H_2O + 3NH_3$$

（2）脂肪醛能与斐林试剂反应 斐林试剂由硫酸铜和酒石酸钠钾的氢氧化钠溶液混合而成，深蓝色溶液，二价铜配离子作为氧化剂，能将脂肪醛氧化成相应的羧酸，而自身被还原成砖红色的沉淀（Cu_2O）。甲醛具有更强的还原性，能进一步将氧化亚铜还原成金属铜单质，附着在试管壁上，形成铜镜。芳香醛不能与斐林试剂反应，故可用斐林试剂来区分芳香醛和脂肪醛。

$$RCHO + 2Cu^+(配离子) \xrightarrow{\triangle} RCOO^- + Cu_2O\downarrow + H_2O$$

$$HCHO + Cu^+(配离子) \xrightarrow{\triangle} HCOO^- + Cu\downarrow + H_2O$$

【演示实验6-4】在一支试管中分别加入2mL斐林试剂甲和2mL斐林试剂乙，摇匀得深蓝色溶液，将其分装于1号、2号两支洁净的试管中，分别加入乙醛和丙酮各10滴，摇匀，沸水浴上加热2~3分钟。观察试管中的变化。

实验结果：1号试管的沉淀颜色出现蓝、绿、砖红色的转变。2号试管蓝色不变。

实验证明：斐林试剂能氧化乙醛，不能氧化丙酮。

酮不能被弱氧化剂氧化，因此可以用托伦试剂，斐林试剂等来鉴别醛和酮。

2. 醛与希夫试剂（Schiff）的显色反应 希夫试剂又称品红亚硫酸试剂或品红醛试

剂，往碱性品红水溶液中通入 SO_2 气体，红色退去，得到无色溶液即为希夫试剂。该试剂与醛作用呈紫红色，反应很灵敏，希夫试剂与酮作用不变色，可据此鉴别醛和酮。甲醛与希夫试剂作用生成的紫红色溶液加入硫酸后紫红色不消失，而其他醛生成的紫红色与硫酸相遇会消失，可据此鉴别甲醛和其他醛。

希夫试剂在使用中要保持试剂中 SO_2 不损失，以保证希夫试剂不会变为品红溶液的本色。因此在使用中应避免加热，溶液中不能含有碱性物质和氧化剂。

四、重要的醛、酮

（一）甲醛

甲醛（HCHO）俗称蚁醛，常温下是无色气体，具有强刺激性气味。沸点-21℃，易溶于水。甲醛具有凝固蛋白质的作用，具有杀菌和防腐功能，属高毒物质。空气中含量 0.5mg/m³时会引起人的眼睛流泪，随着含量升高，会逐渐引起咽喉不适，甚至恶心呕吐。含量达到230mg/m³时可致人死亡。使用甲醛时应注意做好防护措施。甲醛分子中的两个氢原子直接与羰基相连，这种结构使其比其他醛具有更高的反应活性。容易被氧化，极易发生聚合反应，在常温下能自动聚合生成具有环状结构的三聚甲醛。

甲醛的用途很广，常用作杀菌消毒剂，如用于谷仓、厩舍、无菌室的熏蒸消毒，小麦、棉花等种子的浸种杀菌，生物标本的防腐等。在工业上，主要用于制造酚醛树脂。含量 40% 的甲醛水溶液称为福尔马林（formalin），是常用的消毒剂和防腐剂。

乌洛托品

甲醛溶液与浓氨水作用，生成一种具有特殊环状结构的化合物六亚甲基四胺，白色晶体。药品名称为乌洛托品。该药品在临床上用作尿道消毒剂，治疗尿路感染。

（二）乙醛

乙醛（CH_3CHO），常温下是液体，易挥发，无色有刺激性气味，沸点21℃，可溶于水，乙醇、乙醚等溶剂中。乙醛是重要的化工原料，可用于制备乙醇，乙酸等。在酸催化下，乙醛也容易聚合生成三聚乙醛。三聚乙醛在医药上称作副醛，具有催眠作用，是较为安全的催眠药。

（三）苯甲醛

苯甲醛（C_6H_5CHO）是最简单的芳香醛，无色液体，沸点 179℃，微溶于水，易溶于乙醇和乙醚中。具有苦杏仁味，俗称苦杏仁油。常与葡萄糖、氢氰酸等缩合，存在于水果（如杏、桃、梅子等）的核仁中，苦杏仁中含量较高。

苯甲醛易被氧化，在空气中久置会被氧化成苯甲酸的白色晶体。因此在保存中常加入对苯二酚作为抗氧化剂。苯甲醛是重要的有机合成化工原料，用来制造药物、染料和香料等。

（四）丙酮

丙酮（CH_3COCH_3）为无色液体，易挥发，易燃，沸点 56.5℃，具有特殊气味，能与水、乙醚、乙醇和氯仿等溶剂任意比混溶，是常用的有机溶剂，也是重要的有机合成原料，用来合成有机玻璃、环氧树脂等产品。工业上用来制备卤仿。

正常情况下，人体的血液中丙酮含量非常低，当人体代谢出现紊乱时，如糖尿病患者，由于体内糖代谢发生障碍，脂肪代谢加速，常产生过量的丙酮，体内丙酮含量增加，随呼吸或尿液排出体外。临床上检验尿液中是否含有丙酮，常用亚硝基铁氰化钠的氢氧化钠溶液加入尿液中，如尿液呈鲜红色，说明有丙酮存在。

（五）环己酮

环己酮（$C_6H_{10}O$）为无色油状液体，具有薄荷和丙酮的气味，沸点 155.6℃，微溶于水，易溶于乙醇和乙醚。易燃，无腐蚀性。蒸气与空气形成爆炸性混合物，爆炸极限 3.2% ~ 9%（体积分数）。环己酮是一种重要的有机化工原料，主要用于制造己内酰胺和己二酸，也用作溶剂和稀释剂。己内酰胺是生产尼龙-6 纤维（锦纶）的原料，己二酸是生产尼龙-66（聚酰胺-66）和尼龙-46（聚酰胺-46）纤维的原料。环己酮在橡胶助剂、涂料、合成纤维、染料以及农药等方面都有广泛的用途。

第二节　醌

一、醌的结构、分类和命名

醌可以由相应的芳香族化合物氧化制得，结构上属于环己二烯二酮类，醌也具有共轭体系。醌根据其骨架可分为苯醌、蒽醌、萘醌、菲醌等，醌都含有对醌式或邻醌式两种醌型结构。

醌的命名以苯、萘、菲等芳环作为母体，用较小的数字标明羰基的位次，也可用邻、对、远等汉字或 α、β 等希腊字母标明。母体上如有取代基，则把取代基的位置、数目、名称写在母体名称前面。例如：

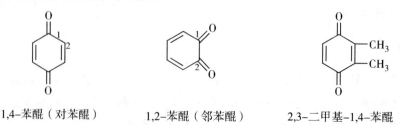

1,4-苯醌（对苯醌）　　　　1,2-苯醌（邻苯醌）　　　　2,3-二甲基-1,4-苯醌

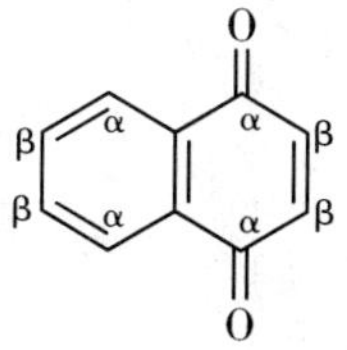

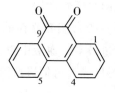

1,4-萘醌（α-萘醌） 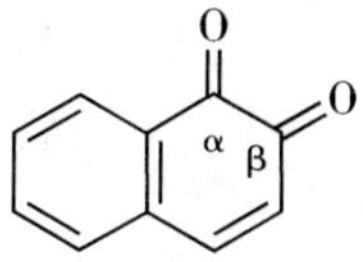　　　　　1,2-萘醌（β-萘醌）

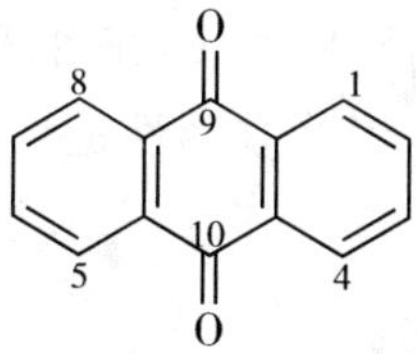

9,10-蒽醌　　　　　　　　　9,10-菲醌

二、重要的醌

（一）苯醌

苯醌是具有醌型结构的最简单化合物。按其结构可分为邻苯醌及对苯醌两大类。邻苯醌不稳定，故天然存在的苯醌化合物多为对苯醌衍生物，其母核上常有取代基团—OH、—OCH$_3$、—CH$_3$等。

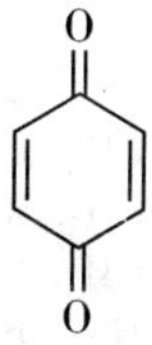

1,4-苯醌（对苯醌） 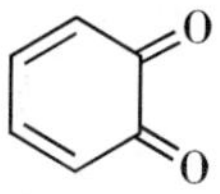　　1,2-苯醌（邻苯醌） 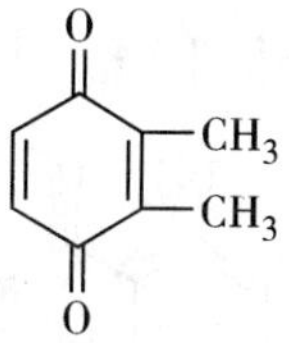　　2,3-二甲基-1,4-苯醌

从中药朱砂根的根中分离得到的化合物密花醌属于对苯醌，该化合物具有抗毛滴虫作用，还有抗阿米巴原虫活性。

（二）萘醌

萘醌有三种同分异构体。自然界中得到的大多为1,4-萘醌，1,4-萘醌是黄色晶体，熔点125℃，微溶于水，有刺激性气味。天然萘醌的衍生物多为橙色或橙红色晶体，有的呈紫红色。

1,4-萘醌（对-萘醌)   1,2-萘醌（邻-萘醌)   2,7-萘醌（远-萘醌)

从中药紫草中能分离出一系列萘醌类衍生物，如紫草素及异紫草素，具有止血、消炎、抗病毒、抗菌及抗癌作用。

维生素 K 是一类自然界存在的萘醌衍生物，维生素 K_1 和 K_2 在自然界中广泛存在，猪肝和苜蓿中含量最多，血液中也含有这两种维生素，其生物活性是兴奋或促进合成凝血酶原信使 RNA 形成，可促进血液凝固。

（三）蒽醌

蒽醌有三种同分异构体，自然界中含量较多的为 9,10-蒽醌及其衍生物。

1,4-蒽醌   1,2-蒽醌   9,10-蒽醌

9,10-蒽醌为黄色晶体，熔点 285℃，中药大黄中主要成分为 9,10-蒽醌的衍生物，称为大黄素类衍生物。

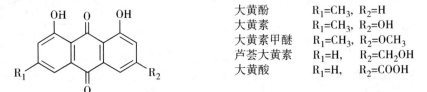

大黄酚	$R_1=CH_3$,	$R_2=H$
大黄素	$R_1=CH_3$,	$R_2=OH$
大黄素甲醚	$R_1=CH_3$,	$R_2=OCH_3$
芦荟大黄素	$R_1=H$,	$R_2=CH_2OH$
大黄酸	$R_1=H$,	$R_2=COOH$

（四）菲醌

天然菲醌分为邻醌及对醌两种类型：

邻菲醌   对菲醌

从中药丹参根中分离得到的多种菲醌衍生物，均属于邻菲醌类和对菲醌类化合物。

本 章 小 结

1. 醛、酮、醌在结构上都含有羰基，均属于羰基化合物。醛羰基中有一端直接与氢原子相连（甲醛两端均与氢原子相连）。酮羰基中两端与两个烃基相连。

2. 醛、酮的命名都可用普通命名法和系统命名法进行命名。

3. 醛和酮都含有羰基，所以其化学性质表现出相似性，但由于结构的差别，它们的化学性质也表现出一定的个性。醛和酮均可发生加成反应、α-活泼氢的反应及还原反应。醛能与希夫试剂发生显色反应，能与托伦试剂反应；脂肪醛能与斐林试剂反应，芳香醛不能与斐林试剂反应；而酮不能发生这些反应。乙醛及所有的甲基酮以及能氧化成这种结构的醇在碱性条件下，其与羰基相连的甲基上的氢原子能全部被卤素取代，生成三卤代醛酮，发生卤仿反应。

目 标 检 测

一、单项选择题

1. 下列试剂中不能用来鉴别醛和酮的是（　　）
   A. 希夫试剂　　　　　　　　　　B. 托伦试剂
   C. 斐林试剂　　　　　　　　　　D. 卢卡斯试剂

2. 医学上用的福尔马林溶液主要成分是（　　）
   A. 苯酚　　　　B. 甲醛　　　　C. 甲酸　　　　D. 丙酮

3. 下列化合物中不能与氢氰酸加成的是（　　）
   A. 2-戊酮　　　B. 丁酮　　　　C. 苯乙酮　　　D. 环己酮

4. 下列化合物不能发生碘仿反应的有（　　）
   A. 甲醇　　　　B. 乙醇　　　　C. 丙酮　　　　D. 2-丙醇

5. 下列化合物中能发生银镜反应的是（　　）
   A. 丙酮　　　　B. 乙醛　　　　C. 苯酚　　　　D. 乙醇

6. 临床上检验糖尿病患者尿液中的丙酮，可采用的试剂为（　　）
   A. 希夫试剂　　　　　　　　　　B. 托伦试剂
   C. 斐林试剂　　　　　　　　　　D. 亚硝酰铁氰化钠的碱性溶液

7. 下列物质中，属于芳香醛的是（　　）
   A. 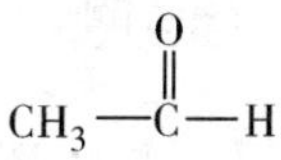 $CH_3-\overset{O}{\overset{\|}{C}}-H$　　　　　　　　B. 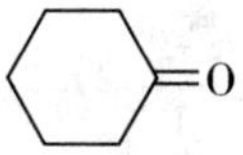 环己酮
   C. 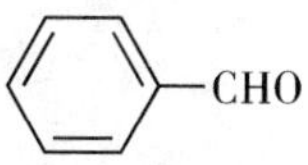 苯甲醛　　　　　　　　　　D. 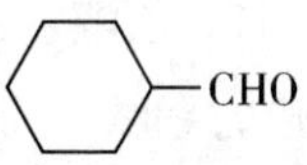 环己基甲醛

8. 下列化合物中，属于醌的是（　　）

A.

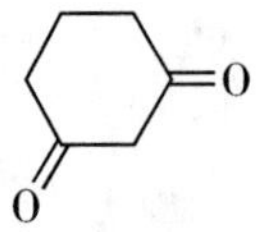

B.

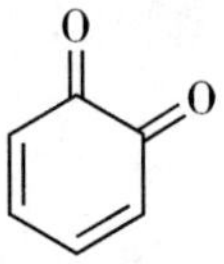

C.

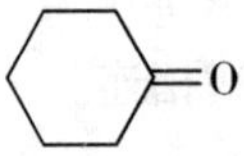

D.

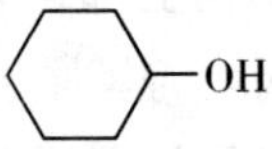

二、填空题

1. 醛的官能团为_____，酮的官能团为_____。

2. 醛与托伦试剂的反应因有银镜生成，所以也称为_____反应。丙醛和苯甲醛可用_____试剂进行鉴别。

3. 在催化剂铂、钯的存在下，醛可以加氢还原成_____醇，酮加氢可还原成_____醇。

4. 因为羰基有极性，其中氧带有部分_____电荷，碳带有部分_____电荷，所以羰基化合物易发生_____加成反应。

5. 临床上检验糖尿病患者尿液中是否含丙酮的方法是：向尿液中滴加_____溶液和氢氧化钠溶液，如果显_____色，说明尿液中含有_____。

6. 甲醛又称为_____，其 40% 的水溶液称作_____，常用作_____和_____。

三、用系统命名法命名下列化合物

1. $CH_3CH_2\overset{\displaystyle O}{\overset{\|}{C}}CH(CH_3)_2$

2. $CH_3CH_2\overset{\displaystyle CH_3}{\overset{\|}{CH}}CH_2CHO$

3. $CH_3CH_2\overset{\displaystyle Cl}{\overset{\|}{CH}}CHO$

4.

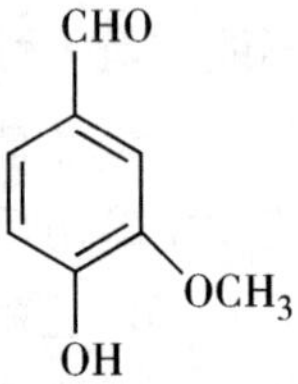

5.

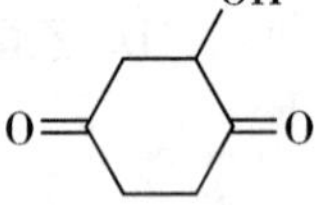

6.

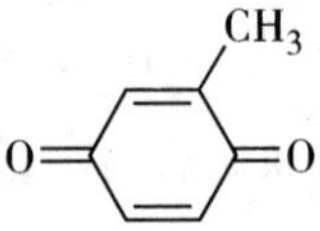

四、写出下列化合物的结构式

1. 3-甲基-4-戊烯醛

2. 2-苯基丙醛

3. 3,3-二甲基-2 丁酮

4. 3,4-二甲基-2-己酮

五、用化学方法鉴别下列各组化合物

1. 丙醛和丙酮   2. 乙醛、乙醇和苯乙醛

六、完成下列反应方程式

1. $CH_3CH_2CHO + HCN \longrightarrow$

2.
$$CH_3CH_2\overset{\displaystyle O}{\overset{\|}{C}}CH_3 + NaHSO_3 \longrightarrow$$

3.
$$CH_3\overset{\displaystyle O}{\overset{\|}{C}}CH_3 \xrightarrow{I_2,NaOH}$$

4. 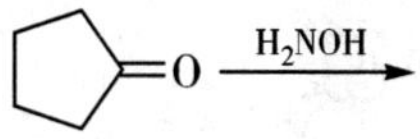 ⬠=O $\xrightarrow{H_2NOH}$

第七章 羧酸及取代羧酸

■ 学习目标

1. 掌握羧酸的酸性、酯化反应和脱羧反应。
2. 熟悉羧酸、取代羧酸的结构、分类与命名。熟悉酮酸和酚酸的有关性质。
3. 了解常见羧酸和取代羧酸（酮体）的生活用途及其医学意义。

羧酸可看成是烃分子中的氢原子被羧基（—COOH）取代而生成的化合物。其通式为 RCOOH。羧酸的官能团是羧基。羧酸分子中的碳链上的氢原子被其他基团取代后形成取代羧酸。若氢原子被氨基取代就叫氨基酸，被羟基取代就叫羟基酸。

羧酸和取代羧酸是糖、脂肪等氧化代谢的中间产物或最终产物，它们在自然界普遍存在（以酯的形式），在工业、农业、医药和人们的日常生活中有着广泛的应用。

第一节 羧 酸

一、结构和分类

（一）结构

羧酸可看成是烃分子（R—H 或 Ar—H）中的氢原子被羧基（—COOH）取代后生成的化合物，其结构通式为 RCOOH，其中 R—可代指烷基（R—）、芳基（Ar—）、氢原子。羧酸的官能团是羧基（—COOH）。如图 7-1 所示。

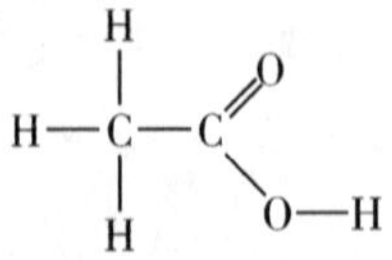

结构式　　　　结构简式　　　　球棍模型

图 7-1　乙酸的结构

（二）分类

羧酸的分类方法主要有以下几种方式：

1. 根据羧基所连接的烃基种类不同，分为脂肪族羧酸、脂环族羧酸和芳香族羧酸。
2. 根据烃基中是否有不饱和键，分为饱和羧酸和不饱和羧酸。
3. 根据羧酸分子中所含羧基的数目不同，分为一元羧酸、二元羧酸、多元羧酸。

表 7-1　羧酸的分类

类别		一元羧酸	二元羧酸
脂肪族羧酸	饱和脂肪酸	CH_3COOH	$HOOC—COOH$
	不饱和脂肪酸	$CH_2=CHCOOH$	$\begin{array}{c}CH—COOH\\ \| \| \\ CH—COOH\end{array}$
脂环族羧酸		⬡—COOH	$HOOC—$⬡$—COOH$
芳香族羧酸		⬡—COOH	$HOOC—$⬡$—COOH$

二、羧酸的命名

羧酸是人类认识较早的一类化合物，许多羧酸已为人们所熟知，并有俗称，因此，羧酸的命名法有俗名法和系统命名法。

（一）俗名

许多羧酸最初都是从天然物质中分离得到的，所以许多羧酸的俗名是根据它们的来源或性状而得名的。如：甲酸（$HCOOH$）又称蚁酸，是蚂蚁咬伤使人产生刺痛感觉的酸；乙酸（CH_3COOH）俗称醋酸，是食醋的主要成分；丁酸（$CH_3CH_2CH_2COOH$）又称酪酸，是黄油腐败产生的酸。乙二酸（$HOOC—COOH$）俗称草酸，苯甲酸（C_6H_5COOH）俗称安息香酸，丁二酸（$HOOCCH_2CH_2COOH$）俗称琥珀酸等。

（二）系统命名

1. 饱和脂肪酸的命名　选择含有羧基碳原子在内的最长碳链为主链，按主链的碳原子数目称为"某酸"，编号时，从羧基的碳原子开始，用阿拉伯数字依次给主链碳原子编号，支链看做是取代基，取代基的位次、数目、名称写在"某酸"之前。对于结构简单的羧酸，也可用 α、β、γ 等表示取代基的位次，和羧基相连的碳原子定为 α 位，依次为 β、γ、δ 等。

$$CH_3 - \underset{\underset{CH_3}{|}}{CH} - COOH \qquad CH_3 - \underset{\underset{CH_3}{|}}{CH} - \underset{\underset{CH_3}{|}}{CH} - CH_2COOH$$

2-甲基丙酸（α-甲基丙酸）　　　　3,4-二甲基戊酸（β,γ-二甲基戊酸）

2. 脂肪族二元羧酸的命名　选取分子中含有两个羧基碳原子在内的最长碳链作为主链，称为"某二酸"。

$$HOOC - COOH \qquad HOOCCH_2 - CH_2COOH$$

乙二酸　　　　　　　　丁二酸

3. 芳香羧酸的命名　以脂肪酸为母体，把芳环看作取代基来命名。

苯甲酸　　　　　　　　苯乙酸

三、羧酸的性质

（一）羧酸的物理性质

脂肪族饱和一元羧酸中，甲酸、乙酸和丙酸是具有强烈刺激性气味的无色液体；直链的正丁酸到正壬酸是具有腐败恶臭的油状液体；癸酸以上的高级脂肪酸是无味的蜡状固体；脂肪族二元羧酸和芳香族羧酸都是结晶固体。

饱和一元羧酸中，羧基是一个亲水基团，可和水形成氢键，甲酸到丁酸都可与水混合；从戊酸开始，随着相对分子质量增加，水溶性迅速降低；癸酸以上的羧酸不溶于水。脂肪族一元羧酸一般都能溶解于乙醇、乙醚、氯仿等有机溶剂中。低级饱和二元羧酸可溶于水，并随碳链的增长而溶解度降低。芳香酸的水溶性极低。

饱和一元羧酸的沸点随着相对分子质量的增加而增高。羧酸的沸点比相对分子质量相同或相近的醇的沸点高。

（二）羧酸的化学性质

羧酸的官能团羧基决定着它们的化学性质，羧基中羰基和羟基相互影响，形成一个共轭体系，羧酸就表现出既不同于醛、酮，又不同于醇、酚的一些羧酸特有的化学性质。

1. 酸性　在羧酸分子中，由于受羰基的影响使羧基中的羟基氢原子比较活泼，在水中能部分电离出氢离子，因此羧酸是有机弱酸，具有酸的通性，能使紫色石蕊溶液变红。

$$RCOOH \rightleftharpoons RCOO^- + H^+$$

$$2RCOOH + Zn \longrightarrow (RCOO)_2Zn + H_2 \uparrow$$

羧酸可以和碱发生中和反应，生成羧酸盐和水。

$$RCOOH + NaOH \longrightarrow RCOONa + H_2O$$

羧酸的钠、钾、铵盐在水中的溶解度很大，医药上把一些难溶于水的含羧基的药物制成易溶于水的羧酸盐，以便配置水剂或注射液使用，如常用的青霉素钾、青霉素钠就是如此。

除甲酸外，一般羧酸属于弱酸，但比碳酸的酸性强。故羧酸可与碳酸盐或碳酸氢盐反应，放出二氧化碳气体。

$$CH_3COOH + NaHCO_3 \longrightarrow CH_3COONa + CO_2\uparrow + H_2O$$

$$2CH_3COOH + Na_2CO_3 \longrightarrow 2CH_3COONa + CO_2\uparrow + H_2O$$

苯酚在碳酸氢钠水溶液中不反应，也不溶解；在碳酸钠水溶液中溶解，但无二氧化碳气体放出。利用这一性质，可以区别羧酸和苯酚。

【演示实验 7-1】用滴管吸取少量醋酸，分别滴在蓝色石蕊试纸和小苏打（碳酸氢钠）粉末上，观察试纸颜色及小苏打表面的变化。再取少量苯酚，试验能否与小苏打反应。

实验现象：蓝色石蕊试纸立即变红，小苏打与醋酸迅速反应，有大量气体产生。苯酚与碳酸氢钠无明显变化。

实验证明：醋酸能够使蓝色石蕊变红，也能与小苏打反应。苯酚与碳酸氢钠不反应。羧酸是弱酸，因此羧酸盐遇到盐酸、硫酸等强酸时，游离出羧酸分子。

$$RCOONa + HCl \longrightarrow RCOOH + NaCl$$

酸性顺序：H_2SO_4、$HCl > RCOOH > H_2CO_3 > C_6H_5OH > ROH$

羧酸既能溶于 NaOH，又能溶于 $NaHCO_3$；酚可溶于 NaOH，却不溶于 $NaHCO_3$。此可作为鉴别羧酸和酚的实验方法。

2. 脱羧反应 在特定条件下，羧酸分子中脱去羧基生成 CO_2 的反应称为脱羧反应。一般条件下，饱和一元羧酸对热相对稳定，不易发生脱羧反应，但干燥的羧酸盐与碱石灰（NaOH 和 CaO 的混合物）在强热条件下，可生成比原来羧酸少一个碳原子的烷烃，实验室常利用这种方法制备甲烷。

$$CH_3COONa + NaOH \xrightarrow[\triangle]{CaO} Na_2CO_3 + CH_4\uparrow$$

某些低级的二元羧酸，由于羧基是吸电子基团，两个羧基的相互影响，受热易发生脱羧反应，且两个羧基距离越近越容易脱羧。例如：

$$HOOC—COOH \xrightarrow{\triangle} HCOOH + CO_2\uparrow$$

在生物体内，脱羧反应是在脱羧酶的作用下直接进行的，脱羧反应是人体产生 CO_2 的主要代谢反应。

3. 酯化反应 羧酸与醇在酸催化下加热脱水生成酯和水的反应称为酯化反应。同位素标记实验结果证明：在大多数情况下都是羧酸提供羟基，醇提供氢原子脱水而形成酯的。此反应是可逆反应。在同样条件下，酯也可以水解为羧酸和醇。为了提高酯化反应速率，常常加入浓硫酸作催化、脱水剂，并在加热条件下进行；也可以加大反应物浓度或不断地从反应体系中移出一种生成物，促使平衡向右移动。

$$R-\overset{\overset{O}{\|}}{C}-OH + H-O^{18}R_1 \underset{\triangle}{\overset{浓H_2SO_4}{\rightleftharpoons}} R-\overset{\overset{O}{\|}}{C}-O^{18}R_1 + H_2O$$

$$CH_3-\overset{\overset{O}{\|}}{C}-OH + H-O^{18}C_2H_5 \underset{\triangle}{\overset{浓H_2SO_4}{\rightleftharpoons}} CH_3-\overset{\overset{O}{\|}}{C}-O^{18}C_2H_5 + H_2O$$

由羧酸和醇发生酯化反应生成的酯通常称为羧酸酯，酯一般比水轻，难溶于水，易溶于有机溶剂。低级酯存在于各种水果和花草中，具有芳香气味，如乙酸乙酯有苹果香味，乙酸异戊酯有香蕉气味等。酯可以作溶剂，也可作制备饮料和糖果的香料。

在药物合成中，常常利用酯化反应将药物转换为前药，以改变药物的生物利用度、稳定性和克服多种不利因素。如治疗青光眼的药物塞他洛尔，其分子中含有羟基，极性较强，脂溶性较差，难以透过角膜。通过羟基酯化后，其脂溶性增大，透过角膜的能力增强，进入眼球后经酶水解再生成药物塞他洛尔而起到药效。再如，抗生素氯霉素味极苦，服药困难，其棕榈酸酯（无味氯霉素）的水溶性小，没有苦味，也没有抗菌作用，但经肠黏膜吸收到血液中后，被酯酶水解生成有活性的氯霉素而起杀菌作用。

四、重要的羧酸

（一）甲酸

甲酸俗称蚁酸，存在于蜂、蚁等动物体内和荨麻中，是无色、有强烈刺激性气味的液体，易溶于水，可溶于乙醇、乙醚等有机溶剂。甲酸有毒，酸性和腐蚀性较强，能刺激皮肤（肿痛），使用时应避免与皮肤接触。

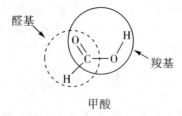

甲酸

1. 结构　甲酸的结构比较特殊，分子中羧基和氢原子直接相连，它既有羧基结构，又具有醛基结构，因此，它既有羧酸的性质，又具有醛类的性质。

2. 特性

（1）甲酸的酸性显著高于其他饱和一元酸。

（2）甲酸具有还原性，能发生银镜反应、与斐林试剂的反应。

（3）甲酸也能使高锰酸钾溶液退色。

（4）甲酸能使蛋白质凝固，具有杀菌力，可用作消毒剂或防腐剂。

（二）乙酸

乙酸俗称醋酸，其结构简式是 CH_3COOH，是食醋的主要成分，一般食醋中含乙酸 3%～5%。纯净的乙酸为无色具有刺激性酸味的无色液体。沸点118℃，熔点16.6℃，当室温低于其冰点16.6℃时，无水乙酸很容易凝结成冰状固体，故常把无水乙酸称为冰醋酸。乙酸能与水按任何比例混溶，也可溶于乙醇、乙醚和其他有机溶剂，是有机合成工业中不可缺少的原料。医药上常用0.5%～2%的乙酸溶液作为消毒防腐剂。用于烫伤或灼伤感染的创面洗涤，用"食醋消毒法"可以预防流感，用30%的乙酸溶液外搽治疗甲癣等。在家庭中，乙酸稀溶液常被用作除垢剂。在食品添加剂中，乙酸是规定的一种酸度调节剂。一些含有生物碱的中药材（如元胡）炮制时常用醋来进行炒炙。

（三）苯甲酸

苯甲酸又叫安息香酸，其结构简式是 C_6H_5COOH。最早于安息香树脂及多种树脂中发现。苯甲酸是无味的白色晶体，熔点121.7℃，能升华，微溶于水，易溶于热水、乙醇、乙醚等有机溶剂，苯甲酸易挥发，其蒸气有强烈的刺激性，具有抑菌防腐能力，且毒性很低，是重要的化工原料，可以合成染料、香料、药物等。其酒精溶液可用作治疗癣病的外用药，其钠盐常用作食品和某些制剂的防腐剂；苯甲酸的衍生物也是农业上常用的植物生长调节剂。

（四）乙二酸

乙二酸，结构简式为 HOOC—COOH，俗称草酸，是最简单的二元羧酸，常以盐的形式存在于草本植物中，草酸是无色结晶，通常含有两分子结晶水，能溶于水、乙醇中。加热到100℃时，草酸失去结晶水变为无水草酸。无水草酸熔点189℃，温度超过熔点则发生脱羧反应。

草酸的酸性比其他饱和二元羧酸的酸性都强，也比甲酸的酸性强。这是因为草酸中两个羧基直接相连，由于两个羧基的相互影响使得其更易电离出氢离子。草酸具有还原性，能还原高锰酸钾，因此分析化学中常用草酸钠标定高锰酸钾溶液的浓度。高价铁盐可以被草酸还原成易溶于水的低价铁盐，因此可以用草酸溶液去除铁锈或蓝黑墨水的污渍。工业上也常用草酸作漂白剂，用于漂白麦草、硬脂酸等。

（五）过氧乙酸

过氧乙酸，结构简式为 CH_3COOOH，简称过乙酸，是无色、有强烈刺激性气味的液体，不稳定，加热到110℃发生强烈爆炸，故常用其乙酸溶液或水溶液。过氧乙酸是强氧化剂，具有杀菌、漂白作用，工业上用作漂白剂和氧化剂；过氧乙酸是高效、广谱、速效、低毒的杀菌剂，医药上常配制成0.02%的溶液，用于洗手消毒；0.2%～0.5%的溶液用于医疗器械、生活用品及餐具的消毒；1%～2%的溶液用于室内空气消毒。

第二节 取 代 羧 酸

羧酸分子中烃基上的氢原子被其他原子或原子团取代所生成的化合物称为取代羧酸。根据取代基的种类不同,取代羧酸可分为卤代酸、羟基酸、酮酸和氨基酸(详见第十三章氨基酸、多肽、蛋白质),本节主要介绍羟基酸和酮酸。

一、羟基酸的结构和命名

羧酸分子中烃基上的氢原子被羟基取代后生成的化合物称为羟基酸,或分子中同时具有羟基和羧基的化合物也称为羟基酸。羟基连接在饱和碳链上的称为醇酸。羟基直接连接在芳香环上的称为酚酸。

(一) 分类

1. 根据羟基所连烃基不同,可分为醇酸和酚酸两类。
2. 根据羟基和羧基的相对位置不同,可分为 α-羟基酸、β-羟基酸等。

(二) 命名

醇酸的命名是以羧酸为母体,羟基作为取代基。从羧基碳原子开始用阿拉伯数字,标明支链的位次。也可用 α、β、γ,δ 等表示。

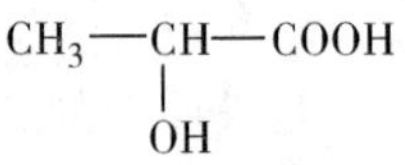

$$CH_3-\underset{\underset{OH}{|}}{CH}-COOH \qquad CH_3-\underset{\underset{OH}{|}}{CH}-CH_2COOH$$

2-羟基丙酸或 α-羟基丙酸(乳酸) 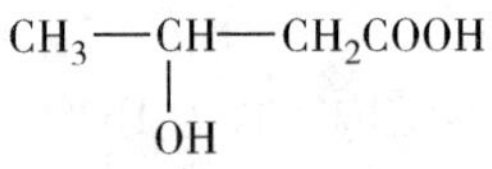　　　　3-羟基丁酸或 β-羟基丁酸

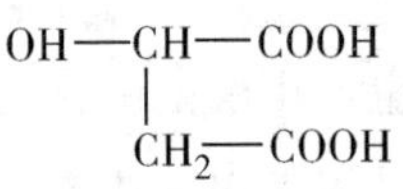

$$\underset{\underset{CH_2-COOH}{|}}{OH-CH}-COOH \qquad \underset{\underset{HO-CH-COOH}{|}}{HO-CH}-COOH$$

2-羟基丁二酸或 α-羟基丁二酸(苹果酸) 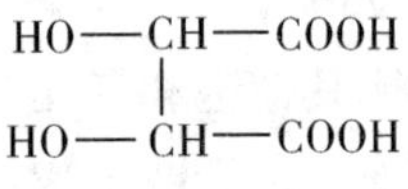　　2,3-二羟基丁二酸(酒石酸)

酚酸是以芳香羧酸为母体,羟基作为取代基。

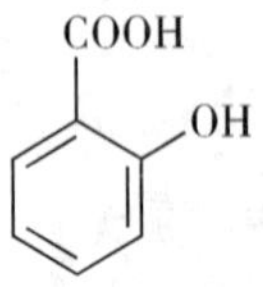

2-羟基苯甲酸或邻羟基苯甲酸(水杨酸) 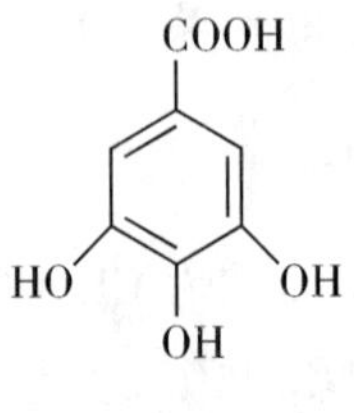　　3,4,5-三羟基苯甲酸(没食子酸)

二、酮酸的结构和命名

分子中既含有羰基又含有羧基的化合物称为羰基酸。根据所含的是醛基还是酮基,

分为醛酸和酮酸。酮酸还可根据羰基和羧基的相对位置不同，分为 α-、β-、γ-等酮酸。人体内糖、脂肪和蛋白质代谢的中间产物主要是 α-酮酸或 β-酮酸。

羰基酸的命名与羟基酸类似，也是以羧酸为母体，把羰基看做取代基来命名。选择含有羧基和羰基在内的最长碳链为主链，编号从羧基碳原子开始，用阿拉伯数字依次给主链碳原子编号，也可用希腊字母编号，称为"某醛酸"或"某酮酸"。命名酮酸时，应把酮基的位置标在"某酮酸"之前以"氧代"称之。

$$CH_3-\overset{\overset{\displaystyle O}{\|}}{C}-COOH$$
丙酮酸

$$CH_3CH_2-\overset{\overset{\displaystyle O}{\|}}{C}-COOH$$
2-丁酮酸或 α-丁酮酸

$$CH_3-\overset{\overset{\displaystyle O}{\|}}{C}-CH_2COOH$$
3-丁酮酸或 β-丁酮酸（乙酰乙酸）

$$HOOC-\overset{\overset{\displaystyle O}{\|}}{C}-CH_2COOH$$
2-氧代丁二酸或 α-氧代丁二酸（草酰乙酸）

三、羟基酸和酮酸的性质

（一）羟基酸的性质

羟基酸一般为结晶固体或黏稠液体。由于羟基酸分子的羟基和羧基都能分别和水形成氢键，所以羟基酸在水中的溶解度比相应的醇和羧酸都大。低级羟基酸可与水混溶。羟基酸的熔点比相应的羧酸高。

羟基酸含有两种官能团，兼有酸和醇的性质。如羟基可酯化，可氧化成羰基；羧基具有酸性，可成盐、成酯；酚羟基可与三氯化铁溶液显色等。由于羟基酸分子中两种官能团的相互影响，也表现出其特有的性质。

1. 酸性

（1）由于羟基具有吸电子效应，羟基酸的酸性较相应的脂肪羧酸为强，但不如卤代酸。

（2）羟基距羧基愈远，对酸性的影响愈小。

（3）邻羟基苯甲酸的酸性比苯甲酸强，主要由于可形成分子内氢键，有利于羧酸根负离子的稳定，因而酸性增强

羟基在苯环上不同位置的酚酸酸性顺序为：邻位 > 间位 > 对位。

2. 氧化反应 醇酸分子中羟基受到羧基的影响比醇更容易氧化。

$$CH_3-\overset{\overset{\displaystyle OH}{|}}{C}H-COOH \xrightarrow[\text{稀}HNO_3]{[Ag(NH_3)_2]^+} CH_3-\overset{\overset{\displaystyle O}{\|}}{C}-COOH$$

3. 脱羧反应 α-醇酸与稀硫酸共热，生成甲酸和醛或酮，如与高锰酸钾反应，则生成的具还原性的甲酸和醛亦会被氧化。例如：

$$R\!-\!\overset{\overset{\displaystyle OH}{|}}{CH}\!-\!COOH \xrightarrow{\text{稀}H_2SO_4} RCHO + HCOOH$$

$$CH_3\!-\!\overset{\overset{\displaystyle OH}{|}}{CH}\!-\!COOH \xrightarrow{\text{稀}H_2SO_4} CH_3CHO + HCOOH$$

$$R\!-\!\overset{\overset{\displaystyle OH}{|}}{CH}\!-\!COOH \xrightarrow{KMnO_4/H^+} RCHO + CO_2\!\uparrow + H_2O$$
$$\quad\quad\quad\quad\quad\quad\quad\quad\quad\quad\quad\quad \longrightarrow RCOOH$$

$$R\!-\!\overset{\overset{\displaystyle OH}{|}}{\underset{\underset{\displaystyle R_1}{|}}{C}}\!-\!COOH \xrightarrow{KMnO_4/H^+} R\overset{\overset{\displaystyle O}{\|}}{C}R_1 + CO_2\!\uparrow + H_2O$$

4. 酚酸的性质　羟基处于邻或对位的酚酸，对热不稳定，当加热至熔点以上时，则脱去羧基生成相应的酚。酚酸具有酚和芳香酸的一般性质，如能与三氯化铁发生显色反应。如 $FeCl_3$ 遇水杨酸显紫红色。

（二）酮酸的性质

酮酸一般为液体或晶体，水中溶解度大于相应的羧酸和酮。酮酸具有酮和羧酸的一般性质，由于两种官能团的相互影响，α-酮酸和 β-酮酸又有一些特殊的性质。

1. 酸性　由于羰基吸电子能力强于羟基，酮酸的酸性强于相应的醇酸，更强于相应的羧酸。

2. 脱羧反应　α-酮酸在稀硫酸作用下，受热发生脱羧反应，生成少一个碳原子的醛。

$$R\!-\!\overset{\overset{\displaystyle O}{\|}}{C}\!-\!COOH \xrightarrow[\triangle]{\text{稀}H_2SO_4} RCHO + CO_2\uparrow$$

β-酮酸更易脱羧，在室温或微热的条件下就能反应。

$$CH_3\!-\!\overset{\overset{\displaystyle O}{\|}}{C}\!-\!CH_2COOH \xrightarrow[\triangle]{\text{稀}H_2SO_4} CH_3\!-\!\overset{\overset{\displaystyle O}{\|}}{C}\!-\!CH_3 + CO_2\uparrow$$

β-丁酮酸存在于糖尿病患者的血液和尿中，这是因为体内缺乏胰岛素，使脂肪酸不能完全氧化。生物体内的 α-酮酸、β-酮酸在酶的作用下，都能发生脱羧反应。

3. 还原反应　酮酸还原生成羟基酸。

$$CH_3-\overset{\overset{O}{\|}}{C}-COOH \underset{-2H}{\overset{+2H}{\rightleftharpoons}} CH_3-\overset{\overset{OH}{|}}{C}H-COOH$$

四、重要的羟基酸和酮酸

（一）乳酸

乳酸（α-羟基丙酸）最初发现于酸牛奶中。纯品为无色黏性液体，溶于水、乙醇、丙酮、乙醚等，不溶于氯仿、油脂和石油醚中。

乳酸是糖原的代谢产物。人在剧烈运动时，氧气供应不足，肌肉中糖或糖原分解产生乳酸，同时放出能量，以供生命活动急需，而肌肉中因乳酸含量增多会感到酸胀，恢复一段时间后，一部分乳酸又转变成水、二氧化碳和糖原，另一部分则被氧化成丙酮酸，酸胀感消失。

乳酸具有消毒防腐作用，用于治疗阴道滴虫；临床上用乳酸钙治疗佝偻病等一些缺钙症；乳酸钠用作酸中毒的解毒剂；工业上用乳酸作除钙剂；印染上用作媒染剂；此外在食品及饮料工业中也大量使用乳酸。

（二）酒石酸

酒石酸（2,3-二羟基丁二酸）最初来自葡萄酿酒产生的酒石（酒石酸氢钾）中。酒石酸或其盐存在于植物体中，尤其以葡萄中含量最多。

酒石酸常用于配制饮料；酒石酸氢钾是发酵粉的原料；酒石酸锑钾俗称吐酒石，用作催吐剂，也可治疗血吸虫病；酒石酸钾钠用作泻药，也用来配制斐林试剂。

（三）苹果酸

苹果酸（α-羟基丁二酸）最初从苹果中获得，广泛存在于未成熟的果实中，如山楂、杨梅、葡萄、番茄中都含苹果酸。苹果酸有两种对映异构体，天然的苹果酸为左旋体。

苹果酸是生物体代谢的中间产物，常用于制药和食品工业。苹果酸用作食品中的酸味剂；苹果酸钠可作为禁盐病人的食盐代用品。

（四）柠檬酸

柠檬酸（3-羟基-3-羧基戊二酸）又称为枸橼酸，广泛存在于植物果实中，如柑橘、山楂、乌梅等，尤以柠檬中含量最高而得名，柠檬酸纯品为无色晶体，含一分子结晶水，易溶于水和乙醇，有爽口的酸味，在食品工业中常作为糖果和清凉饮料的调味剂。柠檬酸钠在医药上作抗凝血剂，有防止血液凝固的作用，柠檬酸钾用作祛痰剂和利尿剂，柠檬酸铁铵用作补血剂，其镁盐是温和的泻药。

柠檬酸也是动物体内糖、脂肪和蛋白质代谢的中间产物。

（五）水杨酸

水杨酸（邻羟基苯甲酸）存在于多种植物中，在柳树皮及水杨树的树皮、叶内的含量最高，因而又名柳酸。水杨酸为白色针状结晶，熔点 159℃，微溶于冷水，易溶于沸水、乙醇和乙醚中，加热可升华。水杨酸具有酚和羧酸的一般性质，如显酸性、能成盐、成酯，易被氧化，遇三氯化铁显紫色等，加热到 200℃～220℃时易脱羧生成苯酚。

水杨酸具有杀菌防腐能力，可用作外用消毒剂。但其酸性强，对肠胃刺激性大，不宜口服。

水杨酸与乙酸酐反应生成乙酰水杨酸即阿司匹林。

$$\underset{\underset{\text{O}-\overset{\overset{\text{O}}{\|}}{\text{C}}-\text{CH}_3}{\overset{\text{COOH}}{\bigcirc}}$$

阿司匹林具有解热、镇痛、抗风湿的作用，是常用的解热镇痛药。复方阿司匹林，又称 APC，主要由阿司匹林、非那西丁和咖啡因组成。目前，小剂量的阿司匹林作为抗血小板凝集的老年保健药物，已广泛应用。

（六）丙酮酸

丙酮酸为无色、有刺激性气味的液体，能与水混溶，酸性比丙酸和乳酸都强。存在于未成熟的水果中，是人体内糖、脂肪和蛋白质代谢的中间产物，在体内酶的催化作用下，易脱羧氧化成乙酸，也可被还原成乳酸。

（七）β-丁酮酸

β-丁酮酸又称乙酰乙酸，是无色黏稠液体，酸性比丁酸和 β-羟基丁酸强，可与水或乙醇混溶。临床上把 β-丁酮酸、β-羟基丁酸和丙酮三者总称为酮体。酮体是脂肪酸在肝中的代谢产物，正常情况下酮体在肝外组织中迅速分解，因此正常人血液中酮体的含量很少。糖尿病患者由于糖代谢发生障碍，脂肪代谢加速，血液和尿中的酮体含量增加，会从尿中排出，称为酮尿。酮体会使血液的酸度增加，发生酸中毒，严重时引起患者昏迷或死亡，所以临床上诊断病人是否患有糖尿病，除了检验尿液中葡萄糖的含量外，还要检查尿液中酮体是否过高。临床上检验酮体主要是对酮体中丙酮的测定。

酮体在体内的相互转化可用下式表示：

$$\underset{\text{OH}}{\overset{\text{OH}}{\text{CH}_3-\overset{|}{\text{CH}}-\text{CH}_2\text{COOH}}} \underset{-2H}{\rightleftharpoons} \text{CH}_3-\overset{\overset{\text{O}}{\|}}{\text{C}}-\text{CH}_2\text{COOH} \xrightarrow{\text{酶}} \text{CH}_3-\overset{\overset{\text{O}}{\|}}{\text{C}}-\text{CH}_3 + \text{CO}_2\uparrow$$

知识拓展

尿液中酮体的检验方法

在一支试管中加入尿液 10mL，然后加入 10% 的 HAc 10 滴、新配制的 0.05mol/L 亚硝酰铁氰化钠 10 滴，充分混合后，用移液管沿管壁慢慢加入 1mL 氨水溶液流至液面。静置 5 分钟若试管中颜色无改变，则无酮体。若尿液上有紫色环，则有酮体存在。

本 章 小 结

1. 羧酸 羧酸的官能团—COOH，羧酸的系统命名与醛相似，取代基的名称及位次写在某酸之前。

羧酸是有机弱酸，具有酸的通性，能使紫色石蕊溶液变红。羧酸能与 Na_2CO_3、$NaHCO_3$ 和 NaOH 等反应生成盐。能和醇发生酯化反应。饱和一元酸对热相对稳定，不易发生脱羧反应，某些低级的二元羧酸，受热易发生脱羧反应，且两个羧基距离越近越容易脱羧。

2. 羟基酸（醇酸） 羟基酸的系统命名是以羧酸为母体，羟基为取代基，并用阿拉伯数字或希腊字母标明羟基的位置。

羟基酸的酸性较相应的脂肪羧酸强。醇酸比醇更容易被氧化。α-醇酸与稀硫酸共热，生成甲酸和醛或酮。羟基处于邻或对位的酚酸，对热不稳定，当加热至熔点以上时，则脱去羧基生成相应的酚。

3. 酮酸 酮酸的系统命名是以羧酸为母体，酮基为取代基，酮基的位置习惯用希腊字母标明。

酮酸的酸性强于相应的醇酸，更强于相应的羧酸。α-酮酸与稀硫酸共热发生脱羧反应，生成少一个碳原子的醛；β-酮酸脱羧产物是酮。β-羟基丁酸、β-丁酮酸和丙酮，三者在医学上称为酮体。

目 标 检 测

一、选择题

1. 下列物质中，对人体毒害相对较小的是（   ）
    A. 苯酚　　　　B. 甲酸　　　　C. 甲醇　　　　D. 乙醇
2. 下列物质中，既能发生酯化反应，又能发生银镜反应的是（   ）
    A. 乙醇　　　　B. 乙醛　　　　C. 乙酸　　　　D. 甲酸
3. 肌肉经过剧烈运动后会感觉酸胀，是由于在代谢过程中产生了（   ）
    A. 乳酸　　　　B. 丙酮酸　　　　C. 乙酸　　　　D. 水杨酸

4. 糖尿病患者因为体内缺乏胰岛素，使脂肪酸不能完全氧化，致使其血液和尿液中常含有（　　）

    A. 乳酸   B. 丙酮酸   C. 乙酸   D. β-丁酮酸

5. 在酸性条件下，不能使高锰酸钾溶液退色的是（　　）

    A. 乙酸   B. 乙醇   C. 甲酸   D. 乙二酸

二、填空题

1. 酮体包括_____、_____和_____。如果血液中酮体含量升高，就可能引起_____。

2. 实验室中，用_____和_____混合加强热制备甲烷。

3. 邻羟基苯甲酸俗称_____，因为分子中含有_____羟基，所以遇三氯化铁溶液显_____色，乙酰水杨酸俗名为_____，它是常用的_____药。

4. 甲酸俗名_____，其分子结构比较特殊，分子中既有_____基，又有_____基，是双官能团化合物。因此，甲酸不仅有酸性，而且有_____性，能与_____试剂发生银镜反应，能与_____试剂反应产生砖红色沉淀，还能使高锰酸钾溶液_____。

三、名词解释

1. 羧酸   2. 取代羧酸   3. 酯化反应   4. 羟基酸   5. 酮酸

四、写出下列物质的结构式

1. 醋酸   2. 草酸   3. 乳酸   4. 蚁酸   5. 苯甲酸

五、用系统命名法命名下列化合物

1. 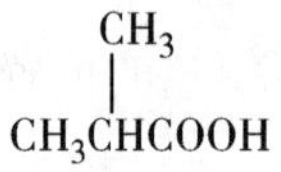 $CH_3CHCOOH$（含CH_3取代基）

2. $CH_3-\overset{O}{\underset{\|}{C}}-COOH$

3. $CH_3CH_2CHCH_2COOH$（含CH_3取代基）

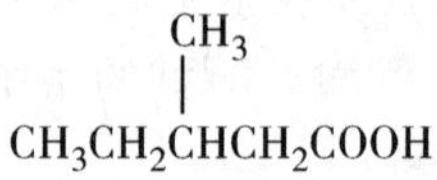

4. 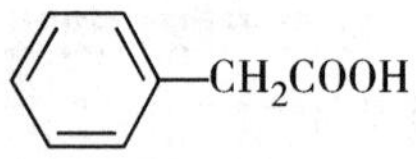 （苯基）$-CH_2COOH$

5. 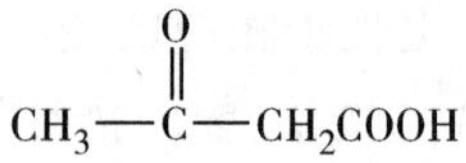 $CH_3-\overset{O}{\underset{\|}{C}}-CH_2COOH$

6. 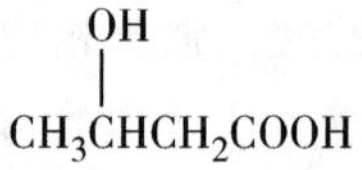 CH_3CHCH_2COOH（含OH取代基）

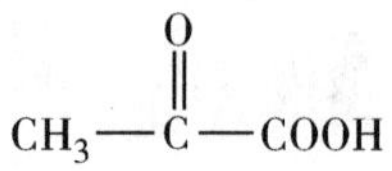

六、用化学方法鉴别下列各组化合物

1. 乙醇与乙酸   2. 甲酸与乙酸

3. 丙酮、丙醛和丙酸   4. 乙酸和苯酚

第八章 含氮有机化合物

1. 掌握胺的性质及胺的碱性强弱次序，理解影响胺的碱性强弱的因素。

2. 熟悉胺的结构、分类、命名。

3. 了解季铵盐、季铵碱及碳酸衍生物的结构、性质和应用；了解重氮化反应和偶合反应及其应用。

含氮有机合物主要是指分子中氮原子和碳原子直接相连的化合物，也可看成是烃分子中的一个或几个氢原子被含氮的官能团（如硝基—NO_2，氨基—NH_2）取代以后的衍生物。主要有硝基化合物、胺类化合物、酰胺化合物，碳酸衍生物等，它们分布范围广，种类繁多，与生命活动和日常生活关系密切。理论上，教材第十章的杂环化合物中的氮杂环化合物和生物碱，第十三章的氨基酸、蛋白质、核酸也应该属于含氮有机物，但习惯上有机化学将此类特别重要的生命有机物专章介绍，本章只讨论胺类化合物、酰胺化合物、碳酸衍生物等。

第一节 胺

氨（NH_3）分子中氢原子部分或全部被烃基取代，就形成胺类化合物，简称胺。

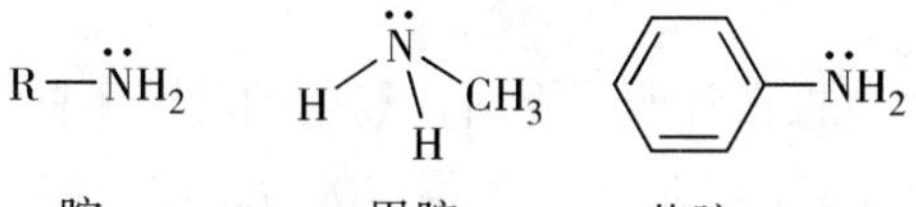

胺　　　甲胺　　　苯胺

一、胺的结构和分类

（一）胺的结构

与氨分子的空间结构相似，胺类化合物分子中氮原子与周围三个原子或原子团构成三棱锥型结构。

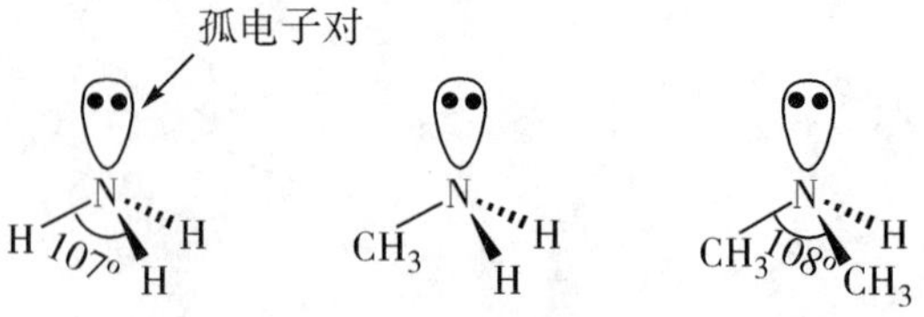

孤电子对

NH_3 CH_3NH_2 $(CH_3)_2NH$

　　胺分子中，氮原子与三个取代基（—R 或 H）形成三个单键，分别占据三棱锥下边的三个顶点，氮原子的上面是一对没有与其他原子结合的未成键电子，称作孤电子对。孤电子对能接受氢离子而使胺呈弱碱性。

（二）胺的命名和分类

　　1. 胺的命名　　胺的命名比较简单，与醇的命名有点相似。根据胺的结构，只要把氮原子上的烃基由简到繁书写后加上"胺"字即可。如：

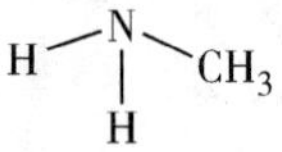

甲胺 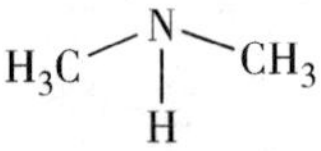　　　　　　二甲胺 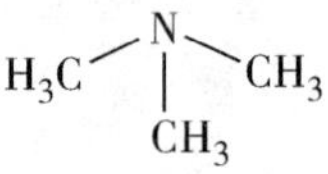　　　　　三甲胺 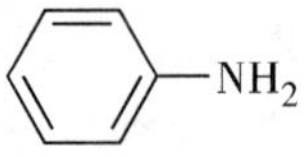　　　　　苯胺 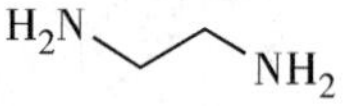　　　　　乙二胺

　　芳香族仲胺和叔胺的 N 原子上存在其他烷基时，命名时通常把芳香胺作为母体，将 N 原子上的每个烃基都用字母"N"（读音为氮）标记出来，名称中"N–甲基"表明甲基是连在 N 原子上而不是连在芳环上。胺类化合物命名时，N 原子上的几个相同的烃基可合并书写，在合并的烃基名称前用"二"或者"三"表示其数目。多元胺的命名与多元醇相似。如：

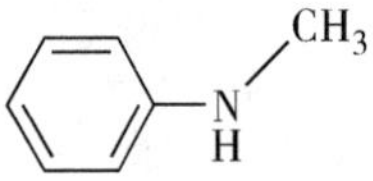

N–甲基苯胺 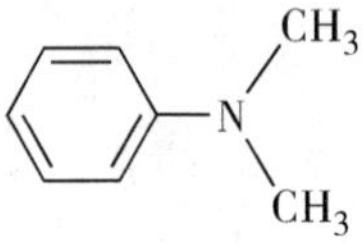　　　　　　N,N–二甲基苯胺 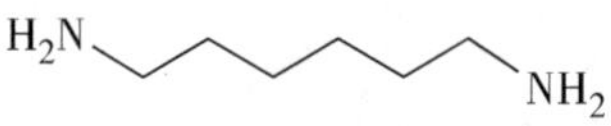　　　　　　　1,6–己二胺

　　2. 胺的分类

　　（1）脂肪胺和芳香胺　　根据氮原子上所连烃基的类型不同可分为脂肪胺和芳香胺。N 原子没有与芳香烃基芳环碳原子直接相连的胺也属于脂肪胺。例如：

CH_3NH_2 $CH_3CH_2NH_2$ $NH_2CH_2CH_2CH_2CH_2NH_2$ $C_6H_5CH_2CH_2CH_2NH_2$

甲胺　　　　　乙胺　　　　　　丁二胺　　　　　　3–苯基–1–丙胺

N 原子直接与芳环碳原子相连的胺叫做芳香胺，简称芳胺。例如：

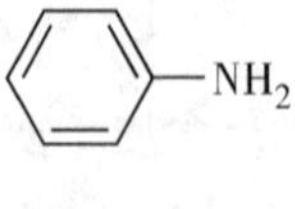

苯胺 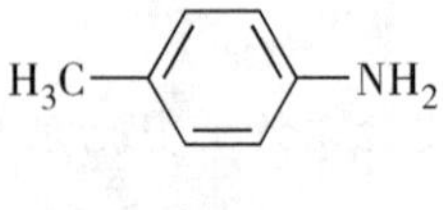　　　　　　　　对甲基苯胺 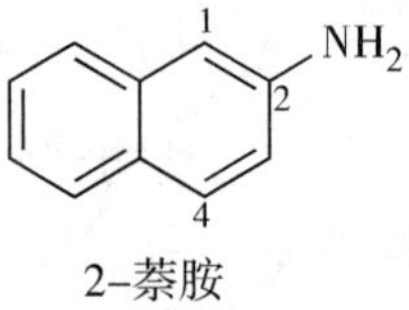　　　　　　　　2–萘胺

　　（2）伯胺、仲胺和叔胺　　根据氮原子上烃基取代的数目不同可分为伯胺、仲胺和

叔胺。

伯胺含有氨基（—NH$_2$），分为脂肪族伯胺 RNH$_2$ 和芳香族伯胺 ArNH$_2$。

仲胺含有亚氨基（—NH—），也分为脂肪族仲胺 R$_2$NH 和芳香族仲胺 ArNHR 或 Ar$_2$NH。

叔胺结构形式为 R$_3$N 或 Ar$_3$N。

例如：CH$_3$NH$_2$（甲胺，脂肪族伯胺）　　　　（CH$_3$）$_2$NH（二甲胺，脂肪族仲胺）

（CH$_3$）$_3$N（三甲胺，脂肪族叔胺）

C$_6$H$_5$NH$_2$（苯胺，芳香族伯胺）　　　　（C$_6$H$_5$）$_2$NH（二苯胺，芳香族仲胺）

（3）**季铵盐和季铵碱**　叔胺与一卤代烃反应，形成一种结构类似 NH$_4^+$ 的季铵离子（R$_4$N$^+$）。季铵离子与卤素 X$^-$ 或其他负离子一起就形成季铵盐（[R$_4$N]$^+$X$^-$）。季铵离子与 OH$^-$ 则形成季铵碱（[R$_4$N]$^+$OH$^-$）。季铵盐及季铵碱的季铵离子中，四个烃基 R 可以相同也可不同，R 可为脂肪烃基或芳香烃基。

季铵盐或季铵碱可以看作铵的衍生物来命名。①如果四个烃基 R 相同，其命名与卤化铵和氢氧化铵相似，称为"卤化四某铵"和"氢氧化四某铵"。例如：（CH$_3$）$_4$N$^+$Cl$^-$ 的学名是氯化四甲铵，属于季铵盐；（CH$_3$）$_4$N$^+$OH$^-$ 的学名是氢氧化四甲铵，属于季铵碱。②如果四个烃基不同，烃基名称由简到繁依次排列。例如，溴化二甲基十二烷基苄铵，俗名新洁尔灭，别名为溴化苄烷铵或苯扎溴铵，就属于季铵盐类化合物。

苯扎溴铵

新洁尔灭常温下为白色或淡黄色胶状体，低温时可逐渐形成蜡状固体，易溶于水、醇，水溶液呈碱性。新洁尔灭兼有杀菌和去垢效力，作用强而快，对金属无腐蚀作用，医药上通常用其 0.1% 的溶液作为皮肤或外科术器械的消毒剂。

胆碱的学名是氢氧化三甲基羟乙基铵，是卵磷脂和脑磷脂的重要组成部分，协同构成细胞膜。乙酰胆碱是重要的神经传导介质。

（4）**根据胺分子中氨基的数目分类**　胺类化合物根据胺分子中氨基的数目可分为一元胺、二元胺和多元胺等。例如：

CH$_3$CH$_2$　NH$_2$　　　H$_2$N—CH$_2$CH$_2$—NH$_2$　　　H$_2$N—CH$_2$CHCH$_2$—NH$_2$

乙胺(一元胺)　　　　乙二胺(二元胺)　　　　2-氨基丙二胺(多元胺)

以下是几种不同碱性的有机含氮化合物，其中胆碱属于季铵碱，因为它的阳离子中的氮原子与周围四个不同的烃基相连形成季铵碱特有的季铵阳离子；2-萘胺则属于芳香伯胺；麻黄碱、烟碱均属于脂肪胺，依次为脂肪族仲胺和脂肪族叔胺。

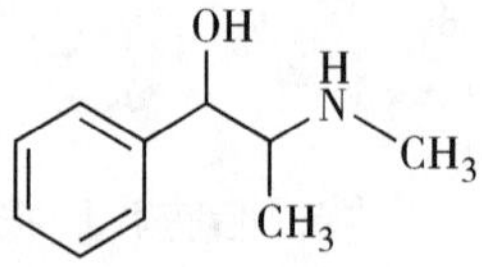

麻黄碱 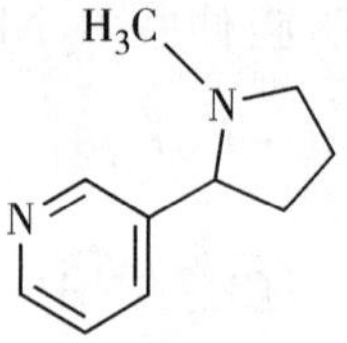　　　　　烟碱 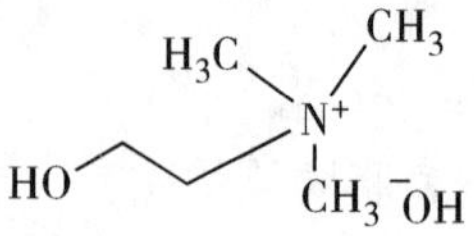　　　　　胆碱 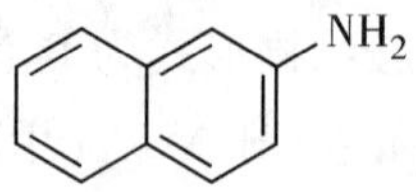　　　　2-萘胺

二、胺的物理性质

常温下，脂肪胺中的甲胺、二甲胺、三甲胺和乙胺为无色气体，其他胺为液体或固体。低级胺有类似氨的气味，高级胺无味。

胺的沸点比与其相对分子质量相近的烃和醚要高，但比醇低。

伯、仲、叔胺都能与水形成氢键，低级胺易溶于水，如甲胺、二甲胺、乙胺和二乙胺等可与水混溶。随着相对分子质量的增加，胺的溶解度随之降低，所以中级胺、高级胺及芳香胺微溶或难溶于水，可溶于乙醇、氯仿、苯等有机溶剂。

三、胺的化学性质

胺的主要化学性质，决定于氮原子上的氢原子和孤电子对。胺的氮原子上含有的孤电子对能接受质子而显碱性；胺（特别是芳香胺）还能与酰化剂、亚硝酸和氧化剂等反应；芳香胺的芳环上还容易发生亲电取代反应。胺发生的主要化学反应如图8-1所示。

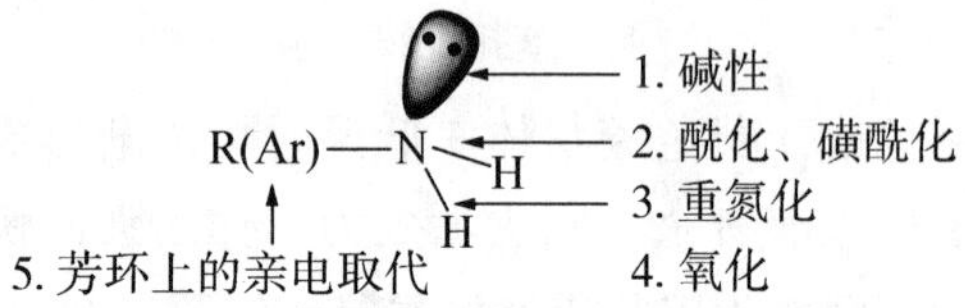

$$R(Ar)—N\begin{matrix}H\\H\end{matrix}$$

1. 碱性
2. 酰化、磺酰化
3. 重氮化
4. 氧化
5. 芳环上的亲电取代

图8-1　胺发生的主要化学反应

1. 胺类化合物的碱性　胺和氨相似，具有碱性，能与大多数酸作用生成铵盐。

$$R—NH_2 + HCl \longrightarrow R—\overset{+}{N}H_3\overset{-}{C}l$$

$$R—NHR' + HOSO_3H \longrightarrow R—\overset{+}{N}H_2R'\overset{-}{O}SO_3H$$

【演示实验8-1】胺的溶解性和弱碱性。

往试管加入0.5mL苯胺，然后加2.5mL水，振荡，观察现象，解释原因；再向其中滴加几滴浓盐酸，震荡，观察现象，解释原因。再向其中滴加几滴浓氢氧化钠，观察现象。

实验结果：苯胺加水，振荡，发现溶液分层，说明苯胺不溶于水。再滴加几滴浓盐酸，振荡，溶液变澄清，说明苯胺能与盐酸反应，产物是易溶于水的苯铵盐酸盐（氯化苯铵）。滴加几滴浓氢氧化钠后，苯胺重新分层析出。

实验证明：苯胺呈弱碱性，可与强酸发生中和反应生成盐而溶于水中，生成的盐遇强碱会释放出原来的胺。反应原理如下：

$$\text{C}_6\text{H}_5\text{—NH}_2 + HCl \longrightarrow \text{C}_6\text{H}_5\text{—}\overset{+}{N}H_3\overset{-}{Cl}$$

$$\text{C}_6\text{H}_5\text{—}\overset{+}{N}H_3\overset{-}{Cl} + NaOH \longrightarrow \text{C}_6\text{H}_5\text{—}NH_2 + NaCl + H_2O$$

利用胺类酸中溶解、碱中析出的性质可以进行胺类药物成分的分离、提纯。例如临床上常将水溶性差的胺类药物加酸制成水溶性更强的铵盐以增强吸收，生物碱的提取也利用了胺类酸溶碱析的性质。如普鲁卡因的盐酸盐水溶性大大增加，麻醉作用也相应增强。

（1）胺类化合物碱性大小的表达 胺类的碱性强弱，可用 K_b 或 pK_b 表示。

$$R\text{—}NH_2 + H_2O \rightleftharpoons R\text{—}\overset{+}{N}H_3 + OH^-$$

$$K_b = \frac{[R\text{—}\overset{+}{N}H_3][OH^-]}{[R\text{—}NH_2]}$$

$$pK_b = -\lg K_b$$

显然，K_b 值愈大，则 pK_b 值愈小，其碱性就愈强。如第一种胺 $K_{b1} = 10^{-3}$，第二种胺 $K_{b2} = 10^{-7}$，$pK_{b1} = 3$，$pK_{b2} = 7$，碱性顺序为 b1 > b2。

胺常以生物碱的形式存在于自然界，胺分子碱性强弱顺序的正确判断是对不同的多种生物碱成分进行提取分离的重要依据。

（2）胺类化合物的碱性大小的判断 胺的碱性强弱实质上是胺分子中 N 上的孤电子对与外来 H^+ 结合能力的大小，它主要受电子效应、空间效应和溶剂化效应三种因素的影响。

①脂肪胺的碱性：从电子效应考虑，具有供电子效应的烷基能使脂肪胺氮原子上的电子云密度增大，接受质子的能力（亦即碱性）增强，因而脂肪胺的碱性都大于氨气。气态时无溶剂化效应，仅有烷基的供电子效应，烷基越多，供电子效应越大，碱性越强，此时碱性强弱顺序为：$(CH_3)_3N > (CH_3)_2NH > CH_3NH_2 > NH_3$。在水溶液中，碱性的强弱主要取决于电子效应，也受溶剂化效应、空间效应的影响，所以胺的水溶液碱性强弱顺序为：$(CH_3)_2NH > CH_3NH_2 > (CH_3)_3N > NH_3$。

②芳香胺的碱性：芳香胺分子中氮原子上的孤电子对能与苯基等芳环上的环状大 π 键产生融合，形成如图 8-2 所示的 p-π 共轭电子体系。

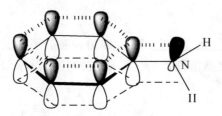

图 8-2 苯胺中的 p-π 共轭电子体系

p-π 共轭的结果使氨基氮上的电子云密度降低，接受质子的能力减弱，使得芳香胺的碱性都小于氨。由于 p-π 共轭的影响，芳香胺比氨的氮原子电子云密度低，其碱性比氨弱得多。例如：

$$NH_3 \quad > \quad ArNH_2 \quad > \quad Ar_2NH \quad > \quad Ar_3N$$

$$NH_3 \qquad PhNH_2 \qquad (Ph)_2NH \qquad (Ph)_3N$$

$$pK_b \quad 4.75 \qquad 9.38 \qquad 13.21 \qquad 中性$$

取代芳胺的苯环上连供电子基（如—OH、—CH$_3$等）时，碱性会增强；连有吸电子基（如—NO$_2$）时，则碱性降低。

胺的碱性强弱的一般规律：脂肪胺　　　＞　　氨　　＞　　芳香胺
　　　　对应的 pK_b：　　<4.70　　　=4.75　　>8.40

2. 胺的酰化　伯胺和仲胺可以与酰卤、酸酐等酰化剂反应，生成酰胺，称为酰化反应。叔胺的氮原子上没有氢原子，不能进行酰化反应。

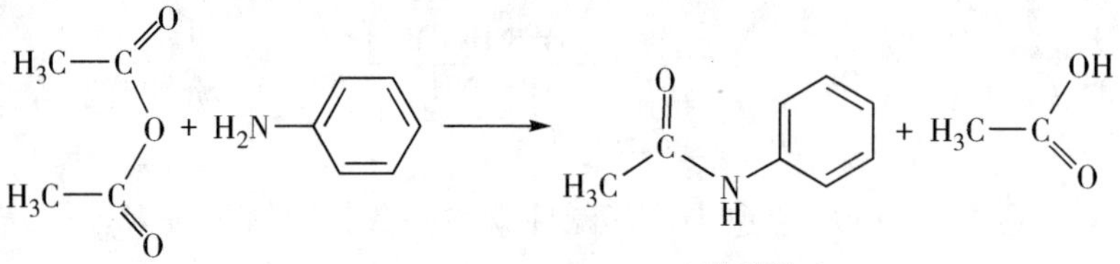

乙酰苯胺

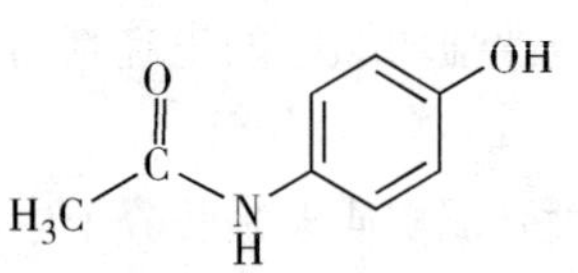

对乙酰氨基酚 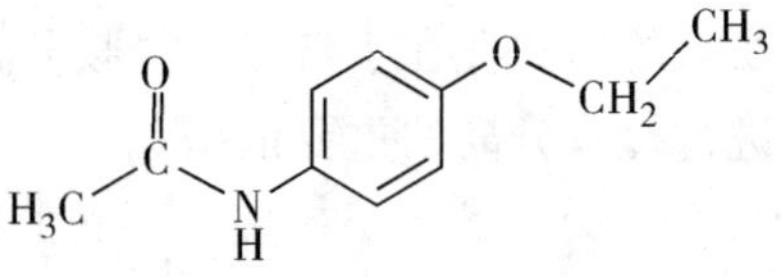　　　　　　　　对乙酰氨基苯乙醚

临床用于解热镇痛的扑热息痛（对乙酰氨基酚）和非那西丁（对乙酰氨基苯乙醚）也属于酰胺化合物。

3. 胺的磺酰化　在氢氧化钠存在下，伯、仲胺能与苯磺酰氯反应生成苯磺酰胺，苯磺酰胺是磺胺药物的基本结构。

伯胺发生磺酰化生成的苯磺酰伯胺分子中，氮原子上的氢原子由于受到苯磺酰基强吸电子的影响而呈明显的酸性，可进一步溶于氢氧化钠溶液，生成水溶性的苯磺酰伯胺钠盐，溶液透明。反应如下：

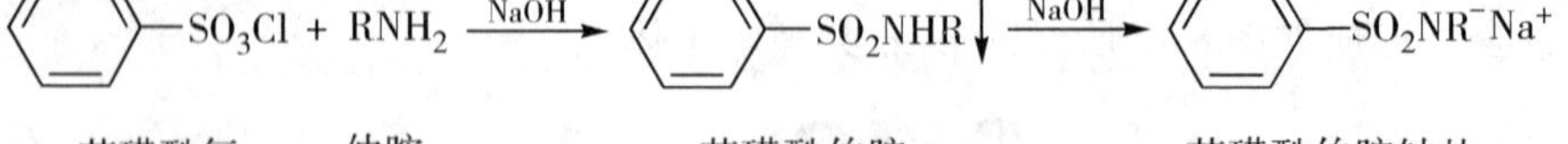

苯磺酰氯　　　仲胺　　　　　　苯磺酰伯胺　　　　　苯磺酰伯胺钠盐

仲胺也能发生苯磺酰化反应，生成的苯磺酰仲胺分子中氮原子上由于没有氢原子，没有酸性，不能与氢氧化钠溶液反应。苯磺酰仲胺不溶于氢氧化钠，常呈悬浊固体析出。

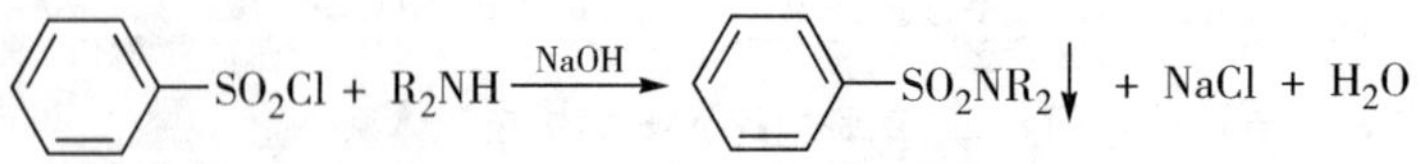

苯磺酰氯　　　　仲胺　　　　　　苯磺酰仲胺

叔胺分子中氮原子上无氢原子，不能发生磺酰化反应，更不会溶于氢氧化钠溶液而出现分层现象。胺的磺酰化反应又称兴斯堡（Hinsberg）反应，可用于鉴别、分离伯、仲、叔胺。

4. 胺与亚硝酸的反应　由于亚硝酸不稳定，在反应中实际使用的是亚硝酸钠与盐酸的混合物。不同的胺与亚硝酸反应，产物各不相同。

（1）室温下脂肪伯胺能与亚硝酸发生放氮反应，放出的氮气是定量的，可用于分子中氨基的定量测定。

$$R-NH_2 + NaNO_2 + HCl \longrightarrow R-OH + H_2O + N_2\uparrow$$

（2）低温下芳香伯胺能与亚硝酸发生重氮化反应，生成低温时较稳定的重氮盐。

【演示实验8-2】苯胺的重氮化。

往小烧杯中加入0.5mL苯胺、1.5mL浓盐酸，然后加入8mL冰水并将烧杯置于冰水浴中冷至0℃~5℃，再在搅拌下慢慢滴加3%的亚硝酸钠溶液，直到反应液能使淀粉碘化钾试纸变蓝为止，观察反应液颜色。

实验结果：反应液透明，无气体产生。

实验证明：烧杯中苯胺与亚硝酸在低温下发生反应，生成了氯化重氮苯。而且在0℃~5℃的低温下强酸水溶液中氯化重氮苯性质稳定，不分解。但重氮盐在室温下受热分解放出氮气，用于分子中氨基的定量测定。

苯胺的重氮化反应式如下：

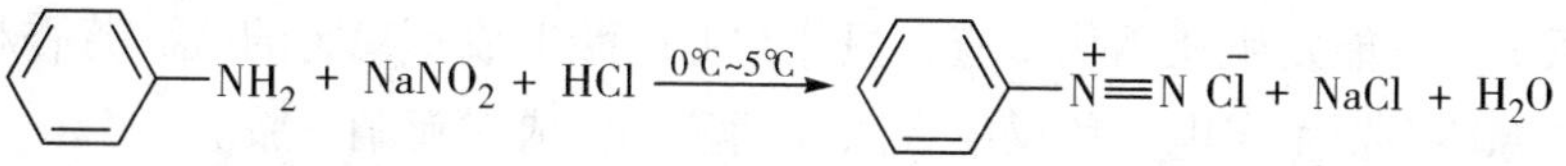

（3）伯胺与亚硝酸反应产生的重氮盐可进一步与芳胺或酚类化合物发生偶合。

芳香族伯胺与亚硝酸在低温下酸性溶液中反应生成的重氮盐，还能与芳胺或酚类化合物的苯环发生亲电取代反应生成偶氮化合物，这个反应称为偶合反应或偶联反应。偶合反应是工业合成偶氮染料的基本反应。

【演示实验8-3】重氮盐与酚或芳胺的偶合反应。

另取两支试管，1号试管中加入0.1g热溶的苯酚，2号试管中加入0.1g的2-萘酚，然后分别加入1mL的10%的氢氧化钠溶液，振荡，再往两支试管中各加入1mL前面实验制备的重氮盐溶液，观察现象。

实验结果：1号试管立即出现棕红色沉淀，2号试管立即出现砖红色沉淀。

实验证明：苯酚、2-萘酚均能与氯化重氮苯发生偶合反应（或称偶联反应），分别生成棕红、砖红色的偶氮化合物，偶合反应式如下：

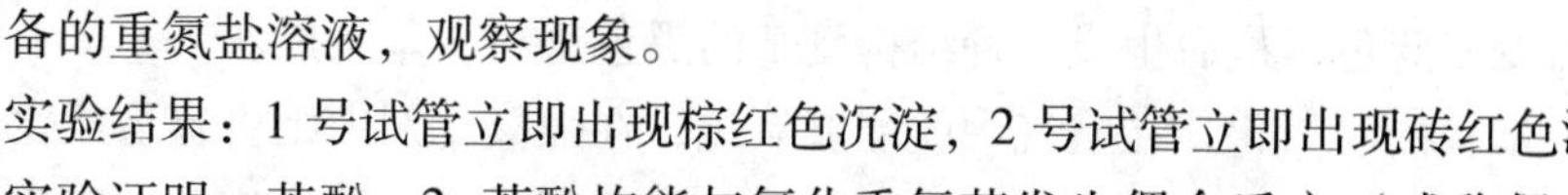

偶氮染料用于各类纤维的染色和印花，并用于皮革、纸张、肥皂、蜡烛、木材、麦秆、羽毛等染色以及油漆、油墨、塑料、橡胶、食品等的着色。

（4）伯胺与亚硝酸反应产生的重氮盐受热易发生放氮反应。

【演示实验8-4】重氮盐的放氮反应。

将上面实验余下的重氮盐溶液置于50℃~60℃水浴微热，搅拌，观察现象。3~5分钟后在两支试管中各取2mL分解后的试液，一支试管中滴加1mL饱和溴水，另一支试管中滴加1~3滴FeCl₃溶液，观察现象。

实验发现：重氮盐溶液在50℃~60℃水浴微热下产生许多气泡，持续数分钟。

实验证明：重氮盐在室温下（特别是受热时）极不稳定，分解放出氮气。放氮后的溶液遇到溴水出现白色沉淀，也能使FeCl₃溶液变成蓝紫色，说明分解液中有苯酚产生。

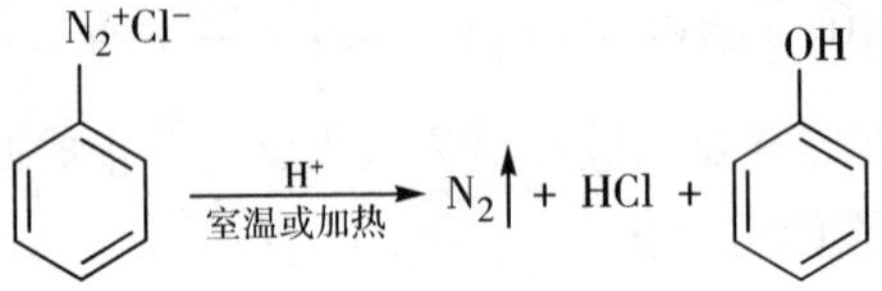

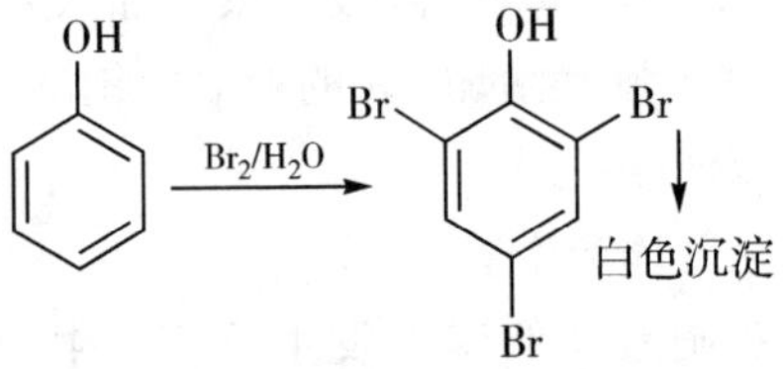

（5）仲胺与亚硝酸的反应：脂肪仲胺和芳香族仲胺与亚硝酸反应，都生成N-亚硝基胺（亚硝基连接在氮原子上的化合物）。N-亚硝基胺为不溶于水的黄色油状液体或固体，与稀酸共热，可分解为原来的胺，可用来鉴别或分离提纯仲胺。脂肪叔胺因氮原子上没有氢原子，不能发生亚硝化反应，只能与亚硝酸形成不稳定的盐。芳香叔胺与亚硝酸反应，在芳环上发生亲电取代反应导入亚硝基，生成对亚硝基胺。

5. 胺的氧化反应　胺易被氧化，芳香胺更易被氧化，芳香伯胺极易被氧化。芳胺长期暴露在空气中存放时，易被空气氧化，生成黄、红、棕色的复杂氧化物。其中含有醌类、偶氮化合物等。

【演示实验8-5】胺的氧化反应。

往一支试管中依次加入3mL水、1滴苯胺、2滴重铬酸钾饱和溶液，振荡混匀。然后加入0.5mL的1:5硫酸溶液，振荡，静置观察现象。

实验发现：苯胺能被酸性重铬酸钾溶液氧化。混合液静置数分钟后，溶液颜色由橘黄变成暗绿，再变成蓝色，最后生成一种结构复杂的黑色染料-苯胺黑。

实验证明：苯胺极易氧化，在空气中就能够氧化，在强氧化剂中则更容易氧化。

在有机合成中，如果要氧化芳胺环上其他基团，则必须首先要保护氨基，否则氨基更易被氧化。

6. 芳胺芳环上的亲电取代反应　由于芳胺氮原子上的孤电子对与芳环发生p-π共轭效应，使芳环电子云密度增加，特别是氨基的邻、对位电子云密度增加更为显著，因此芳环上的氨基（或—NHR、—NR₂）会使苯环活化，易发生亲电取代反应。

（1）苯胺的溴代反应

【演示实验8-6】苯胺与溴水的反应。

在编号为 1 号、2 号的装有 2mL 水的试管中分别滴加 1~2 滴苯胺。1 号试管中紧跟着滴加 1 滴浓盐酸，振荡，随即再滴加 5 滴饱和溴水，观察现象。2 号试管只滴加 5 滴饱和溴水，观察现象。

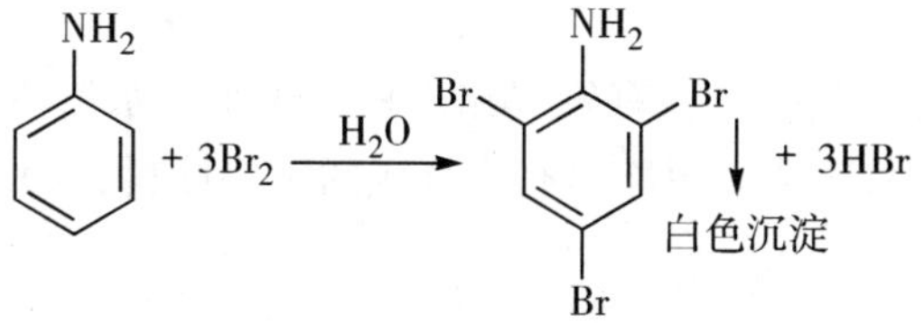

实验发现：两支试管中的苯胺都很快与溴水作用。其中 1 号试管中在室温下立即生成 2,4,6-三溴苯胺的白色沉淀。2 号试管也有白色沉淀生成，但夹杂有微红色物质，红色产生的原因是由于苯胺易被空气氧化。

实验证明：苯胺盐酸盐不容易被氧化，只发生取代反应，苯胺除了发生取代反应之外，一部分苯胺容易被溴水氧化变红。此反应能定量完成，可用于苯胺的定性鉴别及定量分析。

（2）苯胺的磺化反应　将苯胺溶于浓硫酸中，首先生成苯胺硫酸盐，苯胺硫酸盐在高温（200℃）加热脱水并分子内重排，即生成对氨基苯磺酸。

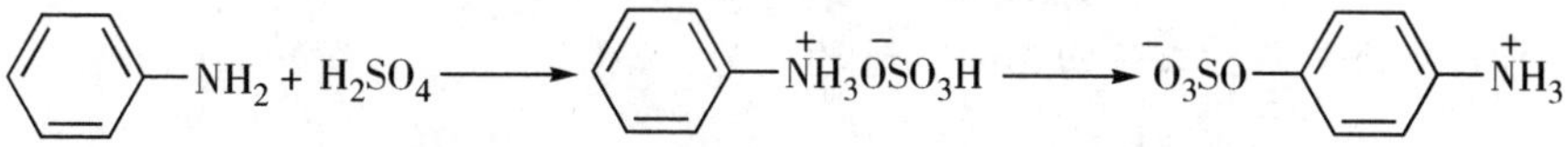

对氨基苯磺酸是白色固体，分子内同时含有碱性的氨基和酸性的磺酸基，所以分子内部可形成盐，称为分子内盐。对氨基苯磺酸的酰胺，就是磺胺，是最简单的磺胺药物。

知识拓展

磺胺药物

磺胺药物为人工合成的抗菌药，对氨基苯磺酰胺是抗菌的必需结构，尤其是磺胺基苯环对位上的游离氨基是抗菌活性部分，若被取代，则失去抗菌作用。磺胺药物分子中氨基上的氢往往被不同杂环取代，形成不同种类的磺胺药（如磺胺嘧啶 SD），它们必须在体内分解后重新释放出氨基，才能恢复活性。与母体磺胺相比，具有药效高、毒性小、抗菌谱广、口服易吸收等优点。

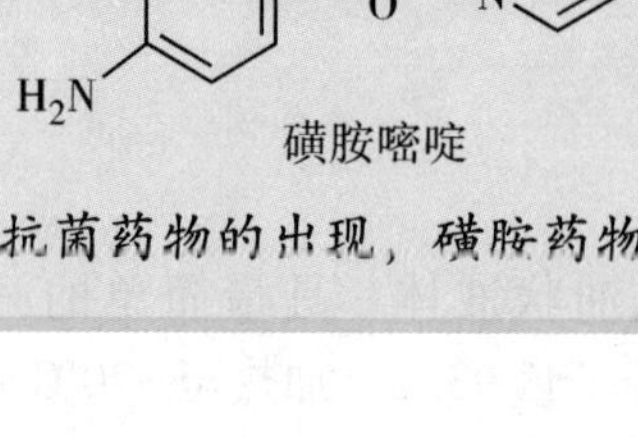

磺胺嘧啶

随着新的高效、低毒抗菌药物的出现，磺胺药物的应用逐渐减少。

四、重要的胺类化合物

（一）甲胺

甲胺在常温下都是无色气体，有氨气味。易溶于水，水溶液呈碱性，能与酸成盐。蛋白质腐败时往往有甲胺生成。甲胺是有机合成的重要原料，如制备甲胺磷农药、合成磺胺药物等。

（二）乙二胺

乙二胺为无色澄清黏稠液体，有氨气味。易溶于水，溶于乙醇和甲醇，微溶于乙醚，不溶于苯。易从空气中吸收二氧化碳生成不挥发的碳酸盐，应避免露置在大气中。乙二胺是制备药物、乳化剂和杀虫剂的原料，也是环氧树脂的固化剂，还可以它为原料人工合成乙二胺四乙酸（EDTA）。

知识拓展

人体血铅中毒的促排解毒剂

EDTA 的学名乙二胺四乙酸，结构式为：

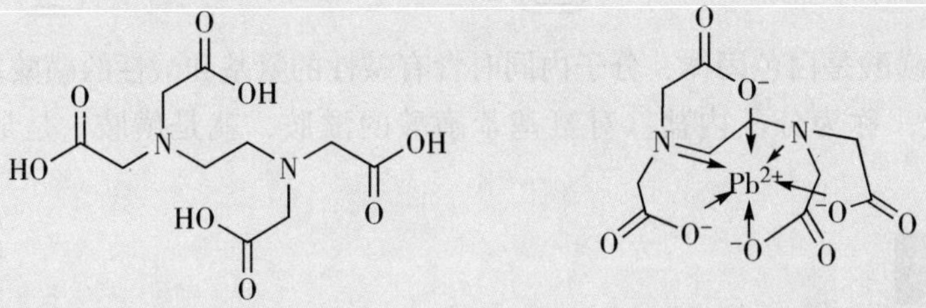

EDTA   EDTA-Pb^{2+}

作为螯合剂的典型代表，EDTA 是滴定分析中最常用的氨羧配位剂。水中钙、镁离子的总含量（亦即水的总硬度）测定就可用 EDTA 配位滴定法。乙二胺四乙酸二钠盐或四钠盐常用于硬水的软化，能有效螯合硬水中的多种金属离子（钙、镁及铁、铅、铜、锰等）。

乙二胺四乙酸钙二钠盐，简称依地酸钠钙，能与多种金属结合成为稳定而可溶的络合物，由尿中排泄，临床用作一些重金属离子（铅、汞）中毒的促排解毒剂。

（三）苯胺

苯胺俗称阿尼林油，无色油状液体，是最简单的一级芳胺。熔点-6.3℃，沸点184℃，相对密度1.02，相对分子量93.1，加热至370℃分解。常温下是无色油状液体，有强烈气味，暴露于空气或日光变棕色。苯胺微溶于水，易溶于有机溶剂，可随水蒸气挥发，工业合成中苯胺可用水蒸气蒸馏方法进行纯化。苯胺毒性比较高，仅少量就能引起中毒，苯胺蒸气主要通过皮肤、呼吸道和消化道进入人体，它能破坏血液造成溶血性贫血，损害肝脏引起中毒性肝炎，也可能导致各种癌症。

（四）胆碱

胆碱是卵磷脂和鞘磷脂的重要组成部分，其分子式为 $C_5H_{15}NO_2$，是白色结晶，味辛而苦，极易吸湿，易溶于水和醇，在酸性溶液中对热稳定，在空气中易吸收二氧化碳，遇热分解。

乙酰胆碱是中枢及周边神经系统中常见的神经传导物质。食物中的卵磷脂经人体消化吸收可得到乙酰胆碱，它可随血液循环至大脑，其作用广泛，人体一般不缺。

（五）肾上腺素

肾上腺素化学名为 1-（3,4-二羟基苯基）-2-甲氨基乙醇。白色结晶性粉末，常用其盐酸盐。性质不稳定，遇光易失效，在中性或碱性溶液中迅速氧化而呈红色或棕色，活性消失，故使用时忌与碱性药物合用。

肾上腺素是一种激素和神经传送体，由肾上腺释放。当人经历某些刺激（如兴奋，恐惧，紧张等）时分泌出这种化学物质，能让人呼吸加快（提供大量氧气），心跳与血液流动加速，瞳孔放大，为身体活动提供更多能量，使人的应激反应更加快速。肾上腺素一般使心脏收缩力上升，心脏、肝、筋骨的血管扩张，皮肤、黏膜的血管收缩，临床上是拯救濒危患者的急救用药。

第二节　酰胺化合物、碳酸衍生物和腈

一、酰胺化合物

（一）酰胺的结构和命名

1. 结构　酰胺是氨（NH_3）或胺（RNH_2、R_2NH）分子中氮原子上的氢原子被酰基—COR 取代后的产物。通式为：

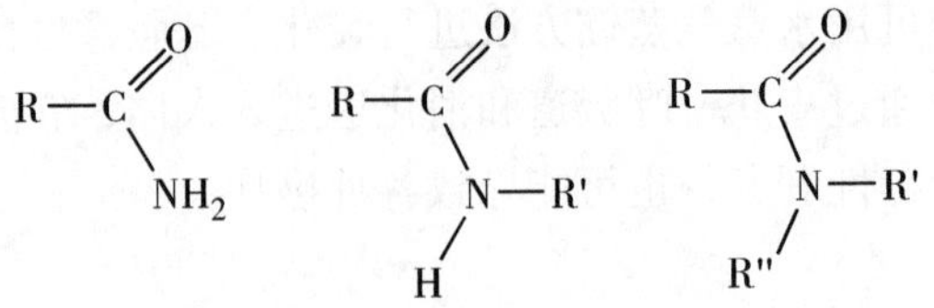

式中R、R'、R"可以相同，也可以不同

2. 命名 氮原子上没有烃基的简单酰胺，根据氨基（—NH$_2$）所连的酰基名称来命名，称为某酰胺；氮原子上连有烃基的酰胺，则将烃基的名称写在某酰胺之前，并冠以"N-"或"N,N-"，以表示该烃基是与氮原子相连接的。例如：

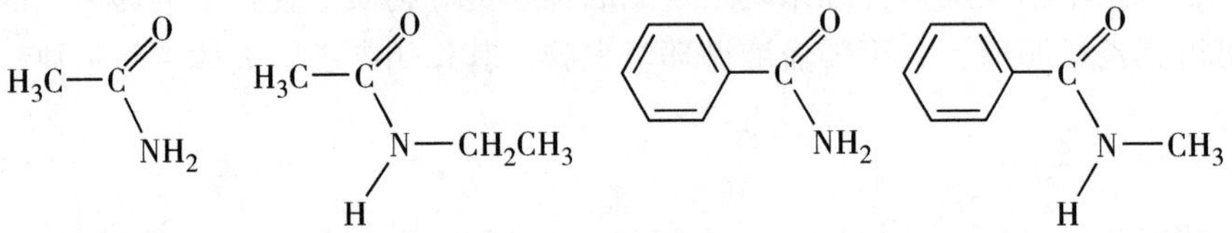

乙酰胺　　　　　N-乙基乙酰胺　　　　苯甲酰胺　　　　　N-甲基苯甲酰胺

（二）性质

1. 物理性质 酰胺均为白色固体（甲酰胺为液体），其沸点和熔点均比相应的羧酸高，这是因为酰胺分子之间可通过氮原子上的氢形成氢键而发生缔合。N-取代酰胺的沸点比相应酰胺低，这是因为 N-取代酰胺氮原子上的氢比酰胺少，其氢键缔合程度小。

低级酰胺易溶于水，随着分子量增大，溶解度减弱。

2. 化学性质 酰胺具有羧酸衍生物的一般化学性质，如能发生水解、醇解、氨解、还原反应等。

（1）水解　酰胺在酸或碱催化下的水解反应产物不同，酸催化水解产物是羧酸和铵盐，碱催化水解产物是羧酸盐和氨或胺。例如：

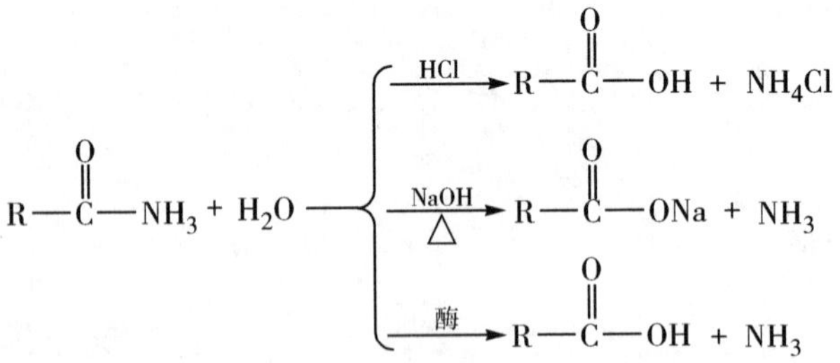

（2）酸碱性　在酰胺分子中，羰基中的 π 电子与氮原子 p 轨道上的孤电子对形成了 p-π 共轭，导致氮原子上的电子云密度降低，因而减弱了它接受质子的能力，即氨基的碱性减弱。同时也导致 N—H 键的极性增强，氢原子变得稍活泼，表现出微弱的酸性，因此，酰胺一般是中性或近中性的，它不能使石蕊变色。

酰胺虽然是中性或近中性的，但酰亚胺却表现出明显的酸性，它能与氢氧化钠水溶液成盐。

$$\text{(结构式)}$$

这是由于酰亚胺分子中，—CO—NH—CO—氮原子上的孤电子对同时与两个羰基发生了供电子性的 p-π 共轭，使氮原子电子云显著降低，氮氢键极性明显增强，氢易解离成质子而显酸性。

（3）脱水反应　酰胺和强脱水剂如 P_2O_5 等一起加热，发生分子内脱水生成腈，这是制备腈的方法之一。例如：

$$R-\underset{\underset{O}{\parallel}}{C}-NH_2 \xrightarrow[\triangle]{SOCl_2} R-CN + SO_2\uparrow + HCl$$

（4）霍夫曼降解反应　在氢氧化钠水溶液中，非取代酰胺与卤素作用，酰胺分子失去羰基，生成比原酰胺少一个碳原子的伯胺，此反应称霍夫曼降解反应。

$$R-\underset{\underset{O}{\parallel}}{C}-NH_2 + Br_2 + 4NaOH \longrightarrow R-NH_2 + Na_2CO_3 + 2NaBr + H_2O$$

3. 酰胺的制法
（1）羧酸衍生物的氨解。
（2）羧酸的铵盐加热失水而得。

4. 酰胺的用途　酰胺化合物广泛应用在日常生活中，酰胺键是生命物质多肽、蛋白质的基本结构，甲酰胺是纸色谱分离技术中常用的固定相，聚酰胺是薄层色谱分离技术中的吸附剂。聚酰胺纤维能制成轻、薄并有良好强度的产品，如尼龙塔夫绸，可用作滑雪衫、羽绒服、箱袋及伞的面料，聚酰胺纤维与棉、羊毛及其他纺织纤维混纺，可以提高产品的强度和耐磨性，也是制造尼龙袜类的主要原料。

二、碳酸衍生物

碳酸（H_2CO_3）很不稳定，只存在于水溶液中，且很容易分解成水和二氧化碳。

碳酸分子中的一个或两个羟基被其他原子或基团取代后生成的化合物叫做碳酸衍生物。碳酸的一元衍生物显酸性，很不稳定，难以单独存在，易分解成二氧化碳。

碳酸的二元衍生物比较稳定，具有非常重要的用途。例如碳酰氯（即光气）、碳酰胺（即尿素）、胍等都是常见的碳酸衍生物。

$$\underset{\text{碳酸}}{HO-\underset{\underset{O}{\parallel}}{C}-OH} \quad \underset{\text{光气}}{Cl-\underset{\underset{O}{\parallel}}{C}-Cl} \quad \underset{\text{尿素}}{H_2N-\underset{\underset{O}{\parallel}}{C}-NH_2} \quad \underset{\text{胍}}{H_2N-\underset{\underset{NH}{\parallel}}{C}-NH_2}$$

1. 光气　学名碳酰氯，分子式为 $COCl_2$，是一种极毒带甜味的无色气体，有腐草臭，熔点-118℃，沸点 8.2℃，微量吸入也有危险，有累积中毒作用，第一次世界大战时曾被用作毒气。目前工业上是用活性炭作催化剂，在 200℃ 时使等体积的一氧化碳和氯气反应而得。

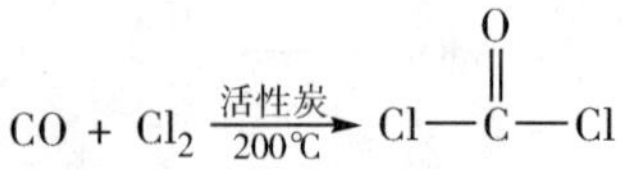

$$CO + Cl_2 \xrightarrow[200℃]{活性炭} \overset{\overset{\textstyle O}{\|}}{Cl-C-Cl}$$

光气在塑料、制革、制药等工业中有许多用途。

2. 尿素 又称脲，分子式为 $CO(NH_2)_2$，是碳酸的二酰胺，简称碳酰胺。

尿素为无色长棱形结晶，熔点为 133℃，易溶于水及乙醇，难溶于乙醚。尿素存在于人和哺乳动物的尿中，是蛋白质在人或哺乳动物体内代谢的最终产物，成人每天随尿中排出 25～30g 尿素。尿素在农业上用作氮肥，在医药和农药制备中作为中间体原料；临床上尿素注射液对降低颅内压和眼内压有显著疗效，可用于治疗急性青光眼和脑外伤引起的脑水肿。尿素软膏临床常用于防治皮肤皲裂。

尿素的化学性质如下：

（1）**呈弱碱性** 尿素具有弱碱性，只能与强酸作用生成盐。例如尿素的水溶液中加入浓硝酸，可析出硝酸脲白色沉淀。

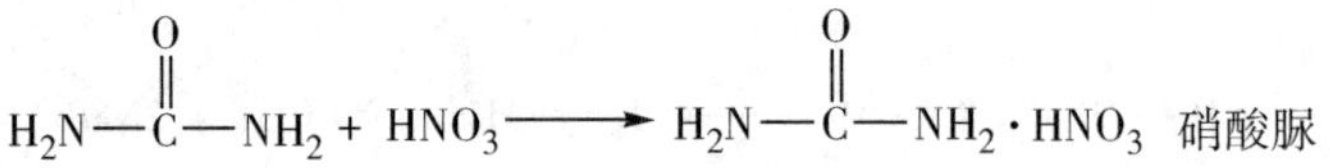

$$\overset{\overset{\textstyle O}{\|}}{H_2N-C-NH_2} + HNO_3 \longrightarrow \overset{\overset{\textstyle O}{\|}}{H_2N-C-NH_2} \cdot HNO_3 \ \ 硝酸脲$$

（2）**容易水解** 尿素也是酰胺化合物，在酸、碱或尿素酶的催化下能发生水解反应放出氨气。

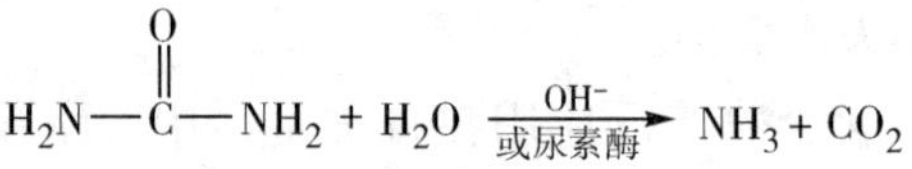

$$\overset{\overset{\textstyle O}{\|}}{H_2N-C-NH_2} + H_2O \xrightarrow[或尿素酶]{OH^-} NH_3 + CO_2$$

（3）**与亚硝酸的放氮反应** 尿素与亚硝酸反应时，生成二氧化碳和水，同时定量放出氮气。一般具有 —NH_2 的化合物都可与亚硝酸反应，放出氮气。

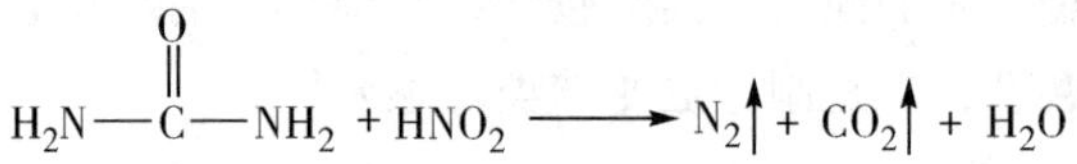

$$\overset{\overset{\textstyle O}{\|}}{H_2N-C-NH_2} + HNO_2 \longrightarrow N_2\uparrow + CO_2\uparrow + H_2O$$

（4）**缩二脲的生成及缩二脲反应** 将固体尿素加热至熔点（133℃）以上时，两分子的尿素之间失去一分子氨，生成的产物就是缩二脲。

$$\overset{\overset{\textstyle O}{\|}}{H_2N-C-NH_2} + \overset{\overset{\textstyle O}{\|}}{H_2N-C-NH_2} \longrightarrow \overset{\overset{\textstyle O}{\|}}{H_2N-C-NH}-\overset{\overset{\textstyle O}{\|}}{C-NH_2} + NH_3\uparrow$$

缩二脲难溶于水，易溶于碱溶液中。在缩二脲碱性溶液中加入微量硫酸铜即显紫红色或紫色，这种颜色反应称缩二脲反应。

凡分子结构中含两个或两个以上酰胺键 —CONH—（蛋白质结构中又称肽键）的化合物均可发生类似缩二脲这种显色反应，因此可用缩二脲反应鉴别多肽和蛋白质。

3. 胍 脲中的氧被亚氨基（—NH—）取代的衍生物叫做胍。

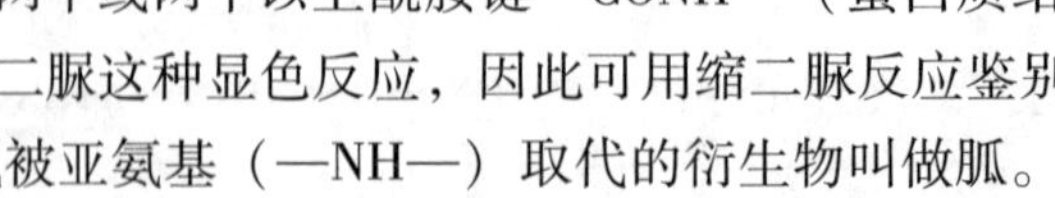

$$\underset{胍}{\overset{\overset{\textstyle NH}{\|}}{H_2N-C-NH_2}} \qquad \underset{胍基}{\overset{\overset{\textstyle NH}{\|}}{H_2N-C-NH}} \qquad \underset{脒基}{\overset{\overset{\textstyle NH}{\|}}{H_2N-C}}$$

工业上可由双氰铵和过量氨加热得到胍。胍是碱性极强（与苛性碱相似）的有机一元强碱，胍在空气中能吸收水分与二氧化碳生成稳定的碳酸盐。

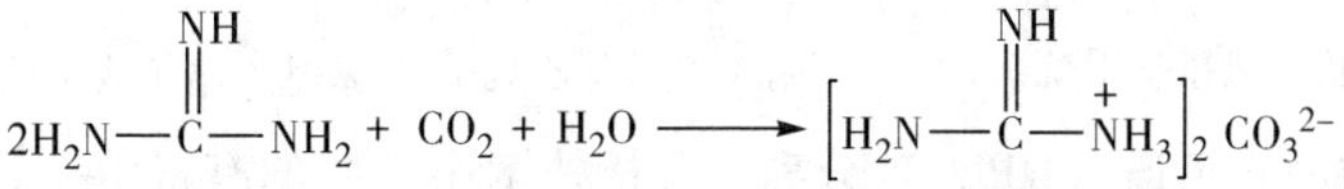

$$2H_2N-\underset{\underset{NH_2}{|}}{\overset{\overset{NH}{\|}}{C}} + CO_2 + H_2O \longrightarrow \left[H_2N-\underset{\underset{NH_3^+}{|}}{\overset{\overset{NH}{\|}}{C}}\right]_2 CO_3^{2-}$$

胍存在于萝卜、蘑菇、米壳、某些贝类以及蚯蚓等动植物体中。胍水解则生成尿素和氨。精氨酸中就含有胍基结构。治疗糖尿病的甲福明和治胃病的甲氰咪胍（又名西咪替丁）分子中含有胍基和脒基。

4. 巴比妥酸　巴比妥酸的化学名为丙二酰脲，是由尿素与丙二酰氯或者丙二酸二乙酯反应生成的。

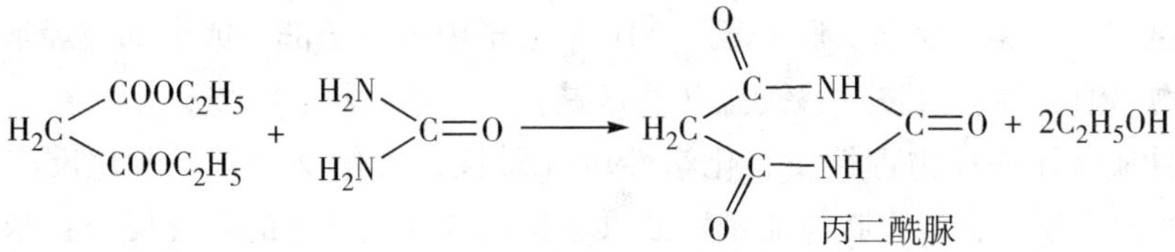

$$H_2C\genfrac{}{}{0pt}{}{COOC_2H_5}{COOC_2H_5} + \genfrac{}{}{0pt}{}{H_2N}{H_2N}C=O \longrightarrow$$ 丙二酰脲 $+ 2C_2H_5OH$

巴比妥酸是无色晶体，熔点245℃，微溶于水。巴比妥酸本身没有药理作用，但它的衍生物都是一类重要的镇静催眠药，总称为巴比妥类药物。其通式为：

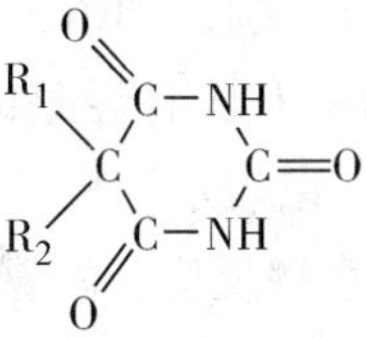

$$R_1=-C_2H_5$$
$$R_2=-C_6H_5$$

5-乙基-5-苯基丙二酰脲（鲁米那）

巴比妥类药物很多，常用的有巴比妥、苯巴比妥（鲁米那）、戊巴比妥、异戊巴比妥等。它们是结晶性粉末状晶体，难溶于水，能溶于一般的有机溶剂中。巴比妥的钠盐是常用的注射用催眠药。

三、腈

（一）腈的结构

烃分子中氢原子被氰基（—C≡N）取代的产物称为腈。—CN 是腈的官能团。腈也可看作氢氰酸分子中的氢原子被烃基取代后的产物。通式为 RCN 或（ArCN）。

$$R—C≡N:$$

（二）腈的命名

腈的命名常按照腈分子中所含碳原子数目而称为某腈；或以烷烃为母体，氰基作为取代基，称为氰基某烷。

$$CH_3CN \qquad CH_3CH_2CN \qquad$$

乙腈（或氰基甲烷） 丙腈（或氰基乙烷） 苯基乙腈（或苄腈）

乙腈是高效液相色谱（HPLC）分离、分析技术中重要的有机溶剂，高效液相色谱分析时多以乙腈-甲醇-水为流动相，乙腈的存在能很好地改善分离、分析效果。

本 章 小 结

1. 胺类化合物

（1）结构、分类、命名：胺是氨（NH_3）分子中氢原子部分或全部被烃基取代后形成的有机物。伯、仲、叔胺及季铵盐（季铵碱）、一元（多元）胺。

（2）性质、用途：物理性质、化学性质（碱性；酰化反应；磺酰化反应；脂肪胺与亚硝酸的放氮反应、芳香胺与亚硝酸的重氮化反应、重氮盐的偶合反应；苯胺芳环上的取代反应；氧化反应等）。

2. 酰胺化合物

（1）结构、分类、命名：酰胺是氨（NH_3）或胺（RNH_2、R_2NH）分子中氮原子上的氢原子被酰基—COR 取代后的产物。氮原子上连有烃基的酰胺，则将烃基的名称写在某酰胺之前，并冠以"N-"或"N, N-"，以表示该烃基是与氮原子相连接的。

（2）性质、用途：物理性质、化学性质（水解反应；酸碱性；脱水反应等）。

3. 碳酸衍生物 光气；尿素；胍；巴比妥酸。

目 标 检 测

一、单项选择题

1. 下列化合物中，不溶于水的是(　　)

　　A. 乙醇　　　　　B. 乙酸乙酯　　　　　C. 乙酸　　　　　D. 乙酰胺

2. 下列胺中，碱性最强的是(　　)

　　A. 二甲胺　　　　B. 苯胺　　　　　　　C. 甲胺　　　　　D. 氨

3. 下列化合物中，能与硝酸反应生成黄色油状物的是(　　)

　　A. 甲胺　　　　　B. 二甲胺　　　　　　C. 三甲胺　　　　D. 苯胺

4. 化合物（CH_3）$_3$C—NH_2属于(　　)

　　A. 伯胺　　　　　B. 仲胺　　　　　　　C. 叔胺　　　　　D. 季胺

5. 胆碱属于(　　)

　　A. 脂肪胺　　　　B. 芳香胺　　　　　　C. 季铵盐　　　　D. 季铵碱

6. 下列化合物中属于季铵盐的是(　　)

　　A. （CH_3）$_2N^+H_2Cl^-$　　　　　　　　　　B. （CH_3）$_3NH^+Cl^-$

C.（CH$_3$）$_4$N$^+$Cl$^-$　　　　　　　D. CH$_3$NH$_3^+$Cl$^-$

7. 下列化合物中碱性最强的是（　　）

A. 苯胺　　　　　B. 二苯胺　　　　C. 对硝基苯胺　　　D. 对羟基苯胺

8. 下列化合物中碱性最强的是（　　）

A. CH$_3$NH$_2$　　　　B.（CH$_3$）$_2$NH　　　　C.（CH$_3$）$_3$N　　　　D. NH$_3$

9. 鉴别伯、仲、叔胺可选用的反应是（　　）

A. 酰化反应　　　B. 兴斯堡反应　　　C. 重氮化反应　　　D. 成盐反应

10. 重氮盐与酚类发生偶合反应时，其反应介质为（　　）

A. 弱酸性　　　　B. 中性　　　　C. 弱碱性　　　　D. 强碱性

二、将下列各组化合物按碱性强弱顺序排序

1. 对甲氧基苯胺、苯胺、对硝基苯胺

2. 丙胺、甲乙胺、苯甲酰胺

3. 苯胺、2,4-二硝基苯胺、对硝基苯胺、对氯苯胺、乙胺、二乙胺、对甲氧基苯胺

4. 苄胺、苯胺、乙酰苯胺、氢氧化四甲铵

5. 乙酰胺、N-甲基乙酰胺、N-苯基乙酰胺、丁二酰亚胺

三、命名下列化合物或根据给出的名称写出化合物的结构式

1. 乙酰苯胺 　　　　　　　　　　2. 对氨基苯磺酰胺

3. 氢氧化四甲铵 　　　　　　　　4.

5. $$Cl-\overset{\overset{\displaystyle O}{\|}}{C}-Cl$$　　　　　　　6. 尿素

7. CH$_3$CON（CH$_3$）$_2$ 　　　　　　8. 乙腈

四、完成下列反应方程式

1. ⬡—NH$_2$ + HCl ⟶

2. ⬡—NH$_2$ + HNO$_2$ + HCl $\xrightarrow{0℃～5℃}$

3. ⬡—NH$_2$ + (CH$_3$CO)$_2$O ⟶

4. ⬡—NH$_2$ + Br$_2$ ⟶

第九章　物质的旋光性

学习目标

1. 掌握手性、手性分子和对映异构的概念，学会 *R*、*S* 及 D、L 构型表示法。
2. 熟悉旋光仪的结构和原理，能进行物质旋光度的测量和计算。
3. 了解平面偏振光、旋光性及比旋光度的概念。

自然界中的许多有机物都具有旋光性（optical activity），如各种单糖、各种氨基酸和许多人体内的有机物都具有旋光性。生物体内的大部分有机物分子也都具有旋光性，有机物的旋光性与其结构有着密切的内在关系，对于揭示化合物的光学活性和生理活性都有着重要的意义。比旋光度是具有旋光活性物质的一种物理常数，通过测定具有旋光活性物质的比旋光度，可以对其进行鉴别、检查和含量测定。

第一节　旋光性的基本概念

一、偏振光和物质的旋光性

（一）偏振光

自然界中的光是一种电磁波，是横波，其振动的方向与光波前进的方向垂直。普通光源所产生的光线是由多种波长的光波组成，它们都在垂直于其传播方向的各个不同的平面上振动。每个光子前进的过程中都有属于自己的振动面。光的振动面只限于某一固定方向的称为平面偏振光，简称为偏振光。

尼科尔棱镜是由方解石晶体加工而成的偏光镜，它能把普通光转变为平面偏振光。当自然光通过尼克尔（Nicol）棱镜后，只有振动方向与棱镜的晶轴互相平行的光波才能通过，而其他方向振动的光波则被挡住了。因此，让光通过尼克尔棱镜就可以得到只在某一个平面内振动的光波，即平面偏振光（图9-1）。

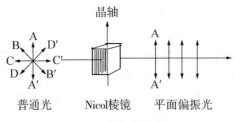

图 9-1　偏振光的产生

（二）物质的旋光性

1815 年，法国物理学家毕奥发现，当一束平面偏振光通过石英晶体时，其偏振面会发生转动。石英晶体能够使平面偏振光的偏振面发生偏转的现象称为旋光现象，而物质能使偏振光的偏振面发生旋转的这种性质就称为旋光性，或者光学活性。有些石英晶体能使偏振光的振动平面按顺时针方向转动（右旋），而有些石英晶体则能使其按逆时针方向转动（左旋）。此外，毕奥还发现有些有机物，例如樟脑和酒石酸，也具有同样的作用。这些具有旋光性作用的物质就叫做旋光性物质。

让一束光通过两个晶轴平行放置的尼克尔棱镜，当在两个棱镜之间放入乙醇、丙酮等物质时，偏振光在通过这些物质后，再经第二个棱镜传播出去，说明这些物质不具有旋光性，属非旋光性物质；当在两个棱镜之间放入乳酸、葡萄糖等物质的溶液时，则偏振光不能直接通过第二个棱镜，这时需将第二个棱镜旋转一定的角度后，偏振光才能传播出去。说明这些物质具有旋光性，属于旋光性物质。

二、旋光度和比旋光度

（一）旋光仪

测定物质旋光方向和旋光度的仪器叫旋光仪，它的基本结构为一个光源，两个尼克尔棱镜，一个旋光管（又称样品管）和一个能读数的指示盘。其工作的基本原理如图9-2 所示。

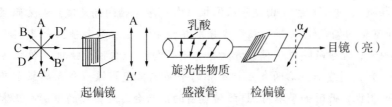

图 9-2　旋光仪原理

光源产生一定波长的一系列光子，它们经过第一个尼克尔棱镜（称为起偏镜）的筛选滤过，就产生了平面偏振光，简称偏振光或偏光。偏振光通过旋光性物质溶液时，偏振面发生偏转，第二个尼克尔棱镜（称为检偏镜）转动一定的角度后可观察到偏振光。转动的角度 α 即为该旋光性物质溶液的旋光度。

（二）旋光度和比旋光度

旋光性物质使偏振光的偏振面偏转的角度叫做旋光度，通常用 α 表示。正对着光源观察，若旋光性物质使偏振光的偏振面按顺时针方向偏转，则称该化合物为右旋体，用符号 " + " 或 "d" 表示。若旋光性物质使偏振光的偏振面按逆时针方向偏转，则称该化合物为左旋体，用符号 "–" 或 "l" 表示。

旋光性物质在不同条件下用旋光仪测定得到的旋光度不同，旋光度的测定结果与旋光性物质溶液的浓度，测定管的长度，光源的波长以及测定时的温度等因素有关。因此，旋光度的大小并不能准确表达物质旋光性能的大小。为了比较旋光性物质的旋光性大小，消除外在因素的影响，我们用比旋光度 $[\alpha]_\lambda^t$ 来表述物质的旋光性。比旋光度是指在一定温度下，光源波长一定时，待测溶液浓度为 1g/mL，旋光管长度为 1dm 条件下测得的旋光度。旋光度与比旋光度的关系用下式表示：

$$[\alpha]_\lambda^t = \frac{\alpha}{c \times l}$$

式中，t：测定时的温度（℃）

λ：测定时光源的波长（一般用钠光灯，波长 589nm）

l：旋光管的长度（dm）

c：样品的浓度（g/mL）

比旋光度是物质的一项重要的物理常数，已知物质的比旋光度可在文献或相关手册中查到。因此利用比旋光度可以鉴定未知的旋光性物质。同时也可用来进行旋光性物质的纯度及含量分析。

知识拓展

3D 电影与偏光镜

3D 影院里，带上 3D 眼镜，你就会感觉突然从对面前掠过的蜘蛛侠或阿凡达触手可及，如临其境。如果取下立体眼镜，屏幕上就会模糊一片。这是为什么呢？

原来，3D 影院里我们左右两眼所佩戴的 3D 眼镜是两片轴向互相垂直的偏光镜。拍摄 3D 电影时，是由左眼摄像机（加有水平轴向偏光镜）和右眼摄像机（加有垂直轴向偏光镜）在左右两边分别拍摄形成左右两套独立却又同步的影像。放映时，左眼放映机（偏振方向为水平轴向）和右眼放映机（偏振方向为垂直轴向）同时发出左右两束互相重叠的平面偏振光影像，会在屏幕上产生各自不同的图像，此时如果不用 3D 眼镜观看的话只会看到模糊的重影。正常佩带 3D 眼镜后，3D 眼镜左右两片不同轴向的偏光片选择性地通过轴向平行的影像，这样，左右眼看见的影像就和左右眼摄像机拍下来的一样有了立体感。

可见，如果没有偏光片，就不能产生偏振光。正是立体眼镜的偏光片产生了平面偏振光，是它帮助你看到了 3D 电影的立体影像。

第二节　手性分子与对映异构

一、分子的手性与对映异构

（一）手性

我们观察自己的左手和右手，它们的外形相似，但却不能完全重合，通过照镜子，我们会发现，镜像中的左手（右手）与现实中的右手（左手）恰好相同。左手和右手的关系就是实物和镜像的关系。这种像左右手一样，彼此互为镜像与实物关系，但又不能完全重合的特征称为"手性"或"手征性"。

为什么有些物质有旋光性，有些物质没有旋光性？研究发现，这与物质的分子结构有关。我们比较乳酸（具有旋光性）和乙醇（没有旋光性）两种物质的分子立体结构与镜像的关系，如下所示：

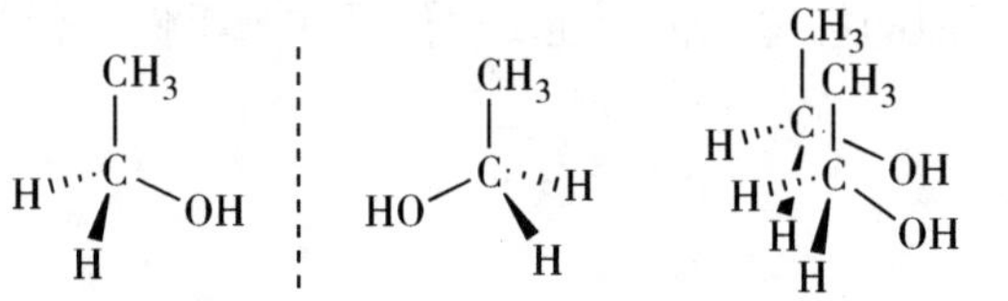

（I）　　　　（II）　　　　I和II可以重合

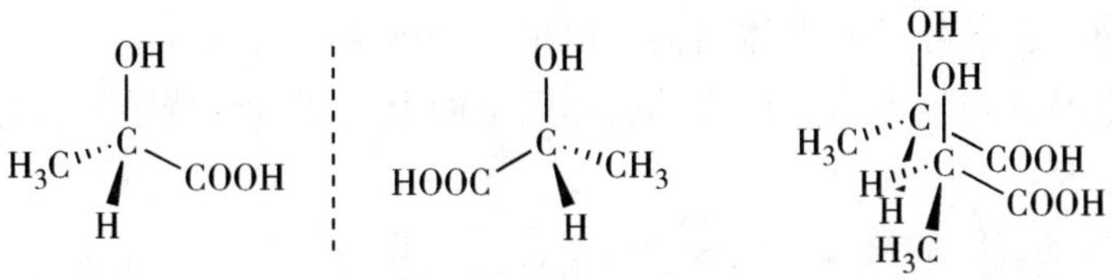

（III）　　　　（IV）　　　　III和IV不能重合

发现乙醇分子能够与其镜像重合，所以乙醇分子没有手性，而乳酸分子无论如何旋转都不能使其与镜像完全重合，所以乳酸分子具有手性。物质的分子具有手性特征是物质具有旋光性的必要条件。

（二）手性碳原子与手性分子

观察比较 2-羟基丙酸（乳酸）分子的两种立体结构，发现其分子中的 2 号碳原子上连接的四个原子或原子团均不相同（—H、—OH、—CH_3、—COOH）。其他碳原子则至少有两个相同的原子与之相连。我们将这种与四个互不相同的原子或原子团相连的碳原子称作"手性碳原子"或"不对称碳原子"，通常用 C^* 表示。

有手性的分子，称为手性分子，没有手性的分子为非手性分子。判断化合物分子有无手性不能简单依靠分子中有无手性碳原子来判断。只含有一个手性碳原子的物质分子是手性分子，含有多个手性碳原子的分子要看其分子的立体结构与其镜像是否能够完全重合，能够完全重合的为非手性分子，没有旋光性，不能够完全重合的为手性分子，具有旋光性。

（三）对映异构

像乳酸这样的分子，由于构成分子的原子或原子团在空间的排列顺序不同，我们观察到两种立体结构的乳酸分子，它们互为实物与镜像的关系，但又不能完全重合，就像人的左手和右手一样。具有这种关系的同分异构现象称为对映异构现象。这种互为实物和镜像关系又不能完全重合的异构体称为对映异构体，简称对映体。对映异构是同分异构中立体异构的一种，又称为光学异构或旋光异构。

互为对映体的分子为手性分子，具有旋光性，在相同的条件下，它们的旋光度相同，但旋光方向相反。将一对对映体等量混合得到的混合物称为外消旋体。外消旋体没有旋光性，其物理性质也与单一的对映体表现出一定的不同。一对对映体除了其旋光性恰恰相反外，在很多情况下，其生理性能和药理作用也是不同的。例如，左旋麻黄碱在升高血压作用上要比右旋麻黄碱大4倍；左旋氯霉素治疗伤寒等疾病很有疗效，而右旋氯霉素几乎无效。

一对对映体具有相似的物理、化学性质，但是在与手性催化剂作用时，对映体表现出不同的反应活性。

（四）Fischer 投影式

对映体的构型可用立体结构（楔形式和透视式）和费歇尔（E·Fischer）投影式表示，立体结构式形象生动，但书写不方便。1891 年，德国化学家费歇尔（E·Fischer）为了更直观方便的表示分子的立体结构，提出了一种新的表示方法。该方法将分子的立体模型按照一定的方式放置，然后将其投影到平面上，即得到费歇尔投影式。投影的原则主要有三个方面：

1. 横、竖两条直线的交叉点代表手性碳原子（C*），位于纸平面。
2. 横线表示与 C* 相连的两个键指向纸平面的前面，竖线表示指向纸平面的后面。
3. 将含有碳原子的基团写在竖线上，编号最小的碳原子写在竖线上端。

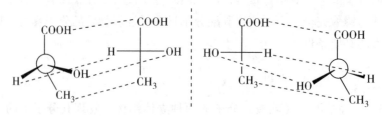

乳酸对映体的费歇尔投影式

二、对映异构体构型的表示方法

含有一个手性碳原子的化合物，比如乳酸，存在一对对映体，它们互为实物和镜像，但立体结构不同。用旋光仪测定可知其中一个是左旋乳酸，一个是右旋乳酸，但无法确定左旋和右旋乳酸分别对应哪一个立体结构式。为了区分一对对映体的构型，有必要对分子中的手性碳原子进行标记，常用的表示方法有 D、L 构型表示法和 R、S 构型表示法。

（一）D、L 表示法

1951 年以前，人们无法得到旋光性物质分子的真实的构型，即绝对构型。为了方便研究和交流，在 19 世纪末，费歇尔提出了用甘油醛为标准进行标记。按照费歇尔投影式的原则写出甘油醛的费歇尔投影式，并规定羟基（—OH）在手性碳原子右侧的构型为 D-型，羟基（—OH）在手性碳原子左侧的构型为 L-型。这个构型标准是人为规定的，与分子的真实构型不一定相符。直到 1951 年，化学家毕育特（J. M. Bijvoet）证明了费歇尔人为规定的甘油醛构型与其真实构型一致。

在人为规定的构型标准的基础上，可以通过一系列的化学反应，将甘油醛与其他旋光性化合物联系起来，从而确定它们的构型。比如，D-（+）-甘油醛中醛基被氧化成羧基，得到 D-（-）甘油酸。反应没有改变羟基的空间位置，所以为 D-型。

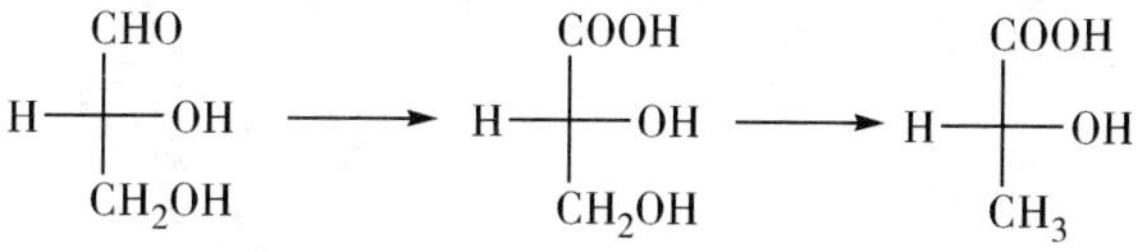

D-(+)-甘油醛   D-(-)-甘油酸   D-(-)-乳酸

物质的旋光性与其构型没有直接的关联，D-型的旋光性物质可能是左旋体，也可能是右旋体，同样，L-型的旋光性物质可能是左旋体，也可能是右旋体，一般而言，如果一对对映体中的一个是 D-型左旋（右旋）的，那么另一个一定是 L-型右旋（左旋）的。

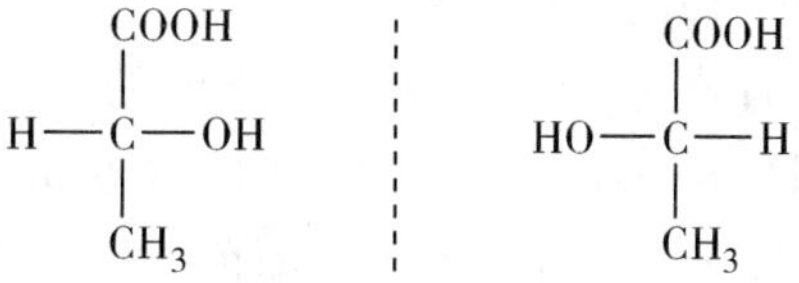

D-(-)-乳酸   L-(+)-乳酸

D、L 构型标记法使用方便，却有一定的局限性。该标记法一般只适用于含有一个手性碳原子的化合物。对于含有多个手性碳原子的化合物，目前只有糖类和氨基酸类化合物还在使用。含有多个手性碳原子的化合物主要将投影式中最下端的手性碳原子即编号最大的手性碳原子与甘油醛中的手性碳原子类比，然后确定其构型。自然界中单糖大多是 D 型的，如 D-（+）-葡萄糖和 D-（-）-果糖。其他含有两个或两个以上手性碳原子的化合物大多用 R、S 标记法命名。

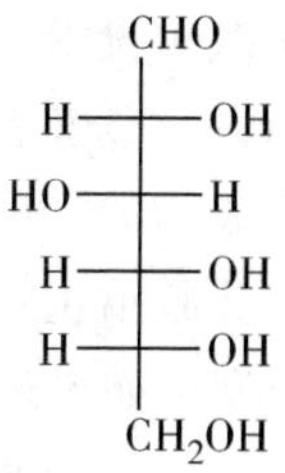

D-(+)-葡萄糖 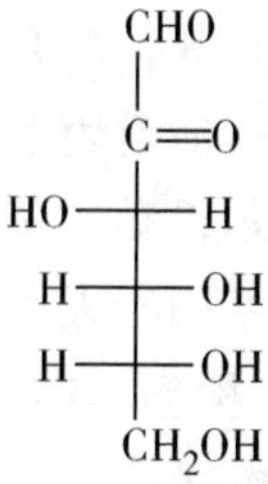   D-(-)-果糖

（二）R、S 表示法

1970 年根据国际纯粹与应用化学联合会（IUPAC）的建议，构型的标记采用 R、S 表示法。该表示法目前被广泛使用，可根据化合物的实际构型或投影式进行命名，不需要人为规定参照标准构型。

R、S 表示法的命名规则：

首先将与手性碳原子相连的四个原子或基团（a、b、c、d）按照次序规则进行排序，假设 a > b > c > d；其次把排序最小的基团（d）放在离观察者眼睛最远的位置，观察其余三个基团由大到小的顺序，若是顺时针方向，则其构型为 R（R 是拉丁文 Rectus 的字头，是右的意思），若是反时针方向，则构型为 S（S 是拉丁文 Sinister 的字头，是左的意思）。如：

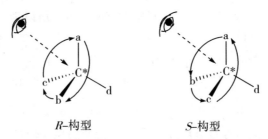

R-构型　　　　　　　　S-构型

顺序规则：连接在手性碳原子上的原子或基团，按原子序数由大到小排列，同位素中质量数高的优先；原子序数相同时，则依次比较第二个原子的原子序数，依此类推。双键或三键，当作两个或三个相同的单键看待。

观察乳酸的透视式，手性碳原子上连接四个不同的原子或基团，按照次序规则排序，—OH > —COOH > —CH$_3$ > —H。—H 最小，应放在离眼睛最远的位置，如下所示，—H 和—COOH 在纸平面上，—OH 在纸平面前方，—CH$_3$ 在纸平面后方。通过观察，左侧乳酸构型为 S-构型，右边为 R-构型。

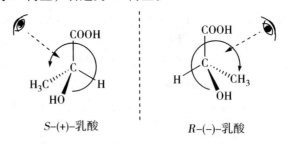

S-(+)-乳酸　　　　　　　　R-(-)-乳酸

透视式的构型判断较为直观，那么如何通过费歇尔投影式判断分子的 R、S 构型呢？我们知道，费歇尔投影式中，横键表示在纸平面前方，竖键表示在纸平面后方，手性碳原子在纸平面上。由于费歇尔投影式是用平面结构表示的，可通过直接观察平面内除最小原子外的其他三个原子或基团的大小顺序方向。让眼睛正对着纸平面观察，如果最小基团在竖线上，顺时针为 R-构型，逆时针为 S-构型；如果最小原子在横线上，则顺时针为 S-构型，逆时针为 R-构型。

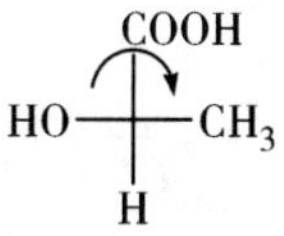

$R-(-)-$乳酸 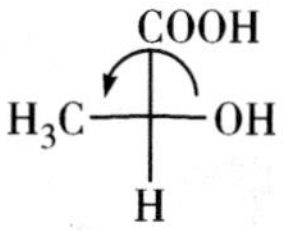　　　　$S-(+)-$乳酸 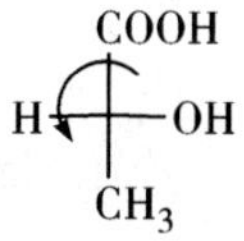　　　　$R-(-)-$乳酸 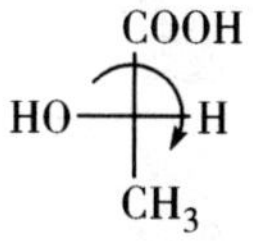　　　　$S-(+)-$乳酸

R、S 构型表示法和 D、L 构型表示法是基于两种不同规定的构型表示法，两者之间没有对应关系，与物质的旋光性质也没有对应关系。

三、手性药物在医学上的应用

手性药物是指在药物主要成分的分子结构中含有手性因素的药物。通常，人们将具有药理活性的手性化合物组成药物，其中只含有效对映体或者以含有效的对映体为主。

在生物体内，绝大部分具有生理意义的有机生物分子都是具有手性的旋光性物质。如构成生物体蛋白质的 L-氨基酸，构成遗传物质的核酸右旋 DNA 等。当手性药物分子对映体进入人体后，将受到体内手性受体、酶、载体的不同识别，表现出药理活性。

目前，合成的手性药物中 90% 以上是以外消旋体的形式存在的。一对对映体中与受体有较强亲和力或有较高药理活性的一个对映体，称为优对映体；与受体有较弱亲和力或有较低药理活性的一个对映体，称为劣对映体。许多情况下，劣对映体不但没有药效，而且还会部分抵消优对映体的药效，有时还会产生毒副作用。优对映体活性与劣对映体活性的比值即优劣比，是对映体药理作用的立体特异性的量度。优劣比值越大，立体特异性越高。因此手性药物的拆分仍是目前医药界及化学界广泛研究的课题。

手性化合物的一对对映体在生物体内的药理活性、代谢过程、代谢速率及毒性等存在显著的差异。可能存在四种不同的情况：

1. 对映体有相同的药理活性。

2. 对映体活性类型相同但强度不同。

3. 只有一个对映体有药理活性。

4. 对映体有不同或相反的药理活性。

但大多数情况下，在生物体中具有药理活性的只是对映体中的一种，另一种往往没有活性或具有相反的效果。20 世纪 60 年代的"反应停"事件就是人类在认识使用手性药物过程中的一个惨痛教训。

知识拓展

"反应停"事件

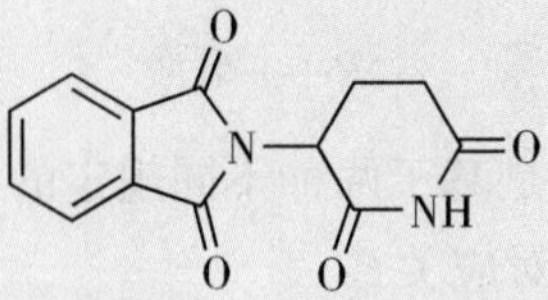

R-构型，镇静作用
S-构型，致畸作用

　　反应停（Thalidomide）又名沙利度胺，化学名为肽胺哌啶酮，有 *R*-肽胺哌啶酮和 *S*-肽胺哌啶酮 2 种对映异构体，*R*-构型的反应停能减轻孕妇初期的妊娠反应，有镇静作用，而 *S*-构型的反应停却有致畸作用。20 世纪 50 年代中期，该药物曾作为抗妊娠反应药物在欧洲和日本广泛使用。投入使用后不久，即出现了大量由沙利度胺造成的海豹肢症（Phocomelia）畸形胎儿。仅欧洲就出现了 6000 多个没有腿和胳膊的新生儿，俗称"海豚儿"。因此，自 20 世纪 60 年代起，反应停就被禁止作为孕妇止吐药物使用，仅在严格控制下被用于治疗某些癌症、麻风病等。

本 章 小 结

　　1. 物质的旋光性的相关概念　包括偏振光的产生，旋光性的表达，旋光度和比旋光度的关系、旋光仪的结构及工作原理等。

　　2. 旋光物质分子结构与旋光性　手性碳原子、手性分子、对映异构的概念，对映异构体的结构特点和性质差异性。

　　3. 手性分子的构型表达和对映异构体的拆分　费歇尔投影式、对映异构体的相对构型表示法（D、L 表示法）和绝对构型表示法（*R*、*S* 表示法）。了解对映异构体的拆分及手性药物在医药领域中的应用。

目 标 检 测

一、选择题

1. 下列分子中含有手性碳原子的是（　　　）

　　A.　CH_3CH_2OH

　　B.　$\underset{\underset{OH}{|}}{CH_3CHCOOH}$

　　C.　$\underset{\underset{CH_3}{|}}{CH_3CHCOOH}$

　　D.　CH_3COOH

2. 下列费歇尔投影式中，属于 D-型的是（　　　）

A.
$$\begin{array}{c} COOH \\ H{\rule{1cm}{0.4pt}}OH \\ CH_3 \end{array}$$

B.
$$\begin{array}{c} COOH \\ HO{\rule{1cm}{0.4pt}}H \\ CH_3 \end{array}$$

C.
$$\begin{array}{c} COOH \\ H_2N{\rule{1cm}{0.4pt}}H \\ CH_3 \end{array}$$

D.
$$\begin{array}{c} CHO \\ HO{\rule{1cm}{0.4pt}}H \\ CH_3 \end{array}$$

3. 下列费歇尔投影式中，属于 R-构型的是（　　　）

A.
$$\begin{array}{c} COOH \\ H{\rule{1cm}{0.4pt}}OH \\ CH_3 \end{array}$$

B.
$$\begin{array}{c} COOH \\ HO{\rule{1cm}{0.4pt}}H \\ CH_3 \end{array}$$

C.
$$\begin{array}{c} COOH \\ H_2N{\rule{1cm}{0.4pt}}H \\ CH_3 \end{array}$$

D.
$$\begin{array}{c} CHO \\ HO{\rule{1cm}{0.4pt}}H \\ CH_3 \end{array}$$

4. 下列费歇尔投影式中，A 与（　　　）是一对对映体

A.
$$\begin{array}{c} COOH \\ H{\rule{1cm}{0.4pt}}OH \\ CH_3 \end{array}$$

B.
$$\begin{array}{c} COOH \\ HO{\rule{1cm}{0.4pt}}H \\ CH_3 \end{array}$$

C.
$$\begin{array}{c} COOH \\ H_2N{\rule{1cm}{0.4pt}}H \\ CH_3 \end{array}$$

D.
$$\begin{array}{c} CHO \\ HO{\rule{1cm}{0.4pt}}H \\ CH_3 \end{array}$$

二、填空题

1. 偏振光是指_____。

2. 比旋光度是指_____。

3. 在对映异构中，D、L 表示_____；"＋、－"表示_____。

4. 互为实物和_____关系又不能完全重合的异构体称为_____。

三、判断下列化合物分子中有无手性碳原子，并用 ∗ 标示

1.
$$\begin{array}{c} COOH \\ | \\ CHCl \\ | \\ COOH \end{array}$$

2.

3. $CH_3CHOHCH_2CH_3$

4.
$$\begin{array}{c} CH_3 \\ H{\rule{1cm}{0.4pt}}OH \\ H{\rule{1cm}{0.4pt}}Br \\ C_2H_5 \end{array}$$

四、用 *R*、*S* 构型标记法标明下列化合物的分子构型

1.

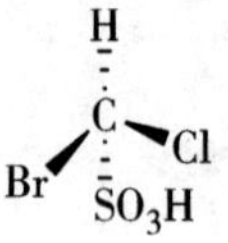

2.

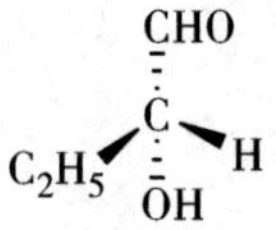

3.

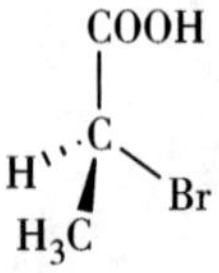

4.

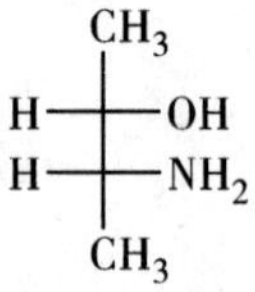

五、写出下列化合物的费歇尔投影式

1.

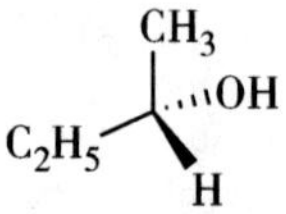

2.

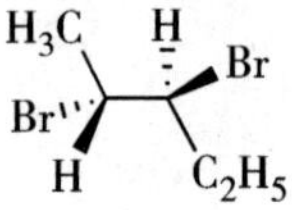

3.

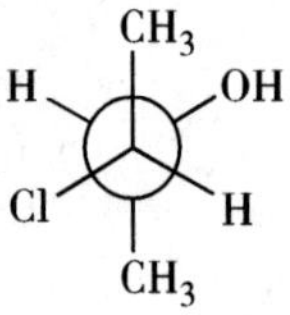

4. (*S*)-1-氯-3-溴戊烷

第十章　杂环化合物、生物碱

学习目标

1. 掌握杂环化合物的结构和分类。

2. 熟悉生物碱的结构、分类、理化性质。

3. 了解杂环化合物的命名和常见的杂环化合物及其衍生物；了解常见的生物碱及其生理作用。

杂环化合物形成的生物碱是一类有重要生理活性的有机物质，它们大多数存在于植物中，一种植物中往往含有几种、十几种乃至几十种生物碱，是许多中药的有效成分。因此，研究杂环化合物及生物碱对于医药学研究有重要意义。

本章主要讨论杂环化合物的结构、分类、命名、性质及生物碱的结构、性质、应用，为天然药物化学的学习打好基础。

第一节　杂环化合物

一、杂环化合物的概念

在环状化合物中，完全由碳原子构成环状骨架的化合物称为碳环化合物，而由碳原子及非碳原子构成环状骨架的化合物，称为杂环化合物。其中，环上的非碳原子称为杂原子，最常见的杂原子有氧、硫、氮等。

杂环化合物环系比较稳定，大多有芳香性。这些芳杂环化合物在结构上存在 $4n+2$ 个 π 电子闭合共轭体系，与苯分子十分相似，性质比较稳定，具有能取代、不易开环加成的芳香性。

如：

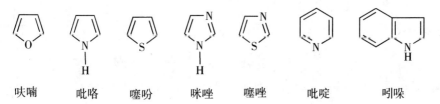

| 呋喃 | 吡咯 | 噻吩 | 咪唑 | 噻唑 | 吡啶 | 吲哚 |

杂环化合物在自然界分布较为广泛，种类繁多，数量庞大，占已知有机物的一半以上，且大都具有重要的生理活性。例如植物中的叶绿素、动物体内的血红素、组成蛋白质的某些氨基酸、构成核酸的碱基以及部分维生素（尤其是水溶性维生素）等物质的分子中都含有杂环化合物的结构。

生物碱是一类广泛存在于生物体内的有显著生理活性的含有氮原子的碱性有机物，生物碱主要是含氮杂环化合物。

二、杂环化合物的分类和命名

（一）杂环化合物的分类

杂环化合物根据分子中环数目的不同可以分为单杂环和稠杂环两大类。单杂环根据构成环的原子数目的不同，又可分为五元杂环和六元杂环；稠杂环则可分为由苯环和单杂环稠合而成的苯稠杂环和由单杂环相互稠合而成的杂稠杂环等。另外，杂环中的杂原子可以是一个或多个，杂原子可以相同或不同。常见杂环化合物的结构、分类和名称见表 10-1。

表 10-1　常见杂环化合物结构、分类、名称及编号

杂环的分类		常见的杂环
单杂环	五元杂环	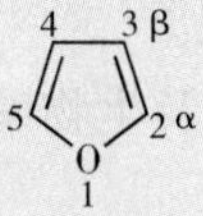 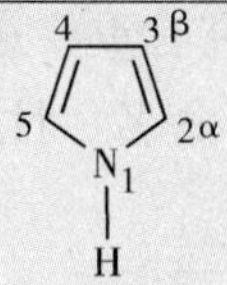 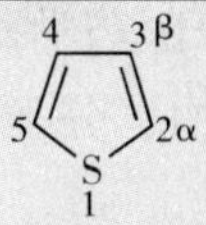 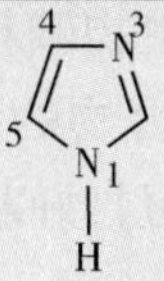 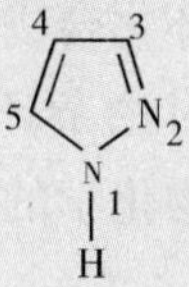 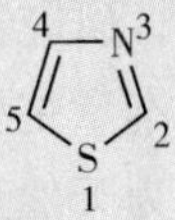 呋喃　　吡咯　　噻吩　　咪唑　　吡唑　　噻唑
	六元杂环	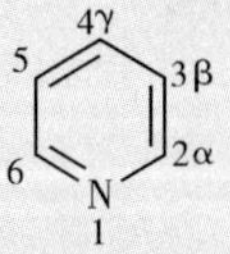 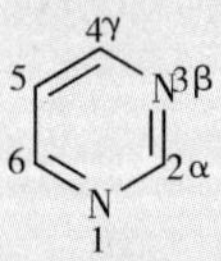 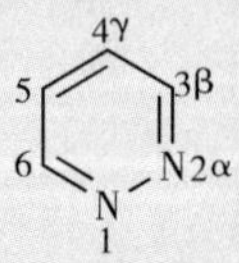 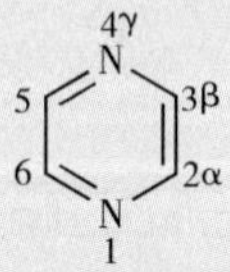 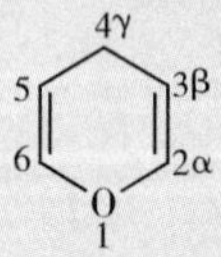 吡啶　　嘧啶　　哒嗪　　吡嗪　　吡喃
稠杂环	苯稠杂环	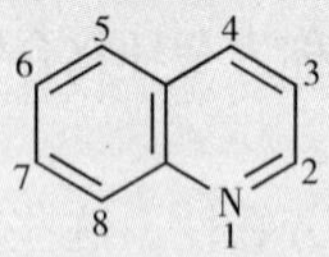 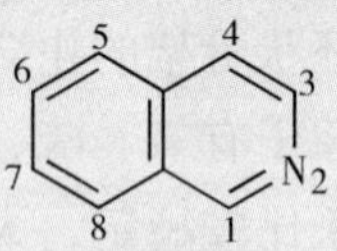 喹啉　　异喹啉（特定编号）
	稠杂环	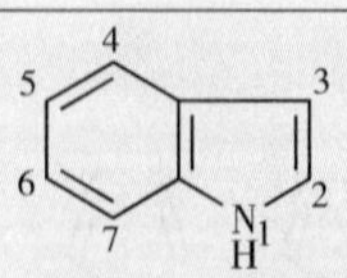 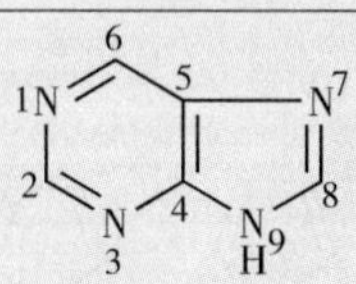 吲哚（特定编号）　　嘌呤（特定编号）

（二）杂环化合物的命名

1. 杂环化合物母核的命名 对于杂环化合物母核的命名目前通用的是音译法，即根据国际通用英文名称音译成同音汉字，并加上"口"字旁作为杂环名称。例如：呋喃（furan）、吡喃（pyran）、噻吩（thiophene），就是根据英文名称音译的。该命名方法比较简单，但不能反映其结构特点。

2. 杂环衍生物的命名 当杂环上有取代基时，通常以杂环为母体，先将杂环母环上各原子加以编号，确定取代基的位置，然后将取代基的位置编号、数目、名称写在母体名称前。但在对杂环母核进行编号时，须遵循以下原则：

（1）含一个杂原子的杂环衍生物，可从杂原子开始，依次用阿拉伯数字1、2、3等对杂环上的原子进行编号；或从与杂原子相连的碳原子开始，用希腊字母α、β、γ等进行编号。同时还应满足杂环上取代基位置编号最小原则。如：

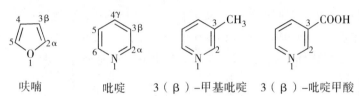

呋喃　　　吡啶　　3（β）-甲基吡啶　　3（β）-吡啶甲酸

（2）含两个杂原子的杂环衍生物，当所含杂原子相同时，应使其编号之和最小；当所含杂原子不同时，则按氧、硫、氮优先的顺序进行编号。如：

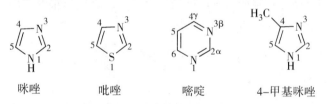

咪唑　　　吡唑　　　嘧啶　　　4-甲基咪唑

（3）稠杂环按其固有的编号顺序见表10-1。如：

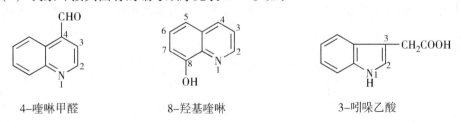

4-喹啉甲醛　　　8-羟基喹啉　　　3-吲哚乙酸

三、吡咯和吡啶的结构及性质

（一）吡咯的结构及性质

1. 吡咯的结构 吡咯是最简单的五元含氮杂环化合物。近代研究证明，吡咯是平面五元环状结构，构成环的四个碳原子和杂原子氮原子都是sp²杂化，每个原子皆以σ键与其他二个原子相连，而未参与杂化的5个p轨道均垂直于sp²杂化轨道所在的环平面，每个碳原子的p轨道含有一个单电子，杂原子氮原子的p轨道上含有一对未共用的电子。这五个 p 轨道相互侧面重叠, 形成闭合的 π 电子共轭体系 (图 10-1), 因而具有芳香性。

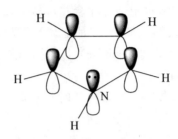

图 10-1 吡咯的结构

吡咯是具有 6 个 π 电子的五元芳杂环, 其中氮原子向闭合的 π 电子共轭体系提供了 2 个电子。这使得环上的电子云密度比苯环上的大, 因此吡咯比苯活泼, 容易进行亲电取代反应。但另一方面, 吡咯的芳香性又比苯差。所以吡咯的化学性质, 既有与苯相似之处, 又有一些差别。呋喃和噻吩也是具有 6 个 π 电子的五元芳杂环, 其 O、S 原子也各向五元的闭合 π 电子共轭体系提供了 2 个电子, 因此它们也能进行亲电取代反应。

2. 吡咯的性质

(1) 吡咯的酸碱性　吡咯氮上的孤对电子由于参与了环的共轭体系, 使氮原子的电子云密度降低, 所以吡咯的碱性极弱 ($pK_b = 13.6$), 不能与酸形成稳定的盐。但是由于这种共轭效应的作用, 使得吡咯的 N—H 键极性增加, H 表现出很弱的酸性 ($pK_a = 17.5$), 因此吡咯与固体氢氧化钾共热能生成其钾盐。

$$\text{吡咯} + KOH(s) \xrightarrow{\triangle} \text{吡咯钾盐} + H_2O$$

(2) 亲电取代反应　亲电取代反应是吡咯典型反应。由于吡咯环上的电子云密度比苯环大, 因此吡咯较苯容易发生亲电取代反应, 而且亲电取代反应主要发生在吡咯环的 α 位。

$$\text{吡咯} + (CH_3CO)_2 \xrightarrow{\triangle} \text{吡咯} \!-\! C(=O)CH_3$$

此外, 吡咯遇到强酸, 氮原子会发生质子化, 导致吡咯环大 π 键被破坏。所以吡咯的硝化和磺化反应不能在强酸条件下进行, 需选用较温和的非质子试剂。

(二) 吡啶的结构及性质

1. 吡啶的结构　吡啶是六元含氮杂环化合物。它是由五个碳原子和一个氮原子构成平面六元环状结构, 但它的结构与吡咯不一样, 而与苯相似, 可以看做是苯分子中一个碳原子被氮原子取代所得到的化合物。

吡啶环上的五个碳原子和杂原子氮原子都是 sp^2 杂化。环上各原子均以 sp^2 杂化轨道

相互重叠形成六个 σ 键，构成平面六元环。每个原子未参与杂化的 p 轨道均垂直于环平面，彼此侧面相互重叠形成一个闭合的 π 电子共轭体系，每个 p 轨道上有一个单电子。此外，氮原子上有一对孤对电子占据一个 sp^2 杂化轨道（图 10-2）。

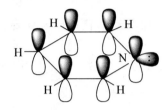

图 10-2　吡啶的结构

由于氮的电负性较强，对环上电子云分布影响较大，因此吡啶环上 π 电子云分布并不均匀，环上 β 位碳原子的相对电子云密度较大，所以，吡啶环上的亲电取代反应一般发生在 β 位上。

2. 吡啶的性质

（1）水溶性　吡啶由于氮原子上的一对孤对电子能与水形成氢键，所以具有水溶性。但是吡啶环上如果引入了羟基或氨基后，其水溶性将显著降低，而且引入的羟基或氨基数目越多，水溶性越低。这主要是由于吡啶的羟基或氨基衍生物分子之间能以氢键缔合，阻碍了其与水分子的缔合，从而致使其水溶性降低。

（2）碱性　由于吡啶氮原子上的孤对电子不在 p 轨道上，没有受到共轭效应的影响，所以可以与质子结合，具有弱碱性（$pK_b = 8.8$），其碱性较苯胺（$pK_b = 9.3$）强，但比氨和脂肪胺弱。吡啶能与无机酸生成盐。例如：

$$\text{（吡啶）} + HCl \longrightarrow \text{（吡啶盐）} Cl^-$$

（3）亲电取代与亲核取代反应　由于氮原子比碳原子的电负性高，吡啶环上的氮原子可以通过诱导效应和共轭吸电子效应使得吡啶环上碳原子的电子云密度降低，且低于苯环电子云密度，因此吡啶的亲电取代反应要比苯难得多，与硝基苯相似，且其亲电取代反应主要发生在 β 位上，产物的收率较低。例如：

$$\text{（吡啶）} \xrightarrow[370\,^{\circ}C]{浓HNO_3/浓H_2SO_4} \text{（} \beta\text{-硝基吡啶）}$$

β-硝基吡啶

$$\text{（吡啶）} \xrightarrow[300\,^{\circ}C]{Br_2} \text{（} \beta\text{-溴吡啶）}$$

β-溴吡啶

另一方面，由于吡啶环的电子云密度比苯环低，是一个缺 π 电子体系，所以较易发生亲核取代反应，主要生成 α 位取代产物。例如：

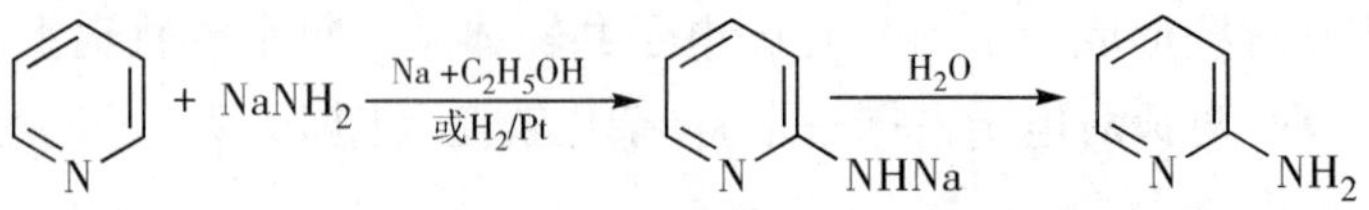

（4）**吡啶侧链的氧化反应** 吡啶遇氧化剂比苯环要稳定。但当吡啶环上连有烷基时，侧链则可被氧化成羧酸。

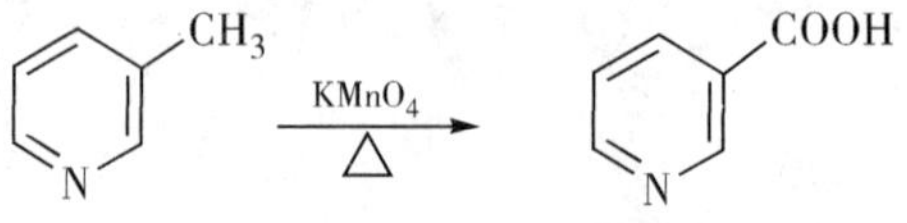

β-吡啶甲酸（烟酸）

（5）**吡啶的还原反应** 吡啶若遇还原剂，比苯更容易被还原。如在金属钠和乙醇或催化氢化条件下，即可使吡啶还原成六氢吡啶。

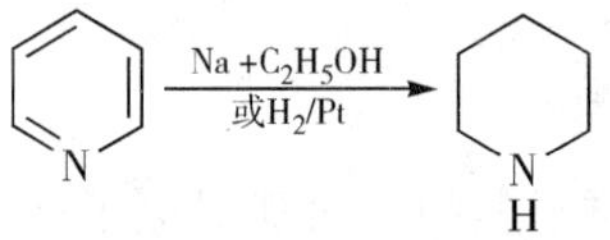

六氢吡啶

四、常见的杂环化合物

（一）吡咯

吡咯的衍生物广泛存在于自然界，如叶绿素、血红素及维生素 B_{12} 等在结构上，都含有卟吩环的基本骨架。卟吩环是由 4 个吡咯环与 4 个次亚甲基交替连接而成的。

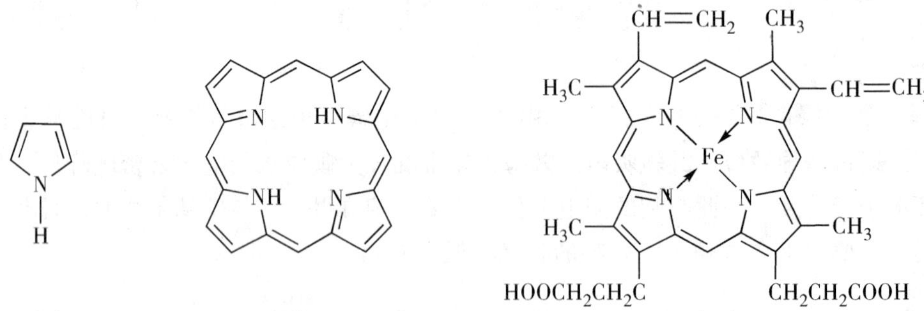

吡咯   卟吩   血红素

叶绿素是植物进行光合作用的催化剂。血红素是高等动物体内输送氧的物质，与蛋白质结合成血红蛋白而存在于红细胞中。维生素 B_{12} 是天然产物中结构最复杂的化合物之一，又名钴胺素，存在于动物肝内，是抗贫血药物。

（二）呋喃

呋喃存在于松木焦油中，是无色、有特殊气味的气体，沸点 32℃，不溶于水，能溶于乙醇、乙醚等有机溶剂。呋喃遇到盐酸浸湿的松木片显绿色，此反应称为松木片反应。利用此反应可检查呋喃的存在。呋喃有毒性且具有致癌作用。

α-呋喃甲醛是呋喃重要的衍生物，又称糠醛。其衍生物呋喃唑酮（又称痢特灵）在临床上是常用于治疗肠道感染和菌痢的抗生素；而呋喃丙胺则是临床上常用的抗血吸虫药。

呋喃 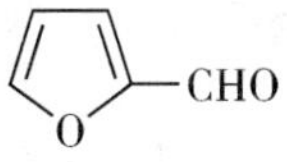　　　　糠醛（呋喃甲醛） 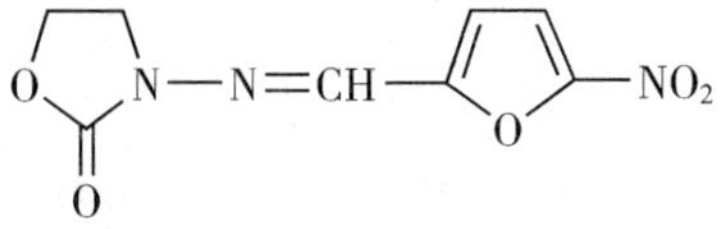　　　　呋喃唑酮

（三）咪唑

咪唑为无色结晶，熔点 90℃ ~91℃，能溶于水、乙醇和乙醚。许多重要的天然物质都是咪唑的衍生物。如组氨酸和组胺分子结构中就含有咪唑环。组氨酸是蛋白质水解后生成的 α-氨基酸之一。组氨酸在体内酶作用下或加热到300℃就会发生脱羧反应而生成组胺。

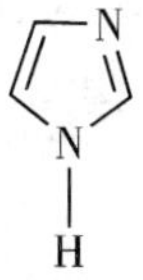

咪唑 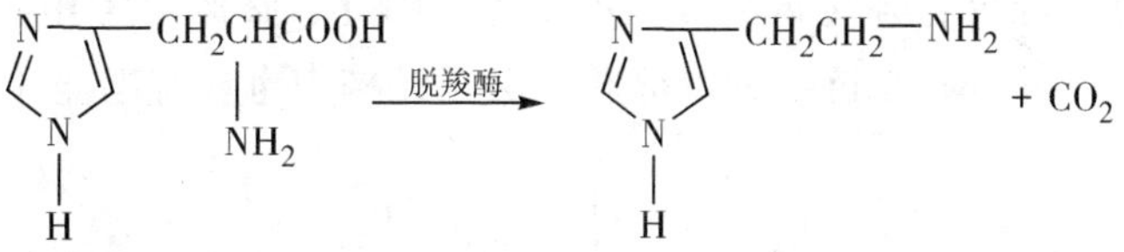　　　　组氨酸　　　　　　　　组胺

组胺具有收缩血管的作用，人体的许多过敏反应都与体内组胺的含量过多有关。临床上常用组胺的磷酸盐刺激胃酸分泌，诊断真性胃酸缺乏症。另外，甲硝唑（又称灭滴灵）和阿苯达唑（又称肠虫清）也是咪唑的衍生物。其结构式为：

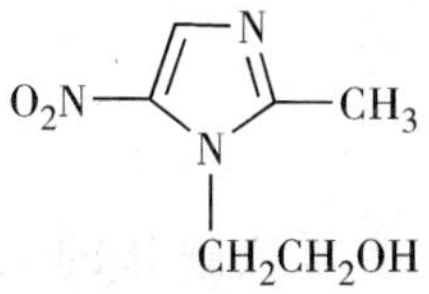

甲硝唑（灭滴灵） 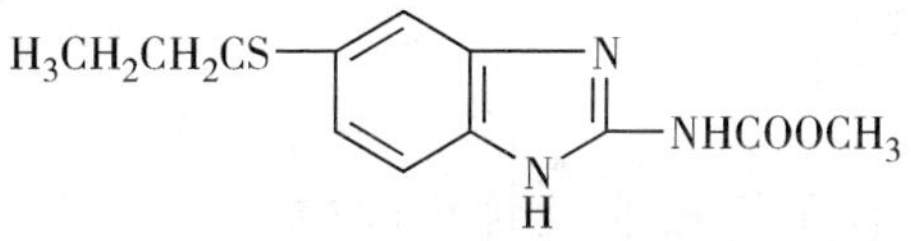　　　　　　　　阿苯达唑（肠虫清）

甲硝唑是临床上常用的抗厌氧菌药物。阿苯达唑对人、畜体内线虫、吸虫、绦虫及钩虫均有高效的杀灭作用。

（四）噻唑

噻唑为无色有臭味的液体，沸点117℃，易溶于水，有弱碱性，遇氧化剂、还原剂都稳定。维生素 B_1 是噻唑重要的衍生物之一，它由噻唑环和含氨基的嘧啶环通过亚甲基连接而成的化合物，医药上叫做硫胺素，常用的是它的盐酸盐，其结构如下：

噻吩 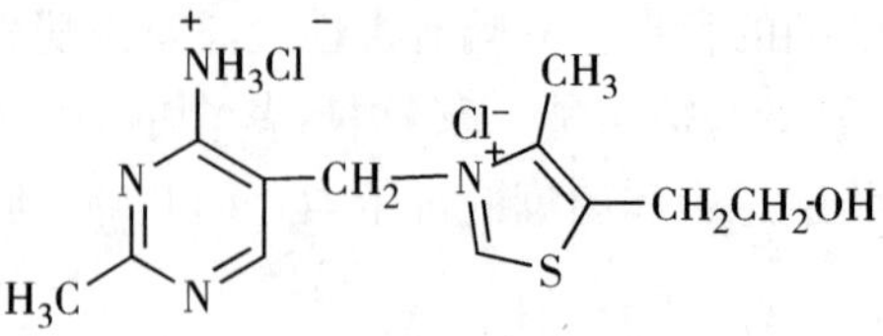　　　　　　　维生素B₁

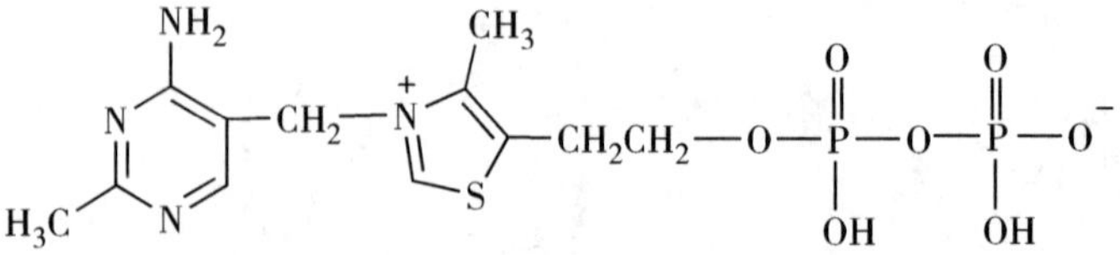

焦磷酸硫胺素

　　维生素 B₁ 在植物中分布很广，主要存在于种子的外皮和胚芽中，米糠、麦麸、酵母、瘦肉、白菜中含量也很丰富。它在细胞内以焦磷酸硫胺素（TPP）的形式存在，作为脱羧酶的辅酶参与糖代谢。当机体缺乏维生素 B₁ 时，体内的糖代谢作用受阻，进而导致多发性神经炎、脚气病及食欲不振等。因此，临床上常用维生素 B₁ 为辅助药物治疗上述疾病。此外，在抗生素青霉素 G 分子结构中也含有噻唑环，其结构如下：

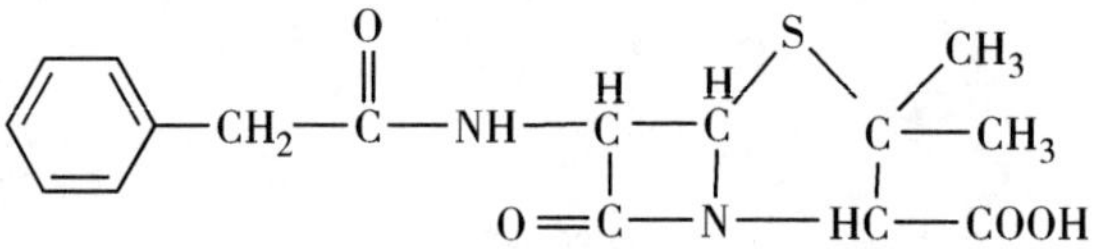

青霉素G

　　青霉素 G 是白色或淡黄色粉末，是一种高效、低毒廉价的广谱抗生素，常制成钠盐或钾盐，可供注射用。

（五）吡啶

　　吡啶存在于煤焦油及骨焦油中，常温下为无色、有难闻鱼腥味的液体，沸点 115.5℃，能与水、乙醇、乙醚等混溶，本身也可作为溶剂，能溶解许多有机物及无机盐，对酸、碱、氧化剂都比较稳定。吡啶的衍生物广泛存在于自然界，其中较为重要的是烟酸及其衍生物，其结构如下：

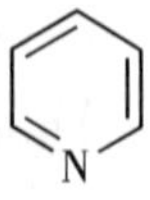

吡啶 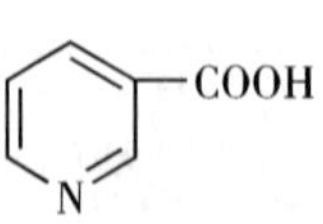　　β-吡啶甲酸　　β-吡啶甲酰胺 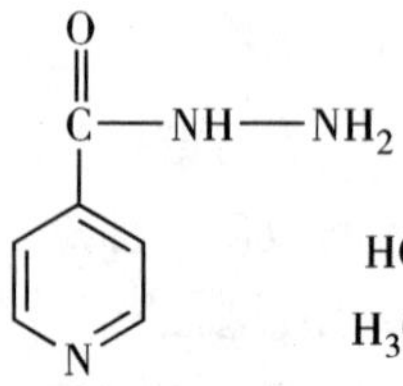　　γ-吡啶甲酰肼　　吡哆醇
　　　　（烟酸）　　　（烟酰胺）　　　（异烟肼）　　（维生素B₆）

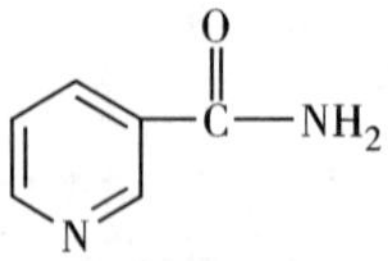

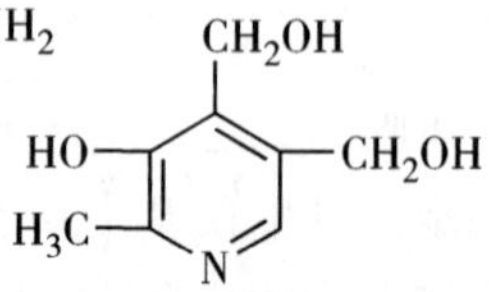

　　烟酸又名 β-吡啶甲酸。β-吡啶甲酸（烟酸）和其衍生物 β-吡啶甲酰胺（烟酰胺）合称维生素 PP，主要存在于肉类、肝、肾、花生、米糠、酵母中。维生素 PP 是组成体

内脱氢酶的辅酶，参与体内葡萄糖的降解、脂类代谢、丙酮酸代谢等，缺乏该维生素可引起癞皮病，故又称抗癞皮病维生素。除外，维生素 B$_6$ 和异烟肼也含有吡啶环的结构。维生素 B$_6$ 在蔬菜、鱼、肉、谷物、蛋黄中含量丰富。临床上常用于治疗婴儿惊厥、妊娠呕吐和精神焦虑等。

异烟肼又称雷米封，具有较强的抗结核病作用，是结核病治疗的常用口服药物。

（六）吲哚

吲哚为无色片状晶体，熔点 52.5℃，可溶于热水和有机溶剂。吲哚能使浸有盐酸的松木片呈红色。吲哚的衍生物在自然界中分布较为广泛。如蛋白质的分解产物，必需氨基酸之一的色氨酸，还有人和哺乳动物脑组织中的 5-羟色胺等都是吲哚的衍生物，其结构如下：

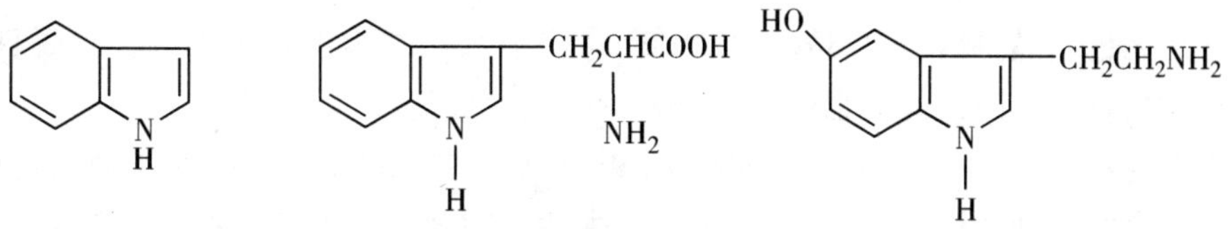

吲哚　　　　　　　色氨酸　　　　　　　5-羟色胺

此外，吲哚美辛（消炎痛）和吲哚新也是吲哚的衍生物，它们的结构中多含有吲哚乙酸。其结构式为：

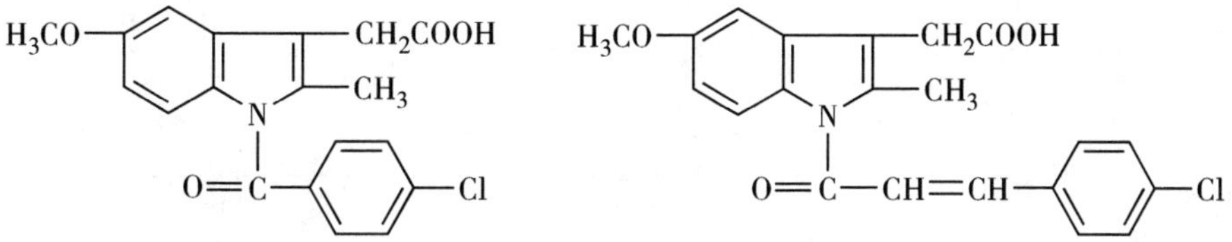

吲哚美辛（消炎痛）　　　　　　吲哚新

吲哚乙酸衍生物具有镇痛作用，临床上用于治疗风湿性及类风湿性关节炎、痛风性关节炎及红斑狼疮等。

（七）喹啉和异喹啉

喹啉　　　　　　异喹啉

喹啉是无色油状液体，沸点 238℃，有特殊气味，难溶于水，能与乙醇和乙醚混溶。

喹啉和异喹啉的衍生物在医药上很重要。许多药物，如奎宁（金鸡纳碱）、诺氟沙星和氧氟沙星等都含有喹啉环的结构。其结构式如下：

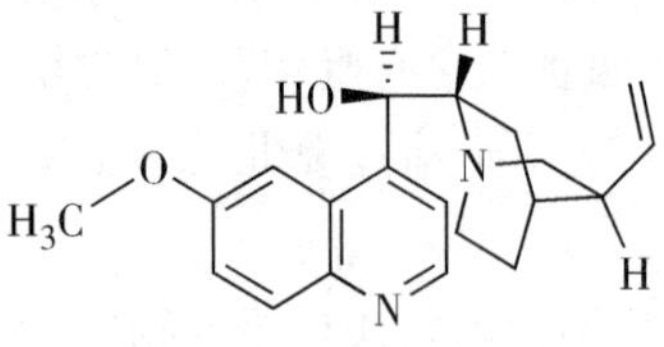

奎宁 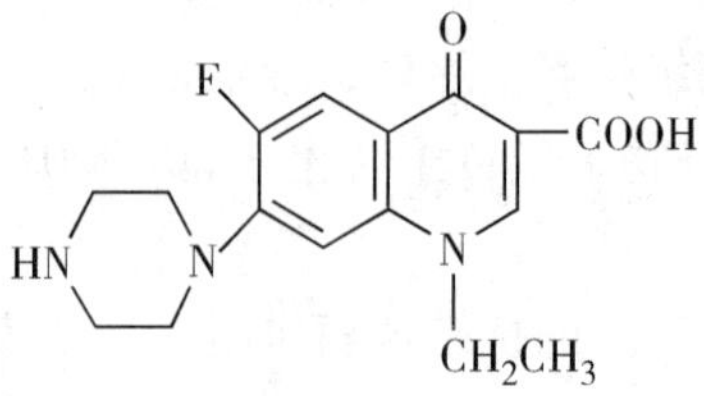 诺氟沙星 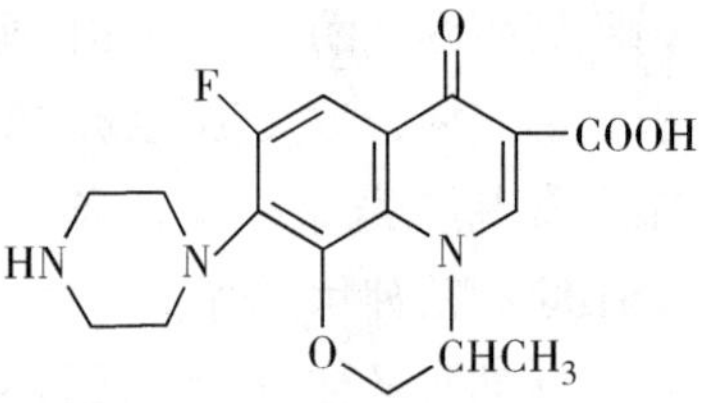 氧氟沙星

奎宁常用于治疗耐氯喹虫株所致的恶性疟，也可用于治疗间日疟。诺氟沙星和氧氟沙星均为氟喹诺酮类药物，是临床上常用的合成抗生素，主要用于治疗泌尿道感染和肠道感染。

（八）嘌呤

嘌呤是无色结晶，熔点216℃～217℃，易溶于水，难溶于有机溶剂，它既具有弱酸性又具有弱碱性，因此能与强酸、强碱发生反应生成盐。

嘌呤本身不存在于自然界中，但它的氨基及羟基衍生物却广泛分布于动植物体内，并且具有重要的生理活性。DNA和RNA分子中含有碱基腺嘌呤和鸟嘌呤，辅酶A分子中也含有嘌呤的结构。

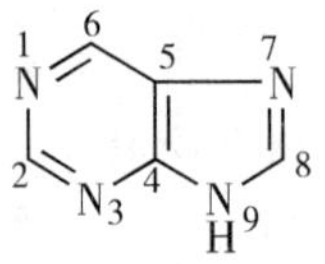

嘌呤 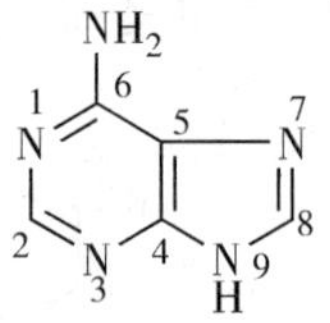 6-氨基嘌呤（腺嘌呤） 6-氧-2-氨基嘌呤（鸟嘌呤）

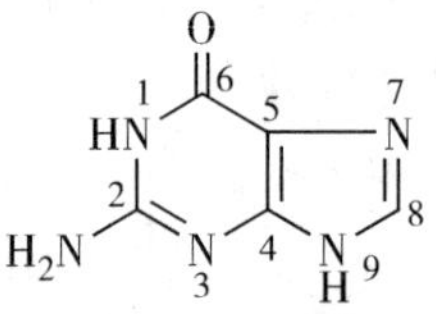

另外，嘌呤还是具有兴奋作用咖啡因、茶碱等的基本骨架。体内代谢产物如尿酸、次黄嘌呤、黄嘌呤等都是重要的嘌呤衍生物。

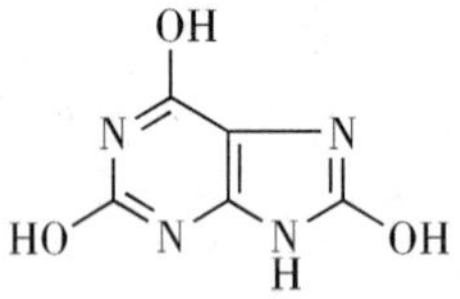

尿酸（醇式） 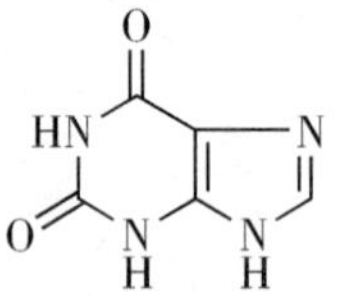 黄嘌呤 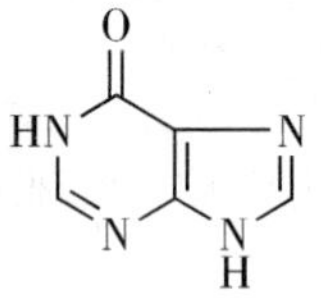 次黄嘌呤

知识拓展

高尿酸症与痛风

尿酸是嘌呤氧化以后的产物。纯净的尿酸是白色结晶，难溶于水，酸性很弱，可与强碱成盐。尿酸在体内以盐的形式存在时溶解度较大，由尿排出，健康人每天的排泄量为0.5～1g，但在嘌呤代谢发生障碍时，血和尿中尿酸量增加，严重时形成尿结石。血中尿酸含量过多时，可沉积在关节处，严重者导

致痛风病。

　　高尿酸症是指体内尿酸的生成量和排泄量不平衡，导致尿酸升高引起的疾病，是痛风的主要病因。痛风是一种由于嘌呤生物合成代谢增加，尿酸产生过多或因尿酸排泄不良而导致血中尿酸升高，尿酸盐结晶沉积在关节滑膜、滑囊、软骨及其他组织中，引起的反复发作性炎性疾病。

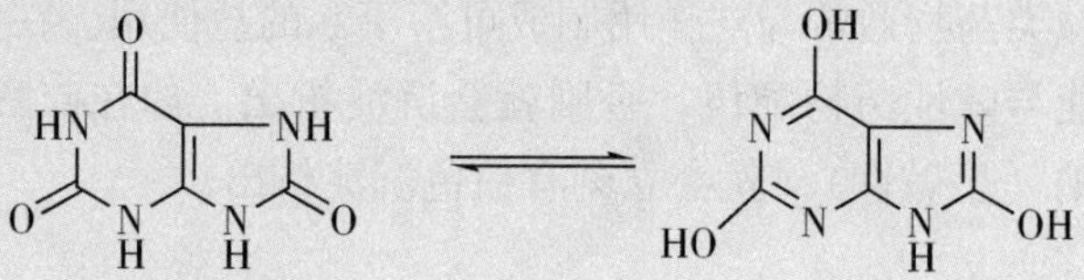

尿酸（酮式）　　　　　　　　　　尿酸（醇式）

第二节　生　物　碱

一、生物碱的概念

　　生物碱是一类存在于生物体内，具有显著生理活性的含氮碱性有机物。它们大多数存在于植物中，故又称植物碱。在植物体内生物碱多数以与酸结合成盐的形式存在，少数以游离碱、酯或苷的形式存在。

　　生物碱是许多中药的重要有效成分，对人体有显著的生理活性，如：麻黄碱可用于平喘、莨菪碱可用作抗胆碱药等。但多数生物碱有毒性，有些毒性极强，使用时量小可以作为药物，量大则可引起中毒，乃至死亡。还有一些生物碱则易使人产生依赖性，成为严重危害人体健康的毒品。我国利用中药治疗疾病历史悠久，长期以来广大劳动人民积累了丰富的中医药经验，至今仍为保障人民的健康发挥着重要作用。目前生物碱的提取、合成取得了巨大的成就，这必将推动我国中医药卫生事业的发展和人民健康水平的进一步提高。

二、生物碱的性质

　　多数生物碱是无色或白色的结晶性固体，只有少数是液体或有颜色，如烟碱、毒芹碱为液体，小檗碱呈黄色。生物碱及其盐一般都具有苦味，有些则极苦而辛辣。游离的生物碱一般不溶或难溶于水，溶于有机溶剂，如乙醚、丙酮、氯仿、苯等，而生物碱与酸所成的盐多数溶于水而不溶于有机溶剂。

（一）碱性

　　生物碱分子中由于氮原子上有一对未共用的电子对，能与质子结合，所以大多数生物碱有碱性，能与酸作用成盐。生物碱盐易溶于水而难溶于有机溶剂，遇到强碱，生物碱又能从其盐中游离析出，因此利用这一性质可以提取和精制天然药物中游离的生物碱。

$$生物碱—\overset{|}{\underset{|}{N}}: \quad \overset{HCl}{\underset{NaOH}{\rightleftharpoons}} \quad \left[生物碱 \;—\overset{|}{\underset{|}{N}}{\rightarrow}H \right]^{+} Cl^{-}$$

游离生物碱　　　　　　　生物碱盐
（不溶于水）　　　　　　（溶于水）

临床上，生物碱类药物通常与酸作用制成可溶于水的盐使用。在使用过程中，生物碱类药物应注意不能与碱性药物配伍，否则就会沉淀析出。如在硫酸奎宁的水溶液中，加入少量苯巴比妥钠（呈碱性），就会立刻有白色沉淀析出。

（二）沉淀反应

大多数生物碱能与生物碱沉淀试剂反应，生成有色沉淀。常用的生物碱沉淀试剂有某些酸的溶液和重金属盐类的溶液，如生物碱遇鞣酸溶液生成棕黄色沉淀，遇苦味酸溶液生成黄色沉淀，遇氯化汞溶液生成白色沉淀。另外，常用的生物碱沉淀剂还有碘化铋钾、碘化汞钾、磷钨酸、磷钼酸等。利用此类反应可以初步判定生物碱的存在，也可以精制和分离生物碱。

（三）显色反应

通常生物碱及其盐都能和某些试剂反应显现不同的颜色。此类反应称为生物碱的显色反应，这类试剂称为生物碱显色剂。常用的生物碱显色剂有硝酸、甲醛、钼酸钠、钒酸铵、重铬酸钾和高锰酸钾等的浓硫酸溶液，如钒酸铵的浓硫酸溶液，遇阿托品显红色，遇吗啡显棕绿色，遇可待因显蓝色。利用生物碱的显色反应可以鉴别生物碱。

（四）旋光性

生物碱结构复杂，分子中往往含有一个或几个手性碳原子，因而大多数生物碱具有旋光性，一般具有生理活性的是左旋体。自然界中的生物碱多为左旋体。左旋体和右旋体的生理活性有很大差别，如麻黄碱含有两个手性碳原子，存在 4 种旋光异构体，临床上应用其左旋体的盐酸盐——盐酸麻黄碱。

三、常见的生物碱

（一）麻黄碱

麻黄碱为无色晶体，熔点 34℃，味苦，易溶于水，也能溶于氯仿、乙醇、苯等有机溶剂。（-）-麻黄碱又称为麻黄素，另有一种（＋）-麻黄碱称为伪麻黄碱，是麻黄碱的非对映异构体，临床上常用它们的盐酸盐。

麻黄碱能兴奋交感神经，升高血压，扩张支气管。用以治疗支气管哮喘，过敏反应，鼻黏膜肿胀及低血压症。麻黄素主要功效是利水消肿、止咳平喘，此外它还具有显著的中枢神经兴奋作用，此类甲基苯丙胺类药物长期使用可引起患者产生病态嗜好及依赖性。

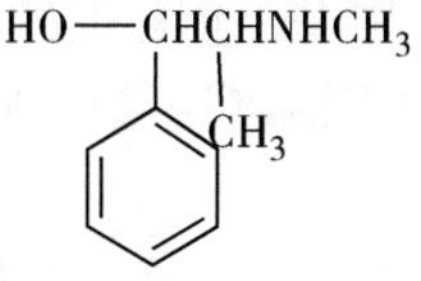

麻黄碱 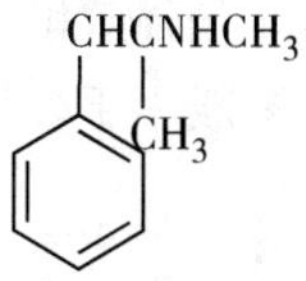　　　　　　冰毒

麻黄碱的脱氧衍生物是甲基苯丙胺类药物，也具有类似的中枢神经兴奋作用，成瘾性极强，因外观似"冰"，又称为冰毒。麻黄素是制造"冰毒"的前体。"冰毒"是国际上滥用最严重的中枢兴奋剂之一。

（二）尼古丁

尼古丁又名烟碱，存在于烟叶中，为无色油状液体，沸点246℃，露置空气中逐渐变棕色，臭似吡啶，味辛辣，易溶于水、乙醇、氯仿，有旋光性。天然存在的尼古丁是左旋体。尼古丁有剧毒，少量对中枢神经有兴奋作用，大量则抑制中枢神经，出现恶心、呕吐，使心脏停搏以至死亡。烟草、香烟中含有尼古丁，长期吸烟会引起慢性中毒。

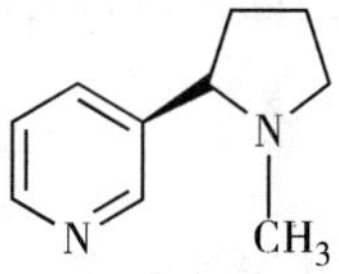

烟碱

（三）莨菪碱

莨菪碱主要存在于颠茄、莨菪、曼陀罗等茄科植物中，又称颠茄碱，它是由莨菪醇和莨菪酸构成的酯。通常为白色晶体，熔点114℃～116℃，有旋光性，味苦，难溶于水，易溶于乙醇和氯仿。

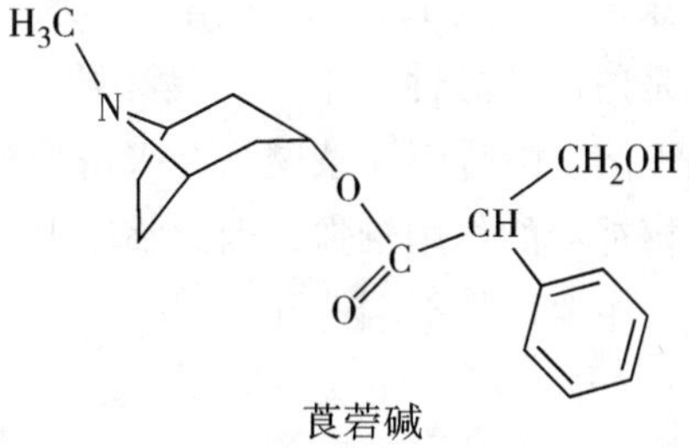

莨菪碱

莨菪碱为左旋体，其外消旋体称为阿托品，在医药上用作抗胆碱药，能抑制汗腺、唾液、泪腺、胃液的分泌，并能扩散瞳孔。常用于治疗平滑肌痉挛、胃和十二指肠溃疡病，也可用作有机磷和锑剂中毒的解毒剂。

（四）吗啡

吗啡属异喹啉类衍生物，是阿片最重要、含量最多的有效成分。纯吗啡为白色晶体，熔点254℃～256℃，露置于空气中颜色加深，味苦，难溶于水、醚、氯仿，易溶于氯仿和醇的混合溶液。吗啡是强效镇痛药，其镇痛作用持续时间久，还能镇咳，但易成瘾，所以严格限制使用，一般用于缓解晚期癌症患者的疼痛。

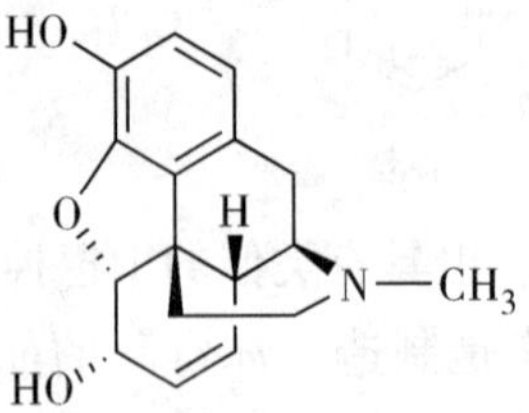

吗啡 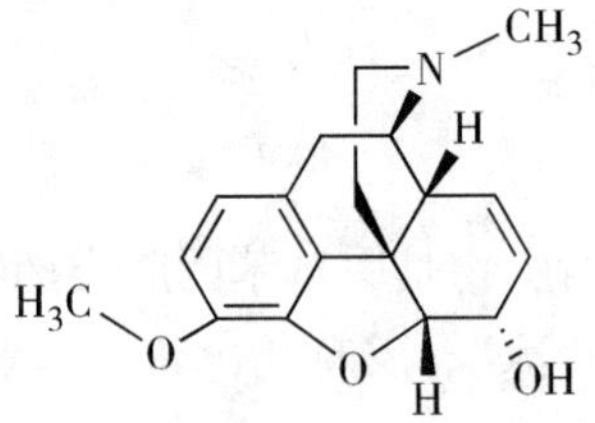   可待因

可待因是吗啡的酚羟基甲基化产物，能作用于中枢性神经系统，具有镇咳及镇痛的作用，临床上常用其磷酸盐作为镇咳药，但不宜长期使用，否则易产生成瘾性。

海洛因是吗啡的衍生物，是通过回流加热乙酸酐和吗啡而提取出来的半生物碱混合物。海洛因曾用作麻醉性镇痛药，其镇痛效力为吗啡的 4 ~ 8 倍，但不良的副作用则超过其医疗价值，因而在医学上早已被禁用。海洛因的欣快感和成瘾性均数倍于吗啡和可待因，是吸毒者珍爱的毒品，是对人类危害最大的毒品之一，因此严禁药用。

（五）咖啡因和茶碱

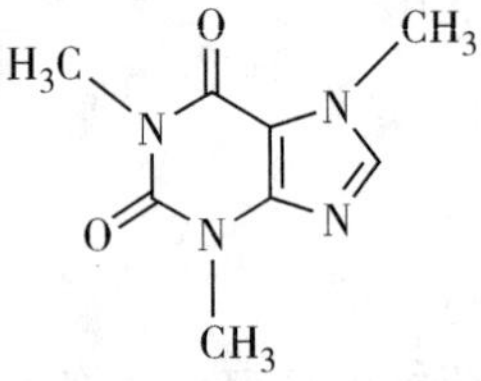

咖啡因 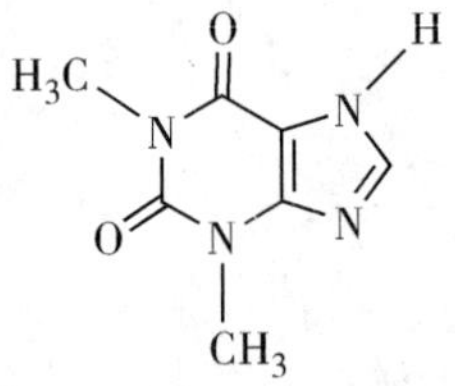   茶碱

咖啡因和茶碱主要存在于咖啡果和茶叶中，属于嘌呤族生物碱化合物。咖啡因又名咖啡碱，是白色针状结晶，味苦，熔点 237℃，可溶于热水、乙醇和氯仿中，难溶于苯和石油醚中，易升华。茶碱是白色结晶性粉末，无臭味苦，熔点 272℃，在水、乙醇和氯仿中都易溶，在乙醚中则不溶。咖啡因和茶碱都有兴奋中枢神经系统、松弛平滑肌和利尿作用。但咖啡因兴奋中枢神经的作用较强，因此临床上主要用作中枢兴奋药；而茶碱则是舒张平滑肌作用较强，主要用作平喘药和利尿药。

（六）小檗碱

小檗碱

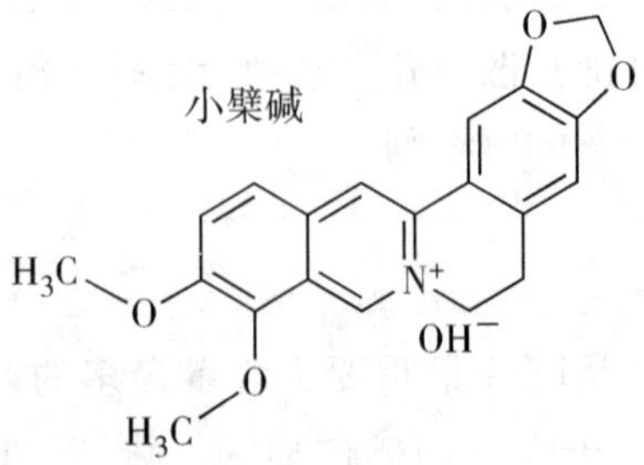

小檗碱又名黄连素，主要存在于黄连、黄柏等中药中，属于异喹啉类生物碱，是一种季铵碱。小檗碱为黄色针状晶体，味极苦，能溶于热水和热乙醇，难溶于苯、乙醚和氯仿等有机溶剂。小檗碱有抑制链球菌、葡萄球菌和痢疾杆菌的作用，临床上常用于治疗细菌性痢疾和肠胃炎等。

本 章 小 结

本章主要介绍了杂环化合物的概念、分类、命名、常见杂环化合物及其衍生物；生物碱的概念、性质及常见生物碱等。

1. 杂环化合物的概念 杂环化合物是指分子中由碳原子及非碳原子构成的环状骨架的化合物。环中非碳原子称为杂原子，最常见的杂原子有氧、硫、氮等。

2. 杂环化合物的分类及命名 杂环化合物根据环的大小可分为五元杂环、六元杂环、苯稠杂环和稠杂环等。杂环化合物母核通常采用音译法，即根据国际通用英文名称音译成同音汉字，加上"口"字旁作为杂环名称。

3. 吡咯及吡啶的结构、性质

（1）吡咯的结构及性质：①吡咯的结构：吡咯是由四个碳原子和一个氮原子构成的平面五元环状结构。②吡咯的性质：吡咯的碱性极弱（$pK_b = 13.6$），不能与酸形成稳定的盐，但能与固体氢氧化钾共热生成其钾盐；吡咯比苯易发生亲电取代反应。

（2）吡啶的结构及性质：①吡啶的结构：吡啶是由五个碳原子和一个氮原子构成平面六元环状结构。氮原子上有一对孤对电子。②吡啶的性质：吡啶具有水溶性、弱碱性（能与无机酸生成盐）、能发生亲电取代反应、亲核取代反应、氧化反应及还原反应等。

4. 生物碱的概念 生物碱是一类存在于生物体内，具有显著生理活性的含氮碱性有机物。

5. 生物碱的性质

（1）碱性：大多数生物碱有碱性，能与酸作用成盐。此性质可改善生物碱溶解性或分离、精制生物碱。

（2）沉淀反应：生物碱能与生物碱沉淀试剂反应，生成有色沉淀。此性质可鉴别、分离、精制生物碱。

（3）显色反应：生物碱及其盐能和生物碱显色剂反应显现不同的颜色。此性质可鉴别生物碱。

（4）旋光性：大多数生物碱具有旋光性，一般具有生理活性的是左旋体。

目 标 检 测

一、名词解释

1. 杂环化合物　　　2. 杂原子　　　　3. 生物碱

二、写出下列杂环化合物的结构式

1. 呋喃　　　　　　2. 吡咯　　　　　3. 吡啶

4. 喹啉　　　　　　5. 吲哚

三、指出属于五元杂环的有机物

1. 吡咯　　　　　　2. 吡啶　　　　　3. 嘧啶　　　　　4. 嘌呤

四、指出下列有机物中杂环结构的名称

1.

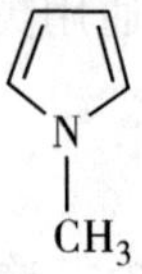

2.

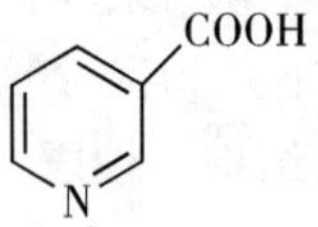

3.

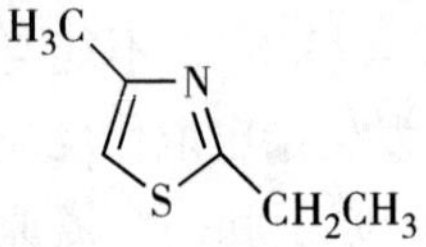

4.

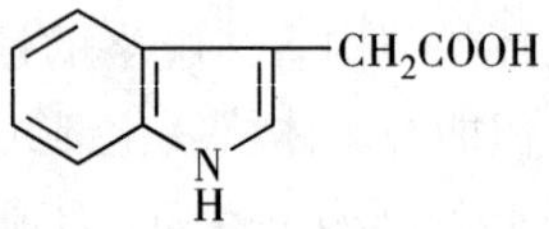

5.

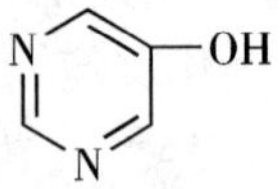

6.

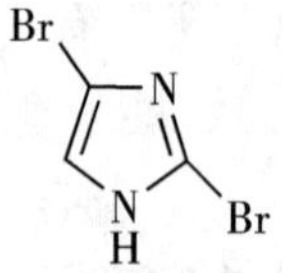

7.

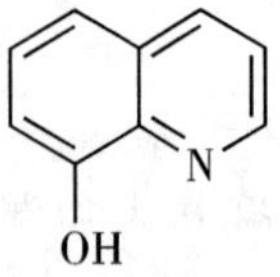

8.

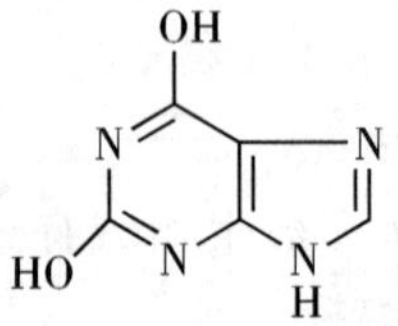

第十一章 糖

■ 学习目标

    1. 掌握常见的单糖、二糖、多糖的结构特点、理化性质、来源等。

    2. 熟悉单糖的 D、L 构型的确定方法。

    3. 了解还原性双糖、非还原双糖的结构特点；了解葡萄糖、果糖、蔗糖、淀粉、纤维素等重要糖在医药方面的应用。

    植物在日光的作用下，在叶绿素催化下将空气中的二氧化碳和水转化成葡萄糖，并放出氧气：

$$6CO_2 + 6H_2O \xrightarrow[\text{叶绿素}]{\text{日光}} C_6H_{12}O_6 + 6O_2$$

    葡萄糖在植物体内还能进一步结合生成蔗糖等二糖，也能产生淀粉、纤维素等多糖。

    糖类化合物（以下简称糖）由 C、H、O 三种元素组成，大多数糖中氢原子与氧原子的个数比是 2：1，相当于 H_2O 的组成，符合 $C_m(H_2O)_n$ 的通式，所以糖的别称是"碳水化合物"。

    从自然来源上看，糖是光合作用的产物，但若从化学结构上分析，糖则属于多羟基醛或多羟基酮或它们的脱水缩合物。

    除了根据最早发现的来源进行分类命名外，根据能否水解和水解情况的不同，糖一般可以分为单糖、低聚糖和多糖。不能水解的糖称为单糖。如葡萄糖、果糖、核糖及脱氧核糖等；水解后能生成 2～10 个单糖的糖称为低聚糖，低聚糖根据分子中单糖数目的不同又可分为双糖、三糖等，其中最重要的是双糖，如麦芽糖、乳糖和蔗糖等；水解后能产生 10 个以上单糖分子的糖称为多糖，如淀粉、糖原、纤维素等。

    地球上每年由绿色植物经光合作用合成的糖类物质达数千亿吨。它们既是植物组织的构成基础，又是人类和动物赖以生存的能量营养素，还能为轻工业提供诸如粮、棉、麻、竹、木等众多的生产原料。

    本章主要学习常见的单糖、双糖和多糖。

第一节 单 糖

    单糖是最简单的糖，不能水解，一般是含有 3～6 个碳原子的多羟基醛或多羟基酮。

单糖可分为醛糖和酮糖。多羟基醛称为醛糖，多羟基酮称为酮糖。又根据分子中碳原子的数目，单糖可分为丙糖（三碳糖）、丁糖（四碳糖）、戊糖（五碳糖）、己糖（六碳糖）等。自然界中以戊糖和己糖最普遍。单糖中，与医学关系最为密切的有葡萄糖、果糖、核糖、脱氧核糖等。

一、常见的单糖

（一）葡萄糖

葡萄糖是最简单、最重要的单糖，结构简式：$CH_2OH(CHOH)_4CHO$，化学式为 $C_6H_{12}O_6$，属于己醛糖。

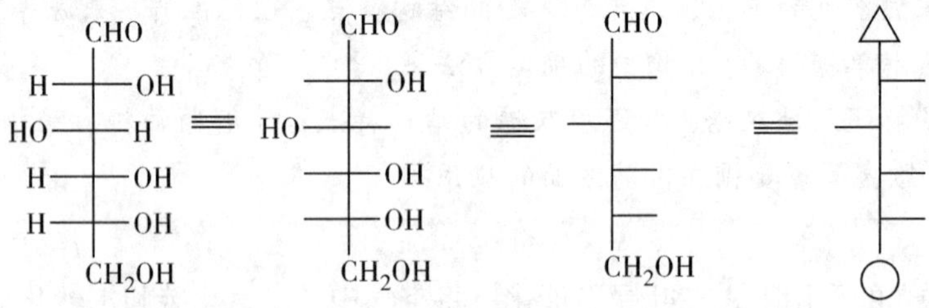

葡萄糖的开链式结构

1. 结构 葡萄糖的结构有开链式（如上式）和环式两种，环式有氧环式和哈沃斯（Haworth）式两种，单糖的环状结构一般以哈沃斯式表示。

以下是链状结构变成环状哈沃斯式的步骤：

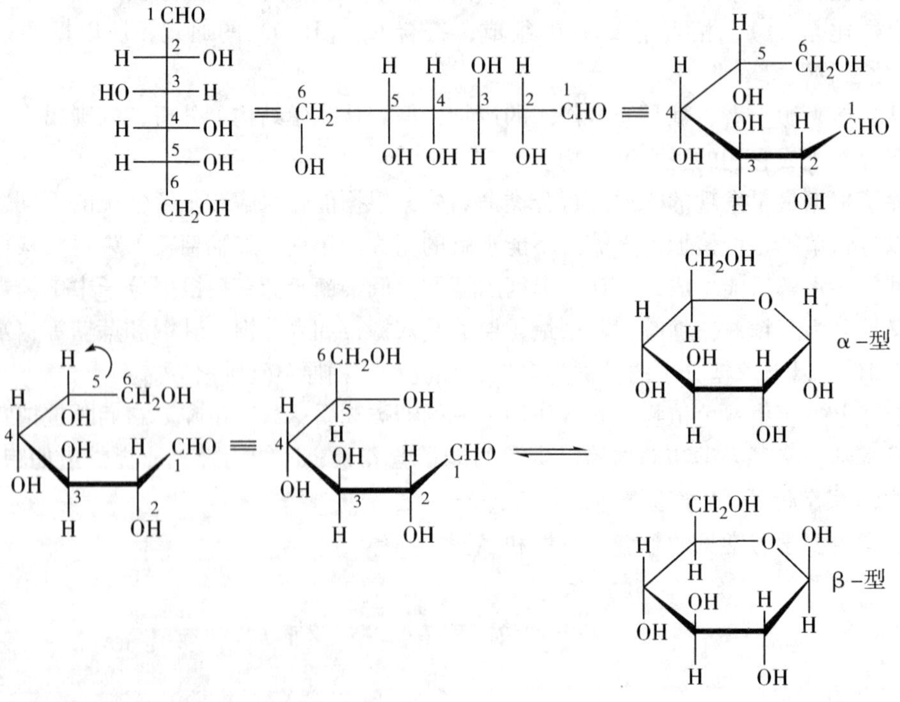

糖的哈沃斯结构和吡喃相似，所以，六元环单糖又称为吡喃型单糖。上列葡萄糖的名称依次为：α-D-(+)-吡喃葡萄糖、β-D-(+)-吡喃葡萄糖。

2. 用途 葡萄糖最初是从葡萄汁中得到。它广泛存在于葡萄等甜水果、蜂蜜及植物的种子、叶、根、花中，动物的血液、淋巴液、脊髓液中也含有葡萄糖。葡萄糖是无色或白色晶体粉末，有甜味，但甜度仅为蔗糖的 60%、熔点 146℃，易溶于水，稍溶于乙醇，不溶于乙醚。

人体血液中的葡萄糖称为血糖，正常值为 3.9～6.1mmol/L（或 0.70～1.10g/L）。血糖浓度的相对恒定对机体有着重要的生理意义。糖尿病患者的尿液中含有葡萄糖，含量随病情的轻重而不同。

葡萄糖是一种重要的营养物质，不需消化就可直接被人体吸收利用，也是人体内最重要的供能物质，中枢神经系统活动所需的能量完全由葡萄糖提供。葡萄糖有强心、利尿、解毒等作用，临床上用于治疗水肿、血糖过低、心肌炎等。

（二）果糖

果糖属于己酮糖，结构简式 CH_2OH—$(CHOH)_3$—CO—CH_2OH，化学式为 $C_6H_{12}O_6$，是葡萄糖的同分异构体。

1. 结构 果糖的结构也有开链式、氧环式和哈沃斯式。结合状态的果糖以五元环的形式存在；游离状态的果糖以六元环的形式存在。其哈沃斯式如下所示：

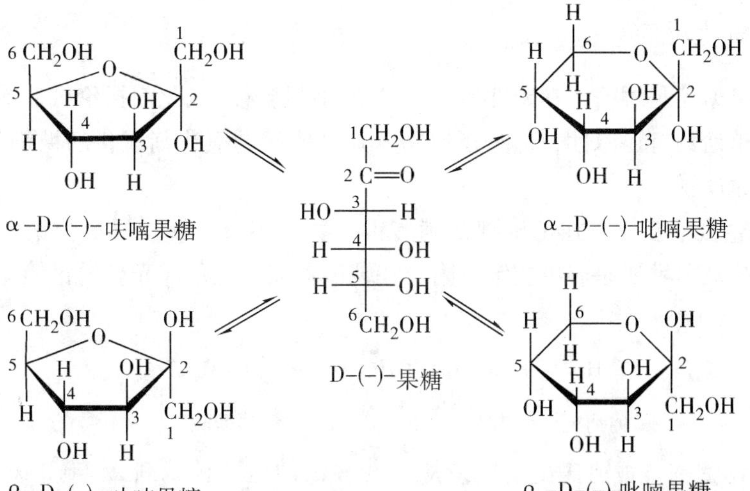

α-D-(-)-呋喃果糖　　α-D-(-)-吡喃果糖

β-D-(-)-呋喃果糖　　β-D-(-)-吡喃果糖

D-(-)-果糖

2. 用途 纯净的果糖是白色晶体。熔点为 103℃～105℃，易溶于水。果糖是天然糖中最甜的糖。常以游离态存在于蜂蜜和水果浆汁中，以结合状态存在于蔗糖中。植物中的多糖菊糖是由果糖组成的。

（二）核糖和脱氧核糖

D-核糖，分子式为 $C_5H_{10}O_5$，属于戊醛糖，是核糖核酸（RNA）的主要组成部分，出现在许多核苷和核苷酸以及其衍生物中。D-脱氧核糖，分子式为 $C_5H_{10}O_4$，也属于戊醛糖，是脱氧核糖核酸（DNA）的重要组成部分。

1. 结构　核糖和脱氧核糖的开链式结构、哈沃斯式结构分别如下：

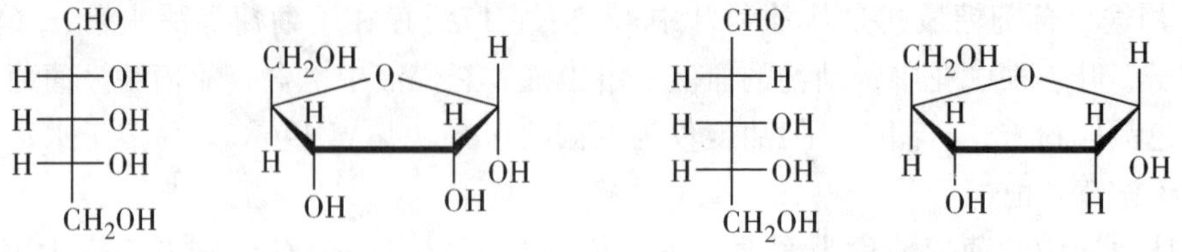

核糖　　　　　　　　　　　　　　　　脱氧核糖

2. 用途　核糖为片状结晶，熔点为 87℃，是核糖核酸（RNA）的重要组成部分，脱氧核糖是脱氧核糖核酸（DNA）的重要组成部分。RNA 参与蛋白质和酶的生物合成过程，DNA 是传送遗传密码的要素，它们是生命现象中非常重要的物质。

二、单糖的化学性质

单糖都是结晶性固体，具有吸湿性，易溶于水，难溶于乙醇等有机溶剂。单糖有甜味，不同的单糖甜度不同。单糖还具有旋光活性。

由于单糖的结构都是由多羟基醛或多羟基酮组成，因此具有醇羟基及羰基的性质。如具有醇羟基的成酯、成醚、成缩醛等反应和羰基的一些加成反应等，另外还有一些特殊的化学反应。单糖的主要化学性质如下：

（一）氧化反应

无论是醛糖还是酮糖，在碱性条件下，单糖都能被弱氧化剂托伦试剂或斐林试剂等氧化，说明单糖具有还原性，都是还原糖。凡是能被弱氧化剂氧化的糖都是还原性糖，否则为非还原性糖。

1. 与托伦试剂反应　托伦试剂是硝酸银的氨水溶液，其主要成分银氨配离子具有弱氧化性，能被单糖还原成单质银，附着在玻璃器皿壁上形成光亮的银镜，该反应称为银镜反应。

$$C_6H_{12}O_6 + Ag(NH_3)_2^+OH^- \longrightarrow C_6H_{12}O_7 + Ag\downarrow$$

葡萄糖　或果糖　　　　　　　　　　葡萄糖酸

2. 与斐林试剂（或班氏试剂）反应　斐林试剂是斐林试剂 A（0.1g/mL 氢氧化钠溶液 +0.2g/mL 酒石酸钾钠溶液）和试剂斐林 B（0.05g/mL 的硫酸铜溶液）的等体积混合液，斐林溶液必须现配现用。班氏试剂是斐林试剂的改良试剂，是由硫酸铜、柠檬酸钠和无水碳酸钠配制成的蓝色溶液，可以存放备用。

$$C_6H_{12}O_6 + Cu(OH)_2 \longrightarrow C_6H_{12}O_7 + Cu_2O\downarrow$$

葡萄糖　或果糖　　　　　　　　葡萄糖酸　砖红色沉淀

斐林试剂和班氏试剂的本质还是新配制的氢氧化铜，其中 Cu^{2+} 的配离子有弱氧化性，能与醛或醛糖（酮糖）反应生成砖红色的 Cu_2O 沉淀。在临床检验中，常用这一反应来检验尿液中的葡萄糖。

3. 与其他氧化剂反应 单糖还可被其他氧化剂氧化成不同的产物。例如，葡萄糖被硝酸氧化成葡萄糖二酸，从葡萄糖二酸可制取点豆腐用的葡萄糖酸内酯。葡萄糖能被溴水氧化成葡萄糖酸，而酮糖如果糖则不能被溴水氧化。因此可用溴水退色来区分醛糖和酮糖。

（二）成苷反应

由于葡萄糖分子中既含有醛基又含有羟基，两者之间会发生加成反应。醛基一般与第5位碳上的羟基发生反应生成环状的半缩醛结构。糖分子中的半缩醛羟基称为苷羟基。单糖环状结构中的苷羟基比较活泼，能够与另一分子糖或非糖中的羟基、氨基等脱水生成缩醛或缩酮，这种化合物称为糖苷（简称苷）。如葡萄糖与甲醇在干燥的 HCl 催化作用下，脱去一分子水生成葡萄糖甲苷。

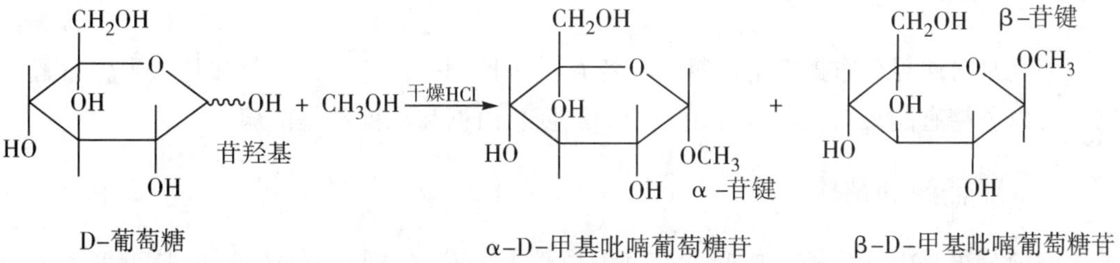

D-葡萄糖　　　α-D-甲基吡喃葡萄糖苷　　　β-D-甲基吡喃葡萄糖苷

糖苷是由糖和非糖部分通过苷键连接而成的一类化合物。糖的部分称为糖苷基，非糖部分称为配糖基，糖苷基和配糖基之间由氧原子连接而成的键称为糖苷键（或苷键）。由于糖苷分子中已没有苷羟基，所以糖苷不再具有还原性。

糖苷广泛存在于植物体中，大多数具有生物活性，是许多中药的有效成分之一。皂苷是一类特殊的糖苷，人参、远志、桔梗、甘草、知母和柴胡等中药的主要有效成分都含有皂苷。

（三）成酯反应

单糖分子中有多个羟基，因此可以和羧酸或含氧酸发生反应生成酯。例如人体内的葡萄糖在酶的催化作用下可与磷酸发生酯化反应，生成葡萄糖-1-磷酸酯、葡萄糖-6-磷酸酯或葡萄糖-1,6-二磷酸酯，它们是糖代谢的中间产物，在生命过程中具有重要作用。

（四）颜色反应

1. 莫立许反应 在糖的水溶液中加入 α-萘酚的醇溶液，然后沿着试管壁再缓慢加入浓硫酸，不得振荡试管，密度较大的浓硫酸沉到管底，在浓硫酸和糖溶液的交界处很快出现紫色环，这就是莫立许反应。所有糖及糖苷都能发生此反应，而且反应很灵敏，常用于糖类物质的鉴定。

2. 塞利凡诺夫试验 塞利凡诺夫试剂是间苯二酚的盐酸溶液。在酮糖（游离的酮糖如果糖或含有酮糖的双糖如蔗糖）溶液中，加入塞利凡诺夫试剂，灯焰加热，很快会出现鲜红色。在同样条件下，醛糖出现淡红色比较缓慢，从而用以鉴别醛糖和酮糖。

第二节　双　　糖

双糖是重要的低聚糖，它是由两分子单糖脱水缩合生成的化合物。形成双糖的两分子单糖可以相同，也可以不同。从结构上看，双糖是一种特殊的糖苷，连接两个单糖的苷键可以是一分子单糖的苷羟基与另一分子单糖的醇羟基脱水，也可以是两分子单糖都用苷羟基脱水而成，双糖分子中是否还保留有苷羟基，在其性质上有很大差别。

双糖广泛存在于自然界，具有甜味，常见的双糖有蔗糖、麦芽糖和乳糖，三者的分子式均为 $C_{12}H_{22}O_{11}$，它们互为同分异构体。

一、蔗糖

蔗糖是自然界分布最广的双糖，广泛存在于植物中，尤其在甜菜和甘蔗中含量最丰富，所以蔗糖有甜菜糖之称。食用糖中的红糖、白糖和冰糖都是蔗糖。

（一）蔗糖的结构

蔗糖分子是由一分子α-吡喃葡萄糖 1 位碳上的苷羟基与一分子 β-呋喃果糖 2 位碳上的苷羟基脱去一分子水缩合而成的糖苷。葡萄糖与果糖之间是通过α-1,2 苷键相结合的。蔗糖分子中不存在游离的苷羟基，蔗糖既可看作是葡萄糖苷，又可看作是果糖苷。蔗糖分子的立体结构为：

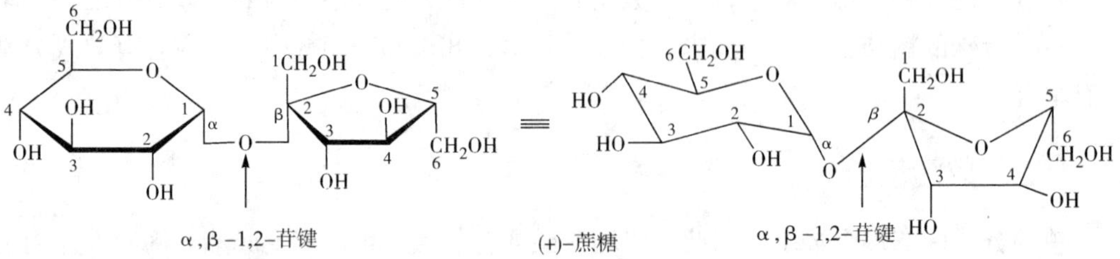

α,β-1,2-苷键　　　　　(+)-蔗糖　　　　　α,β-1,2-苷键

（二）蔗糖的性质

纯净的蔗糖为白色晶体，熔点 168℃～186℃（分解），易溶于水，甜度仅次于果糖。蔗糖比其他的双糖易水解，在酸或酶的作用下，水解生成一分子葡萄糖和一分子果糖。由于水解前后溶液旋光度会发生（由右旋变为左旋）改变，所以蔗糖的水解产物叫做转化糖，转化糖具有还原糖的一切性质。

由于蔗糖分子结构中不存在游离的苷羟基，因此没有还原性，是非还原性二糖，不能与托伦试剂、班氏试剂作用，也不能发生成苷反应。蔗糖在医药上用作矫味剂，制成糖浆使用。蔗糖加热生成褐色焦糖，在饮料（如可乐饮料）和食品（如酱油）中用作着色剂。蔗糖高浓度时能抑制细菌生长，因此可用作医药上的防腐剂和抗氧剂。

二、麦芽糖

麦芽糖因存在于麦芽中而得名。它是淀粉在淀粉酶作用下水解的产物。在人体中，麦芽糖是淀粉水解的中间产物。淀粉在稀酸中部分水解时，也可得到麦芽糖。

（一）麦芽糖的结构

麦芽糖分子是由一分子α-吡喃葡萄糖的苷羟基与另一分子吡喃葡萄糖中4位碳上的醇羟基间脱去一分子水缩合而成的糖苷。两分子葡萄糖之间通过α-1,4苷键相结合，分子中还保留了1个苷羟基。麦芽糖分子的立体结构为：

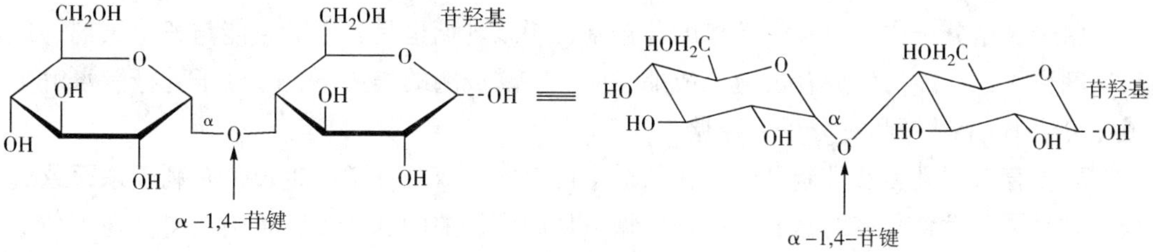

(+)-麦芽糖

（二）麦芽糖的性质

纯净的麦芽糖为白色晶体。熔点102℃～103℃，易溶于水，有甜味，甜度约为蔗糖的70%。由于麦芽糖分子中仍有1个游离的苷羟基，所以麦芽糖是还原糖。能与托伦试剂、班氏试剂作用，也能发生成苷反应和成酯反应。麦芽糖是淀粉水解的中间产物。在酸或酶的作用下，一分子麦芽糖能水解生成两分子葡萄糖。麦芽糖是饴糖的主要成分，可用来制作糖果并用作细菌的培养基。

三、乳糖

乳糖因存在于哺乳动物的乳汁中而得名。在牛乳中含乳糖为4%～5%，在人乳中含乳糖7%～8%，牛奶变酸是因为其中所含乳糖变成了乳酸的缘故。乳糖常用于食品和医药工业。

（一）乳糖的结构

乳糖分子是由一分子β-吡喃半乳糖1位碳上的苷羟基与另一分子吡喃葡萄糖4位碳上的醇羟基间脱去一分子水缩合而成的糖苷。半乳糖和葡萄糖之间通过β-1,4-苷键相结合，分子中还保留了1个苷羟基。乳糖分子的立体结构为：

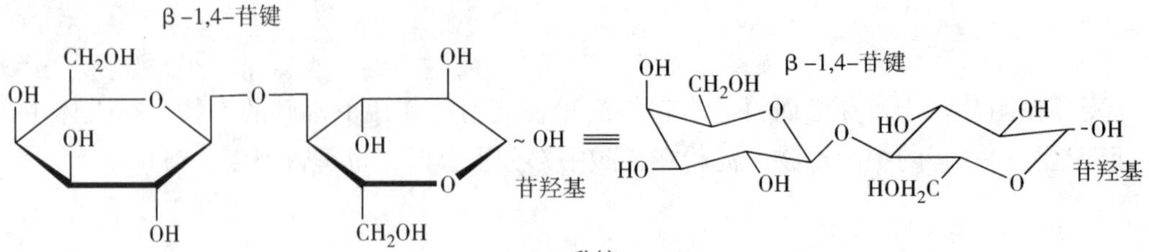

β-1,4-苷键

(+)-乳糖

（二）乳糖的性质

纯净的乳糖为白色粉末，没有吸湿性，在水中溶解度小，味不甚甜。

由于乳糖分子中仍有一个游离的苷羟基，所以乳糖也是还原糖。能与托伦试剂、班氏试剂作用，也能发生成苷反应和成酯反应。在酸或酶的作用下，一分子乳糖能水解生成一分子 β-半乳糖和一分子葡萄糖。

乳糖存在于乳类及乳制品中，在肠道中可以促进双歧杆菌的生长，有利于杀灭致病菌。它是婴儿发育必需的营养物质，乳糖可从制取奶酪的副产品乳清中获得。在医药上乳糖用作片剂、散剂的矫味剂和填充剂。

第三节 多 糖

多糖是由许多个单糖分子相互脱水缩合，通过苷键连接而成的化合物，相对分子质量数很大，属于天然高分子化合物。由相同的单糖组成的多糖称为均多糖，例如淀粉、糖原和纤维素等，它们都是由葡萄糖缩合而成的，可用通式 $(C_6H_{10}O_5)_n$ 表示。由不同的单糖缩合而成的多糖称为杂多糖，例如阿拉伯胶是由半乳糖和阿拉伯糖组成的。

多糖广泛存在于动物和植物体内。如淀粉、糖原作为能量储存在生物体内。植物的纤维素和动物的甲壳素，构成植物和动物的骨架。还有一些多糖，如黏多糖、血型物质等，具有复杂多样的生理功能，在生物体内起着重要的作用。

多糖与单糖、双糖不同，无甜味，一般为无定形粉末，大多不溶于水，少数能与水形成胶体溶液。在酸或酶的作用下，多糖可以逐步水解，最终产物为单糖。其中与人关系最密切的多糖是淀粉、糖原和纤维素。

一、淀粉

淀粉是绿色植物进行光合作用的产物，是植物储存营养物质的一种形式。广泛存在于植物的块根和种子中。例如，大米含淀粉约为 80%，小麦含淀粉约 70%，马铃薯含淀粉约 20%。在所有多糖中，淀粉是唯一的以颗粒形式存在的多糖类物质，淀粉粒结构很紧密，因此在冷水中不溶，在热水中可溶胀。

（一）淀粉的结构

淀粉是多糖，属于天然有机高分子化合物，相对分子质量较大，从几万到几十万。

淀粉的组成单元是α-D-葡萄糖，可用通式（$C_6H_{10}O_5$）$_n$表示。淀粉是无嗅、无味的白色粉状物，根据结构不同，淀粉可分为直链淀粉和支链淀粉。两者在淀粉中的比例随植物的品种而异，一般淀粉中含直链淀粉10%～20%，含支链淀粉80%～90%。玉米淀粉中直链淀粉占27%，其余为支链淀粉；而糯米主要是支链淀粉。有些豆类淀粉全是直链淀粉，直链淀粉比支链淀粉容易消化。

直链淀粉是一种没有或很少分支的长链多糖，其分子由100～1000个（一般为250～300个）α-D-葡萄糖单元组成。支链淀粉的相对分子质量比直链淀粉大，由1000个（一般平均6000个）以上的α-D-葡萄糖单元组成。在支链淀粉分子中的葡萄糖除了像直链淀粉连接成长链外，还能每隔6～7个葡萄糖单位形成一个支链结构。

淀粉的结构如图11-1所示。

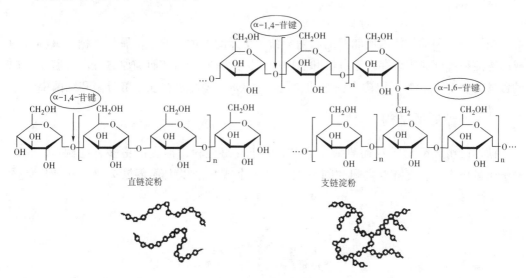

图 11-1　淀粉的结构

（二）淀粉的性质

淀粉用水处理后，得到的可溶解部分为直链淀粉，不溶而膨胀的部分为支链淀粉。直链淀粉又称可溶性淀粉，溶于热水后呈胶体溶液，与碘作用显深蓝色；支链淀粉又称胶体淀粉，溶于冷水，在热水中膨胀成糨糊状，与碘作用显蓝紫色。

实验证明：直链淀粉不是完全伸直的，其糖链卷曲盘绕成螺旋状。

螺旋状空穴正好与碘的直径相匹配，允许碘分子进入空穴中，形成包合物而显色。详见图11-2。淀粉-碘包合物为深蓝色，加热可解除吸附使蓝色退去，冷却后蓝色重现。

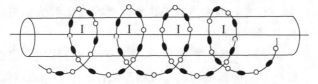

图 11-2　碘-淀粉包合物结构

淀粉在酸或酶的作用下能水解。淀粉进入人体后，一部分淀粉受唾液所含淀粉酶的催化作用，发生水解反应，生成麦芽糖；余下的淀粉在小肠中淀粉酶的作用下，继续水解，生成麦芽糖。麦芽糖在肠液中麦芽糖酶的催化下，水解为人体可吸收的葡萄糖。淀粉在人体内的水解过程表示如下：

$$(C_6H_{10}O_5)_n \longrightarrow (C_6H_{10}O_5)_m \longrightarrow C_{12}H_{22}O_{11} \longrightarrow C_6H_{12}O_6$$
$$\text{淀粉} \qquad\qquad \text{糊精} \qquad\qquad \text{麦芽糖} \qquad\qquad \text{葡萄糖}$$

淀粉是人类最重要的食物之一，也是酿酒、制醋和制造葡萄糖的原料，在制药上常用作赋形剂。食品工业中根据不同的水解程度可以得到不同的产品，如麦芽糖浆、葡萄糖、糊精等。常用的甜味剂果葡糖浆就是以淀粉为原料，通过水解及异物化反应得到。

二、糖原

糖原是人和动物体内所储存的以葡萄糖为单元的一种多糖，也属均多糖，又称肝糖或动物淀粉。糖原主要存在于肝脏和肌肉中，因此有肝糖原和肌糖原之分。肝脏中糖原的含量为 10% ~ 20%，肌肉中糖原的含量约为 4%。糖原也存在于酵母菌和细菌中。

（一）糖原的结构

糖原的组成单元是 α-葡萄糖，结构类似于支链淀粉，但支链更多、更稠密，相对分子质量更大，各支链点之间的间隔大约是 5 个或 5 个以上葡萄糖单元。其结构如图 11-3 所示：

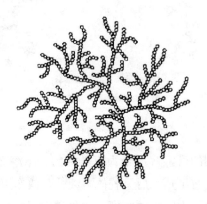

图 11-3　糖原结构示意图

（二）糖原的性质

糖原是无定形粉末，不溶于冷水，溶于热水成透明胶体溶液，与碘作用显红棕色。糖原水解的最终产物是 D-葡萄糖。

糖原在人体代谢中对维持人体血糖浓度有着重要的调节作用。当血糖浓度增高时，在胰岛素的作用下，肝把多余的葡萄糖转变成糖原储存起来；当血糖浓度降低时，在体内胰高血糖素的作用下，肝糖原则分解为葡萄糖进入血液，以保持血糖浓度正常。肌糖原在剧烈运动时，通过无氧氧化转变成乳酸而释放出能量以供需求。

三、纤维素

纤维素是自然界含量最多、分布最广的一种多糖，是绿色植物通过光合作用生成的，它是构成植物细胞壁的主要成分，也是植物体的支撑物质。木材中含纤维素50%～70%，棉花中含量高达90%以上，脱脂棉和滤纸几乎是纯的纤维素制品。

（一）纤维素的结构

纤维素的组成单元是 β-D-葡萄糖，它是均多糖，通式用 $(C_6H_{10}O_5)_n$ 表示。其相对分子质量很大，结构与直链淀粉相似，它可以看作是 β-D-葡萄糖脱水缩合生成的高分子化合物。一般认为纤维素分子由 8000 个左右的葡萄糖单位构成。

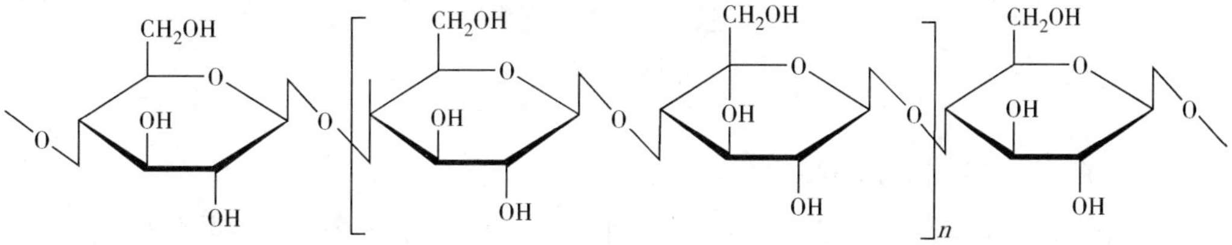

（二）纤维素的性质

纤维素是白色固体，韧性强，没有气味和味道，呈纤维状结构的物质，属于天然有机高分子化合物。一般不溶于水和有机溶剂，但在一定条件下，某些酸、碱和盐的水溶液可使纤维素产生无限溶胀、溶解。如能溶于浓硫酸和二氧化硫的氢氧化钠溶液中。

纤维素比淀粉难水解，需要在高温高压下与无机酸共热，才能水解成 β-D-葡萄糖。牛、马、羊等食草动物的体内能分泌纤维素水解酶，能将纤维素水解成葡萄糖，所以纤维素可作为食草动物的饲料。

纤维素的用途很广，用于制造纸张、纺织品、火棉胶、电影胶片、羧甲基纤维素等。医用脱脂棉和纱布是临床上的必需品。值得一提的是，竹纤维是从自然生长的竹子中提取出的一种纤维素，是继棉、麻、毛、丝之后的第五大天然纤维。竹纤维具有良好的透气性、瞬间吸水性、较强的耐磨性和良好的染色性等特性，同时又具有天然抗菌、抑菌、除螨、防臭和抗紫外线功能。

总之，糖在人类生命活动过程中起着非常重要的作用，糖的主要功能是提供热能。每克葡萄糖在人体内氧化可产生 16.7kJ（4kcal）能量，人体所需能量的70%的由糖类提供。此外，糖类还是构成细胞组织、保护肝脏功能的重要物质。例如：每天食物中多半是淀粉类，临床上葡萄糖用于输液补充血糖，淀粉是片剂生产中的赋形剂，右旋糖酐一直可作为病人的血浆代用品等。更为重要的是，绝大多数中药有效成分往往与糖结合成糖苷存在。

知识拓展

糖的营养功能

碳水化合物是生命体细胞结构的主要成分及主要供能物质，并且有调节细胞活性的重要功能。机体中碳水化合物的存在形式主要有三种，葡萄糖、糖原和含糖的复合物。碳水化合物的生理功能与其摄入食物的碳水化合物种类和在机体内存在的形式有关。膳食中的碳水化合物是人类获取能量的最经济和最主要的来源。碳水化合物是构成机体组织的重要物质，并参与细胞的组成和多种活动。

本 章 小 结

1. 单糖

（1）单糖的结构：多羟基醛或多羟基酮。

（2）单糖的性质：主要化学性质有还原性、成苷反应、成酯反应、颜色反应。

（3）重要的单糖：葡萄糖、果糖、核糖、脱氧核糖。

2. 双糖

（1）双糖的结构：为2分子单糖脱去1分子水后的脱水缩合物，可分为还原性双糖和非还原性双糖。

（2）重要的双糖：①蔗糖：无苷羟基、无还原性、能水解（水解产物为1分子葡萄糖和1分子果糖）。②麦芽糖：有苷羟基、具有还原性、能水解（水解产物为2分子葡萄糖）。③乳糖：有苷羟基、具有还原性、能水解（水解产物为1分子葡萄糖和1分子半乳糖）。

3. 多糖

（1）多糖的结构：许多个单糖分子间脱水缩合而成的天然高分子化合物。

（2）重要的多糖：①淀粉：非还原性糖。无还原性，能水解（水解最终产物为 α-葡萄糖）、遇碘显蓝紫色。②糖原：非还原性糖。无还原性，能水解（水解最终产物为 α-葡萄糖）、遇碘显红棕色。③纤维素：非还原性糖。无还原性，能水解（水解最终产物为 β-葡萄糖）。

目 标 检 测

一、单项选择题

1. 下列对糖类的叙述正确的是（　　　）

    A. 都可以水解

    B. 都符合 $C_m(H_2O)_n$ 的通式

    C. 都含有 C、H、O 三种元素

    D. 都有甜味

2. 下列说法不正确的是( )

    A. 糖类物质是绿色植物光合作用的产物，是动植物所需能量的来源

    B. 葡萄糖可用于医疗输液

    C. 蔗糖主要存在于甘蔗和甜菜中

    D. 纤维素对人体来说，可有可无

3. 葡萄糖是单糖的主要原因是( )

    A. 在糖类物质中含碳原子最少   B. 不能水解成更简单的糖

    C. 分子中有一个醛基   D. 分子结构最简单

4. 下列物质中，不属于糖类的是( )

    A. 脂肪   B. 葡萄糖   C. 纤维素   D. 淀粉

5. 单糖不能发生的化学反应是( )

    A. 银镜反应   B. 水解反应   C. 成苷反应   D. 酯化反应

6. 下列糖中，人体消化酶不能消化的是( )

    A. 纤维素   B. 糖原   C. 淀粉   D. 葡萄糖

7. 下列糖中最甜的糖是( )

    A. 葡萄糖   B. 果糖   C. 蔗糖   D. 核糖

8. 与葡萄糖互为同分异构体的酮糖是( )

    A. 果糖   B. 乳糖   C. 核糖   D. 脱氧核糖

9. 临床上用于检验糖尿病患者尿液中葡萄糖的试剂是( )

    A. 托伦试剂   B. 班氏试剂   C. Cu_2O D. CuO

10. 淀粉与碘显( )

    A. 红棕色   B. 褐色   C. 蓝色   D. 黄色

二、填空题

1. 从化学结构上看，糖是_____、_____或它们的脱水缩合物。

2. 根据水解情况，糖可分为_____糖、_____糖和_____糖三类。

3. 血液中的_____称为血糖，正常人的血糖含量范围为_____mmol/L。临床上常用试剂_____来检查尿液中的葡萄糖。

4. 常见的双糖有_____、_____、_____。

5. 构成淀粉的结构单元是_____，淀粉可用通式_____表示。

三、利用化学性质鉴别下列物质

1. 葡萄糖与果糖   2. 纤维素与淀粉

四、简答题

1. 糖类的分类根据是什么？分为哪几类？

2. 淀粉是没有甜味的糖，为什么吃饭的时候，能感觉到米饭的甜味？

第十二章　脂　类

1. 掌握油脂的结构及性质。
2. 熟悉皂化反应及油脂在生活中的应用。
3. 了解甾族化合物的基本结构及重要甾族化合物在医学上的应用。

脂类是广泛存在于生物体内具有重要生理功能的一类有机物，其种类繁多，如油脂、磷脂、糖脂、甾醇类及前列腺素类等都是脂类。它们的结构和化学成分虽有很大差异，但都有一个共同的特性，即不溶于水而易溶于有机溶剂。脂类、糖、蛋白质为构成有机体的三大营养物质。脂类中的油脂能在人体内氧化产生大量热能（1g 油脂完全氧化时可产生 $3.891 \times 10^4 J$ 的热能），是机体重要的能量物质；油脂能溶解许多脂溶性物质，能促进机体对脂溶性维生素 A、D、E、K 和胡萝卜素等的吸收；脂类中的磷脂是形成脂蛋白、生物膜的主要成分；脂类中的甾族化合物则是人体各种甾体激素及维生素 D 的合成原料，对生物体代谢调节、生长控制具有重要作用。

本章主要学习油脂和类脂化合物。

第一节　油　脂

油脂是油和脂肪的总称。常温下呈固态或半固态的油脂称为脂肪，通常来源于动物，如猪脂、牛脂、羊脂（习惯也称为猪油、牛油、羊油）。常温下呈液态的油脂称为油，通常来源于植物体，如花生油、芝麻油、蓖麻油、棉籽油、豆油等。

一、油脂的构成

自然界中的油脂是多种物质的混合物，主要成分是一分子甘油与三分子高级脂肪酸脱水形成的酯，称为甘油三酯。其中，油是不饱和高级脂肪酸甘油酯，脂肪是饱和高级脂肪酸甘油酯，都是高级脂肪酸甘油酯，是一种有机物。

$$\begin{array}{l} CH_2-O\overset{\displaystyle O}{\overset{\|}{C}}-R' \\ CH-O\overset{\displaystyle O}{\overset{\|}{C}}-R'' \\ CH_2-O\overset{\displaystyle O}{\overset{\|}{C}}-R''' \end{array} \qquad \begin{array}{l} CH_2-O\overset{\displaystyle O}{\overset{\|}{C}}(CH_2)_{16}CH_3 \\ CH-O\overset{\displaystyle O}{\overset{\|}{C}}(CH_2)_{16}CH_3 \\ CH_2-O\overset{\displaystyle O}{\overset{\|}{C}}(CH)_{16}CH_3 \end{array} \qquad \begin{array}{l} \alpha\ CH_2-O\overset{\displaystyle O}{\overset{\|}{C}}(CH_2)_{16}CH_3 \\ \beta\ CH-O\overset{\displaystyle O}{\overset{\|}{C}}(CH_2)_{14}CH_3 \\ \alpha'\ CH_2-O\overset{\displaystyle O}{\overset{\|}{C}}(CH_2)_7CH=CH(CH_2)_7CH_3 \end{array}$$

R、R'、R" 可相同,也可不同　　三硬脂酰甘油(或三硬脂酸甘油酯)　　α-硬脂酰-β-软脂酰-α'油酰甘油

　　其中 R、R'、R"代表高级脂肪酸的烃基。如果 3 个脂酰基是相同的，这种甘油酯属于单甘油酯。如果 3 个脂酰基不同，则这种甘油酯属于混甘油酯。由于油脂是混合物，因此无固定的熔沸点。油脂是人类的主要营养物质，也是一种重要的工业原料。油脂在消化道水解成甘油和脂肪酸，经小肠吸收进入血液，成为构成人体组织及能量代谢的原始材料。

　　油脂中的脂肪酸分为饱和高级脂肪酸和不饱和高级脂肪酸，种类很多，大多数是含有偶数碳原子的直链高级脂肪酸，其中含 16 和 18 个碳原子的高级脂肪酸最为常见。油脂组成中饱和与不饱和脂肪酸含量的多少，对油脂的熔点有相当大的影响。一般来讲，脂肪中含高级饱和脂肪酸甘油酯较多，油中含高级不饱和脂肪酸甘油酯较多。如：奶油属于脂肪，它是由 60% ~70% 饱和脂肪酸与 30% ~40% 不饱和脂肪酸组成的混合甘油酯；棉籽油属于油，它是由大约 75% 不饱和脂肪酸与 25% 饱和脂肪酸组成的混合甘油酯。

　　油脂中常见的重要脂肪酸见表 12-1。

表 12-1　常见油脂中重要的高级脂肪酸

类别	名称	结构简式	熔点（℃）
饱和脂肪酸	月桂酸(十二酸)	$CH_3(CH_2)_{10}COOH$	44
	软脂酸(十六酸)	$CH_3(CH_2)_{14}COOH$	58
	硬脂酸(十八酸)	$CH_3(CH_2)_{16}COOH$	71.2
	花生酸（二十酸）	$CH_3(CH_2)_{18}COOH$	77
不饱和脂肪酸	棕榈油酸（9-十六碳烯酸）	$CH_3(CH_2)_5CH=CH(CH_2)_7COOH$	0.5
	油酸(9-十八碳烯酸)	$CH_3(CH_2)_7CH=CH(CH_2)_7COOH$	16.3
	*亚油酸(9,12-十八碳二烯酸)	$CH_3(CH_2)_4(CH=CHCH_2)_2(CH_2)_7COOH$	-5
	*亚麻酸(9,12,15-十八碳三烯酸)	$CH_3(CH_2CH=CH)_3(CH_2)_7COOH$	-11.3
	*花生四烯酸(5,8,11,14-二十碳四烯酸)	$CH_3(CH_2)_4(CH=CHCH_2)_4(CH_2)_2COOH$	-49.5

　　注：*为必需脂肪酸。

　　多数脂肪酸人体都能够自行合成，只有亚油酸、亚麻酸、花生四烯酸等在体内不能合成，必须由食物供给，称上述 3 种脂肪酸为必需脂肪酸。

二、油脂的性质与用途

(一) 物理性质

纯净的油脂是无色、无臭、无味呈中性的物质。但一般油脂，尤其是植物油脂，常有颜色和气味，这是因为天然油脂中往往混有维生素和色素等物质。油脂的密度一般都为 $0.9 \sim 0.95 g/cm^3$，比水轻。难溶于水而易溶于乙醚、汽油、氯仿、四氯化碳和石油醚等有机溶剂中。利用这一性质可提取动植物组织中的油脂。油脂黏度比较大，触摸时有明显的油腻感。由于天然油脂是混合物，所以没有恒定的熔点和沸点。

(二) 化学性质

从结构看，油脂是脂肪酸的甘油酯，因此具有酯的特性，能发生酯的典型反应，如水解反应等。此外，构成各种油脂的脂肪酸不同程度都含有碳碳双键，因此还能发生加成反应、氧化反应等。

1. 油脂的水解　油脂和其他酯类一样，在酸、碱或酶等催化剂的作用下，可以发生水解反应。1 分子油脂完全水解后可生成 1 分子甘油和 3 分子高级脂肪酸。

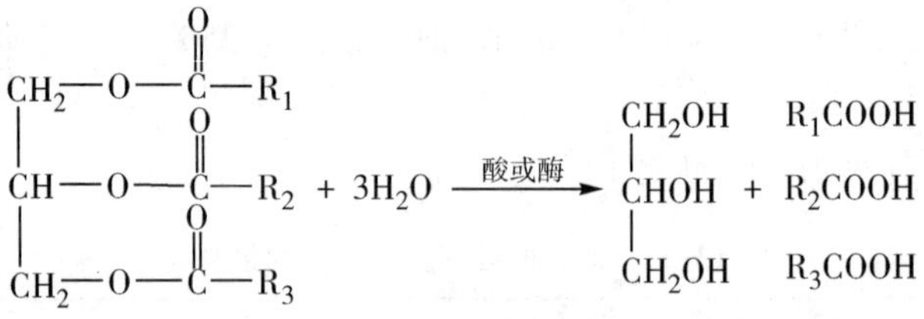

油脂（三酰甘油）　　　甘油　脂肪酸

油脂在不完全水解时，可生成脂肪酸、二酰甘油或单酰甘油。油脂水解生成的甘油、脂肪酸、二酰甘油或单酰甘油在体内均可被吸收。

油脂在碱性（如 NaOH 或 KOH）溶液中加热水解生成甘油和高级脂肪酸盐。这种高级脂肪酸盐通常就是肥皂，所以油脂在碱性溶液中的水解反应又称为皂化反应。

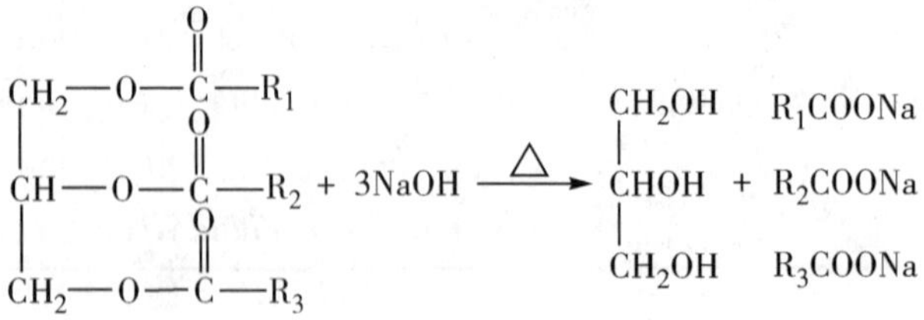

硬脂酸甘油酯　　　　　甘油　硬脂酸钠（肥皂）

工业上把 1g 油脂完全皂化所需要的氢氧化钾的质量（单位 mg），称为油脂的皂化值。皂化值是衡量油脂质量的指标。皂化值与油脂的平均相对分子质量成反比，皂化值越大，油脂的平均相对分子质量越小；皂化值越小，油脂的平均相对分子质量越大。

2. 加成反应　在含不饱和脂肪酸的油脂中，因其中的不饱和脂肪酸含有碳碳双键，故能在一定条件下与氢气或卤素发生加成反应。

（1）**加氢反应**　在油脂分子中如含有较多的低级脂肪酸和不饱和高级脂肪酸成分，这种油脂在常温下一般呈液态。液态油通过加氢，可以变成固体脂。因此，把含不饱和脂肪酸多的油脂通过完全或部分加氢变成饱和脂肪酸油脂或含饱和脂肪酸较多的油脂的过程，称为油脂的氢化，也称油脂的硬化。如：油酸甘油三酯催化加氢能生成硬脂酸甘油三酯，反应式为：

$$
\begin{array}{l}
CH_2OOCC_{17}H_{33} \\
| \\
CHOOCC_{17}H_{33} \\
| \\
CH_2OOCC_{17}H_{33}
\end{array}
+ 3H_2 \xrightarrow[\triangle]{催化剂}
\begin{array}{l}
CH_2OOCC_{17}H_{33} \\
| \\
CHOOCC_{17}H_{35} \\
| \\
CH_2OOCC_{17}H_{35}
\end{array}
$$

三油酸甘油酯（油）　　　　　　三硬脂酸甘油酯（脂肪）

通过油脂的氢化制得的油脂称为人造脂肪，也称为硬化油。工业上常通过油脂的氢化反应把多种植物油转化变成硬化油。硬化油性质稳定，不易酸败，便于储存和运输，可用于工业制造肥皂、脂肪酸、甘油、人造奶油的原料。人造黄油的主要成分就是氢化的植物油。

（2）**加碘反应**　利用油脂与碘的加成，可判断油脂的不饱和程度。通常在标准状况下，把100g油脂所能吸收的碘的质量（g）数，称为油脂的碘值（iodine value）。碘值也是衡量食用油脂质量的一个指标，碘值越大，表示油脂的不饱和程度越大；碘值越小，表示油脂的不饱和程度越小。

3. 油脂的酸败　油脂在空气中放置时间过长，容易氧化变质，颜色逐渐加深并且产生一种难闻的气味（俗称哈喇味），这种现象称为油脂的酸败（也称油脂的变质）。

酸败是一种复杂的化学变化过程，其实质是油脂受光、热、水、空气中的氧、微生物（酶）的作用，一方面油脂中不饱和脂肪酸的碳碳双键被氧化生成过氧化物，这些过氧化物再经分解作用生成有臭味的小分子醛、酮和羧酸等化合物。另一方面油脂被水解成甘油和游离的高级脂肪酸，后者在微生物的作用下可进一步发生氧化、分解等反应生成小分子化合物。

为防止油脂的酸败，油脂应贮存于干燥、避光的密封容器中，放置在阴凉处，也可添加少量适当的抗氧化剂（如维生素E等），如油炸食品在空气中容易氧化变质，因此包装时常放入一小包抗氧化剂延长保质期。

油脂酸败后有游离脂肪酸产生，中和1g油脂中的游离脂肪酸所需氢氧化钾的质量数（以mg计），称为油脂的酸值。酸值大说明油脂中游离脂肪酸的含量较高，即酸败程度较严重。酸败的油脂有毒性和刺激性，一般情况下酸值大于6的油脂不宜食用。一些常见油脂的皂化值、碘值和酸值见表12-2。

表12-2　一些常见油脂的皂化值、碘值和酸值

油脂名称	皂化值	碘值	酸值
猪　油	193 ~ 200	46 ~ 66	1.56
蓖麻油	176 ~ 187	81 ~ 90	0.12 ~ 0.8

续表

油脂名称	皂化值	碘值	酸值
花生油	185～195	83～93	
菜籽油	170～180	92～109	2.4
棉籽油	191～196	103～115	0.6～0.9
豆　油	189～194	124～136	
亚麻油	189～196	170～204	1～3.5
桐　油	190～197	160～180	

4. 油脂的干化　某些油脂（如桐油、亚麻油等）在空气中放置时间久了，就会生成一层干燥而具有韧性的薄膜，这种现象称为油脂干化。

具有干化性质的油脂称为干性油，干性的好坏是以形成干燥薄膜的速率与薄膜的韧性来衡量的，形成速率快，薄膜的韧性大，油脂的干性好。油脂的干化在油漆工业中有重要的意义。电动机线圈的铜丝表面就有一层早先用桐油刷成的干化绝缘膜。

根据各种油干化程度的不同，可以将油脂分为干性油（桐油、亚麻油）、半干性油（向日葵油、棉籽油）及不干性油（花生油、蓖麻油）三类，经碘值分析：干性油碘值大于 130；半干性油碘值为 100～130；不干性油碘值小于 100。

5. 油脂的乳化　油和脂肪都比水轻，且难溶于水，与水混合形成一种不稳定的乳浊液，放置一段时间，小油滴经过互相碰撞，又会聚集成大油滴，很快分离为油脂层和水层。要得到比较稳定的乳浊液，必须加入适量的乳化剂，如肥皂、胆汁酸盐等。

乳化剂是能使乳浊液稳定存在的物质。乳化剂分子通常由两部分组成，一部分称亲油基，另一部分称亲水基。如：肥皂（$C_{17}H_{35}COONa$）分子中的"—COONa"为亲水基，"—$C_{17}H_{35}$"为亲油基，当乳化剂与油滴和水接触时，乳化剂的亲水基伸向水中，亲油基伸向油中，使油滴的表面形成一层乳化剂分子的保护膜，防止小油滴互相碰撞而聚合，从而形成比较稳定的乳浊液。这种利用乳化剂使油脂形成比较稳定的乳浊液的作用，称为油脂的乳化。

人体内的胆汁酸盐就是一种乳化剂。油脂在人体的小肠内经胆汁酸盐乳化为微粒，并稳定地分散于消化液中，从而增大了油脂与脂肪酶的接触面积，利于油脂的水解，以利于脂肪的消化吸收。

【演示实验12-1】取两支试管，分别加入 1mL 植物油，在第一支试管加入 1mL 水，第二支试管加入 1mL 肥皂水，振荡，观察现象并解释原因。

实验结果：植物油加水，振荡后静置，发现溶液迅速分层，说明植物油不溶于水。植物油加肥皂水，振荡，发现溶液不分层，说明植物油溶于肥皂水。

实验证明：肥皂水具有乳化作用，可与油脂形成比较稳定的乳浊液。

（三）油脂的功用

油脂的主要生理功能是贮存和供应热能，在代谢中可提供的能量比糖类和蛋白质约高一倍。1g 油脂在体内完全氧化时，大约可以产生 39.8kJ 的热能。在饥饿或禁食时，脂肪氧化分解为机体提供能量，成为机体所需能量的主要来源。油脂可以保护内脏器官，内脏器官周围的脂肪组织可对外界的撞击起到缓冲和保护作用，使内脏免受外力损伤；分布于皮下的脂肪组织可以防止热量散失而保持体温；油脂还与多种激素的生成和神经介质的传递以及维生素的吸收、代谢等密切相关。油脂在医药工业也有广泛应用，如蓖麻油一般用作泻剂，麻油则用作膏药基质的原料，实验证明麻油熬炼时泡沫较少，制成的膏药外观光亮，且麻油药性清凉，有消炎、镇痛等作用。

油脂除食用外，还用于肥皂生产和油漆制造等工业中。

知识拓展

多不饱和脂肪酸的营养保健作用

医学研究证实，长期食用低碘值的油脂，易引起动脉血管硬化，老人更应多食用一些碘值较高的植物油，例如大豆油、橄榄油、棉籽油、鱼油以及芝麻油和坚果等富含亚油酸和亚麻酸的植物油。花生四烯酸是合成体内重要活性物质的原料，可从花生油中摄取。近年来，人们从海洋鱼类及甲壳类动物体内分离出的二十碳五烯酸（EPA）和二十二碳六烯酸（DHA），均具有显著的降血脂、抗动脉硬化、预防血栓形成的作用，是人类大脑的健康卫士，是大脑组织所需的营养物质，被称为"脑黄金"。

第二节　类　　脂

类脂是存在于生物体组织成分中性质类似于油脂的一类有机物，它们在动、植物界分布较广，种类也较多。类脂是构成人体组织器官的重要成分，它们在细胞内与蛋白质结合形成脂蛋白，构成细胞的各种膜，在生物的生命活动中有重要作用。重要的类脂有磷脂和甾醇。

一、磷脂

（一）磷脂的分类和结构

磷脂是一类含磷的脂类，是构成细胞膜的重要组成成分，主要存在于脑、神经组织、骨髓、心脏、肝脏、肾脏等器官中，蛋黄、植物种子、根茎及胚芽中也都含有丰富的磷脂。

重要的磷脂有卵磷脂（磷脂酰胆碱）和脑磷脂（磷脂酰胆胺）。磷脂的结构和油脂相似，但组成更为复杂。磷脂水解后除生成甘油和脂肪酸外，还有磷酸和含氮有机碱等产物。

（二）重要的磷脂

1. 卵磷脂　为白色蜡状物质，极易吸水，以胶体状态在水中扩散，不溶于丙酮，易溶于乙醇和乙醚及氯仿中，在空气中易被氧化而变成黄色或棕色，久之则变成褐色。因它最初在蛋黄中发现，且含量丰富，故又称为卵磷脂。动物的脑、神经组织、肝脏、红细胞中含量较多。

1 分子卵磷脂完全水解后，可生成 1 分子甘油、2 分子脂肪酸、1 分子磷酸和 1 分子胆碱。它的结构示意图及结构简式如下：

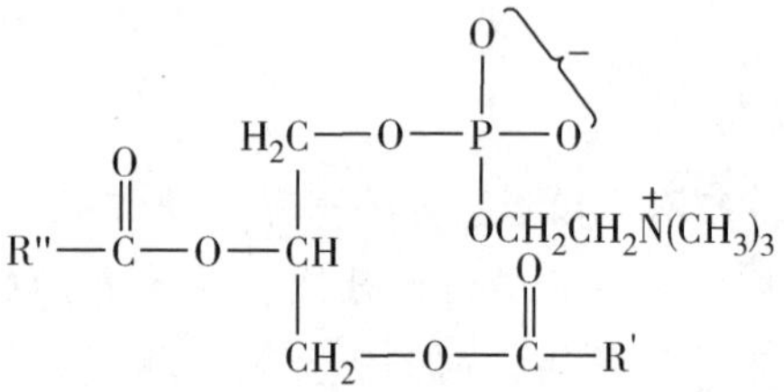

卵磷脂

自然界中的卵磷脂是几种卵磷脂的混合物，它所含的脂肪酸主要有软脂酸、硬脂酸、油酸、亚油酸和亚麻酸等。胆碱属于季铵碱，具有强碱性，胆碱与人体脂肪代谢有着密切关系。它能促进油脂很快地生成磷脂，防止脂肪在体内大量蓄积，具有抗脂肪肝的作用。胆碱和卵磷脂都是常用的抗脂肪肝的药物。卵磷脂还可以防止胆结石的形成，减缓记忆力衰退的进程，预防或推迟老年痴呆的发生。近年来研究发现，卵磷脂能调节胆固醇在人体内的含量，有效降低因胆固醇增高而导致的高血脂及冠心病的发病率。因此卵磷脂可能具有保护心脏的作用。

2. 脑磷脂　磷脂酰胆胺也叫磷脂乙醇胺，较多存在于脑组织中，又叫脑磷脂。在生物界所存在的磷脂中，含量仅次于卵磷脂，在大肠菌中，其约占总磷脂的 80%。其组成与卵磷脂相似，其中含氮的有机碱是乙醇胺（胆胺）。脑磷脂易吸水，性质不稳定，在空气中易被氧化成棕黑色物质。它能溶于乙醚和氯仿，不溶于水和丙醇，微溶于乙醇，这是与卵磷脂在溶解性方面的不同点，借此可使卵磷脂与脑磷脂分离。

1 分子脑磷脂完全水解后，可生成 1 分子甘油、2 分子高级脂肪酸、1 分子磷酸和 1 分子胆胺。其结构简式及示意图如下：

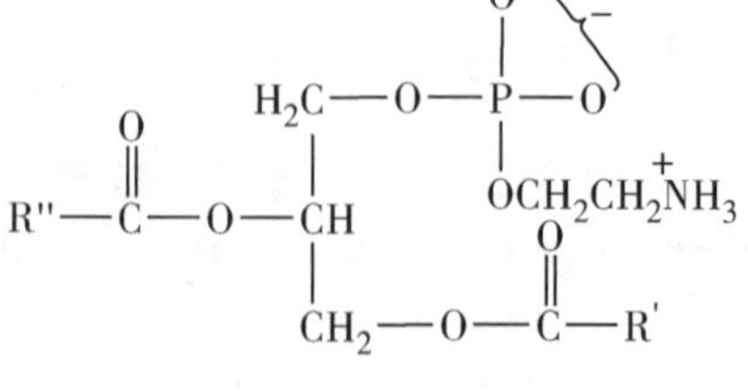

脑磷脂

脑磷脂不仅是组成各种组织器官的重要成分，而且与血液的凝固有关，它广泛存在于血小板中，其中能促进血液凝固的凝血激酶就是由磷脂酰胆胺和蛋白质组成的。临床上可用作止血药。另外，脑磷脂不仅可以活化人的神经细胞，改善大脑功能，而且对神经衰弱、动脉粥样硬化、肝硬化和脂肪性病变等具有一定的疗效。

3. 食用磷脂的主要来源 蛋黄中含有丰富的卵磷脂，牛奶、动物的组织如脑、骨髓、心脏、肺脏、肝脏、肾脏以及大豆和酵母中都含有卵磷脂。卵磷脂在体内多与蛋白质结合，以脂肪蛋白质的形态存在，所以卵磷脂于自然界中存量丰富，不需要额外补充。

脑磷脂由食物提供，在体内由其他营养物质转化生成。动物的脑都含有大量的脑磷脂，尤其在鱼脑髓中的含量最为丰富。

二、甾醇

(一) 甾族化合物的基本结构

甾族化合物是一类结构复杂的化合物，广泛存在于生物体内，有独特的生物学功能。

从结构上看，甾族化合物都有环戊烷多氢菲的基本骨架，这个基本骨架称为"甾核"。四个环分别用字母 A、B、C、D 代表，环上碳原子按特定顺序编号如下：

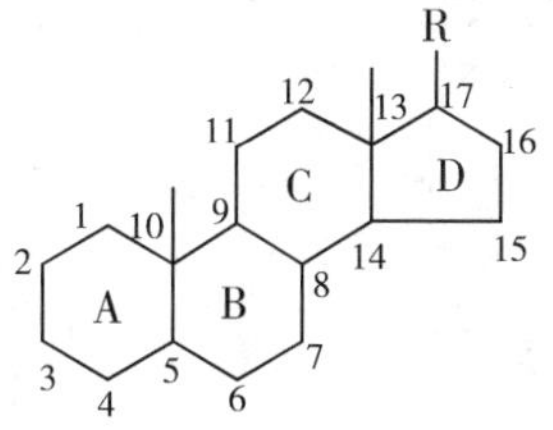

甾核的结构

其中，C_{10}、C_{13} 上各有一个甲基，C_{17} 上连有一个不同的取代基。多数甾族化合物在 C_3 有羟基。甾醇的"甾"字源于它的基本结构，"巛"表示 3 个烃基侧链，"田"字表示 4 个环。

通常把具有这种基本骨架的化合物叫甾族化合物。甾族化合物的种类很多，名称多用俗名。甾体化合物大多存在于生物体内，有明显的生理作用，有些还是合成及制取甾体激素类药物的原料。

(二) 重要的甾族化合物

1. 甾醇 (又名固醇) 是一类饱和或不饱和的仲醇，广泛存在于动植物组织中。动物体内以酯的形式存在，称为动物甾醇；植物体内以苷的形式存在，称为植物甾醇。

各种甾醇在结构上的差别，表现为 C_{17} 上所连的侧链不同，同时分子中所含双键的数目和位置也不相同。胆固醇、胆酸、维生素 D、性激素等分子结构与甾醇结构类似，属于甾醇化合物，又叫类固醇化合物。

(1) 胆甾醇 (又名胆固醇) 甾醇中以胆固醇最为重要。胆固醇是最早发现的一个甾体化合物，存在于人及动物的血液、脂肪、脑髓及神经组织中。无色或略带黄色的结晶，熔点为 148.5℃，微溶于水，能溶于乙醇、乙醚、氯仿等有机溶剂。

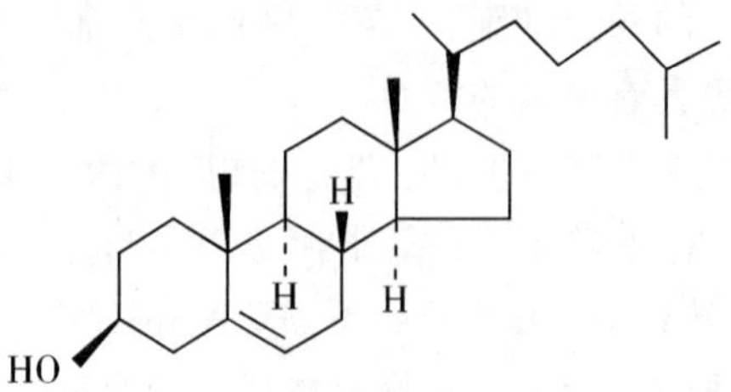

胆固醇 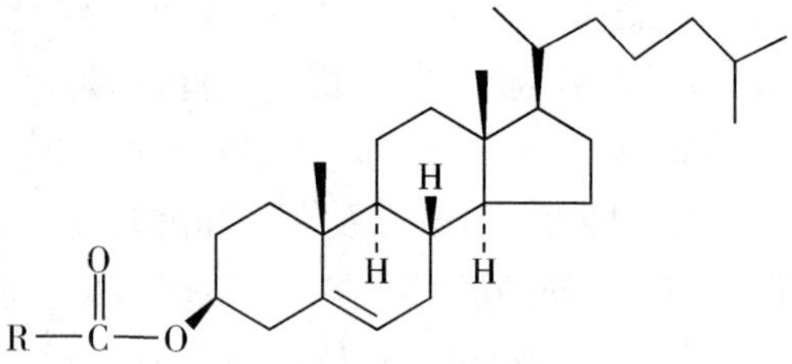　　　　　　　　　　　　　　　胆固醇酯

人体内发现的胆结石几乎全是由胆固醇所组成的，胆固醇的名称也是由此而来的。胆固醇是动物组织细胞所不可缺少的重要物质，它不仅参与形成细胞膜，而且是合成胆汁酸，维生素 D_3 以及甾体激素的原料。

人体中胆固醇含量过高是有害的，胆固醇和体内的高级脂肪酸形成的胆固醇酯是引起胆结石、动脉硬化等疾病的元凶。胆固醇一般可从肥肉、蛋黄中直接摄取，另外，从食物中摄取的油脂过多时也能转化成胆固醇，引起胆固醇类化合物含量升高，因而食用油的用量要适中，不能过多。

（2）7-脱氢胆甾醇　胆甾醇在酶催化下氧化生成7-脱氢胆甾醇。7-脱氢胆甾醇存在于皮肤组织中，在日光照射下发生化学反应，转变为维生素 D_3。

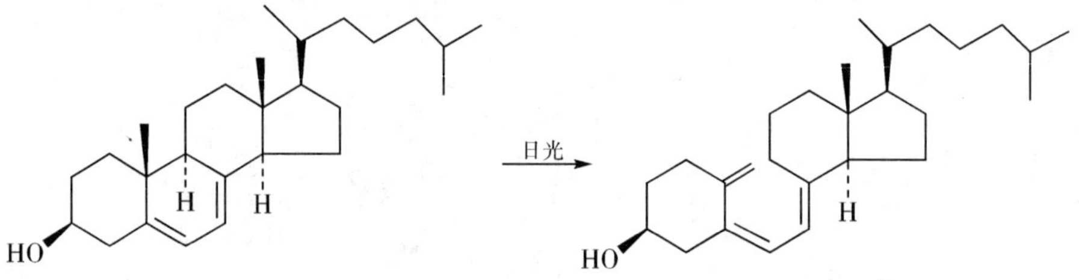

7-脱氢胆甾醇　　　　　　　　　　　　维生素 D_3

维生素 D_3 是人体从小肠中吸收 Ca^{2+} 离子过程中的关键化合物。体内维生素 D_3 的浓度太低，会引起 Ca^{2+} 离子缺乏，不足以维持骨骼的正常生成而产生软骨病。适度晒太阳是人体获得维生素 D_3 的简易方法。

（3）麦角甾醇　是一种重要的植物甾醇。它存在于酵母和麦角中。麦角甾醇的熔点 160℃～163℃（含 1.5mol 水的结晶），比旋光度 $[\alpha]_D^{20} = -135°$（氯仿）。经日光照射后，它的 B 环开环形成前钙化醇，前钙化醇加热后形成维生素 D_2（即钙化醇）。

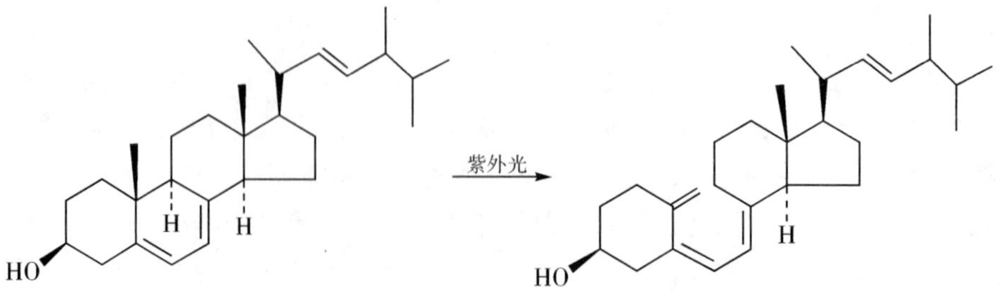

麦角甾醇　　　　　　　　　　　　　　维生素 D_2

维生素 D_2 同维生素 D_3 一样，也能抗软骨病，将麦角甾醇用紫外光照射后加入牛奶和其他食品中，就能保证婴幼儿得到足够的维生素 D_2。

2. 胆汁酸 胆汁酸存在于人和动物的胆汁中，胆酸是胆汁中含量最多、最重要的物质。胆汁酸通常以钠盐或钾盐形式存在，成为胆汁酸盐，是油脂的乳化剂，其生理作用是使脂肪及胆固醇酯乳化，促进它们在肠中的水解和吸收。故胆酸也被称为"生物肥皂"。

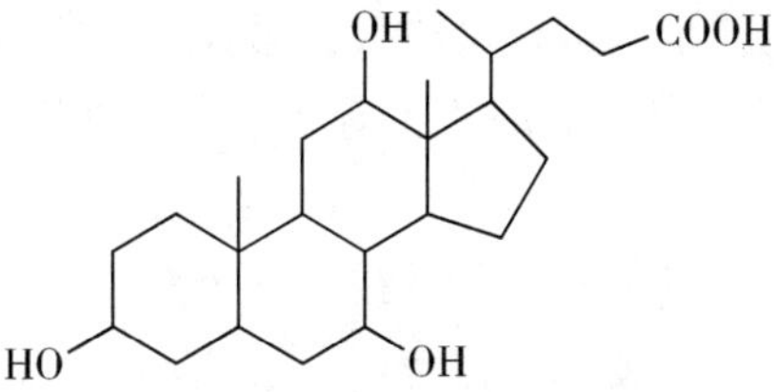

胆汁酸

胆汁酸盐对油脂的乳化

胆酸在胆汁中以钠盐或钾盐的形式存在，具有乳化油脂的功能，它们是良好的乳化剂。在脂肪的消化与吸收过程中，胆汁酸中的亲水基（羟基、羧基）和亲油基（如烃核、甲基）发挥着乳化作用，使脂类水解产物逐渐形成混合微团，被小肠吸收。临床上的利胆药就是甘氨胆酸钠和牛磺胆酸钠的混合物。

3. 甾族激素 激素是动物体内各种内分泌腺分泌的一类具有生理活性的化合物，数量虽少但可以控制人体生长发育及调节代谢等。

甾族激素根据来源分为肾上腺皮质激素和性激素两类，它们的结构特点是在 C_{17}（R_3）上没有长的碳链。

（1）**性激素** 性激素是生殖器官产生的一类内分泌甾族激素，对生育功能及第二性征（如声音、体型）均有重要作用，分为雄性激素和雌性激素。

两类性激素在生理上各有特定的生理功能。例如：

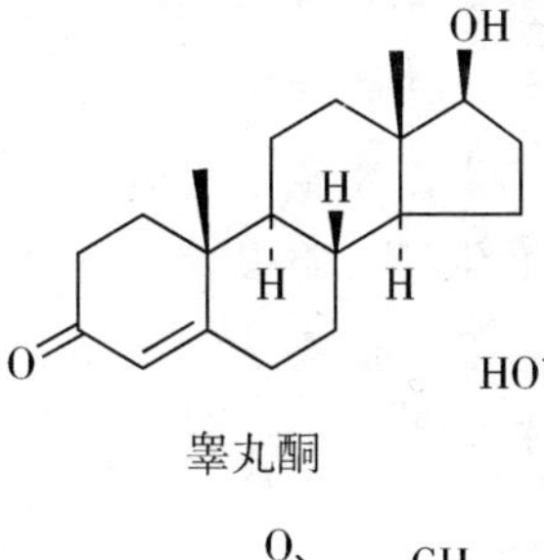

睾丸酮 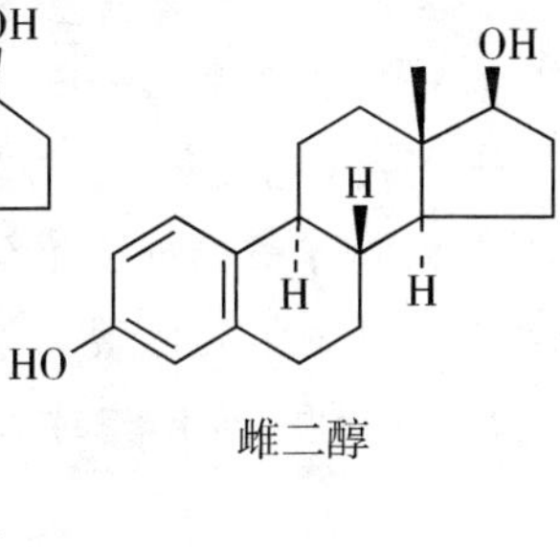   雌二醇

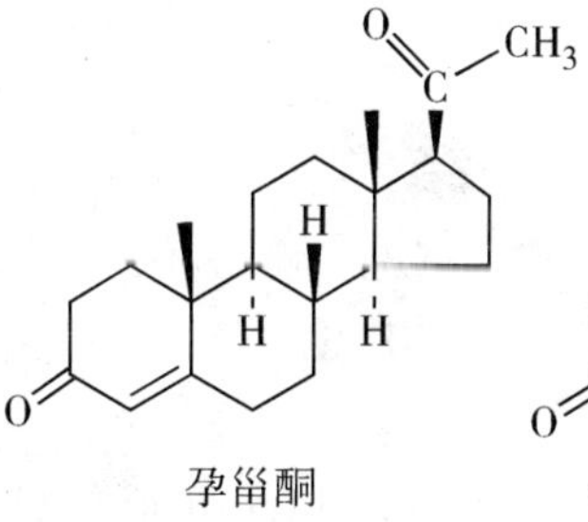

孕甾酮 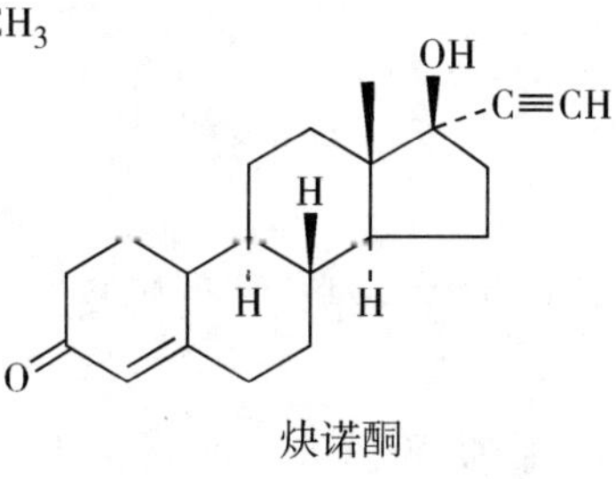   炔诺酮

睾丸酮是睾丸分泌的一种雄性激素，有促进肌肉生长，声音变低沉等作用，它是由胆甾醇生成的，并且是雌二醇生物合成的前体。

雌二醇为卵巢分泌的雌性激素，对雌性的第二性征的发育起主要作用。孕甾酮是由卵泡排卵后形成的黄体产生的孕激素，又称黄体激素，其生理功能是抑制排卵，维持妊娠，有助于胎儿的着床发育。临床上用于治疗习惯性子宫功能性出血、痛经及月经失调等。

炔诺酮是一种合成的女用口服避孕药，在计划生育中有重要作用。

（2）肾上腺皮质激素　肾上腺皮质激素是人或动物肾上腺皮质分泌的激素，皮质激素的重要功能是维持体液的电解质平衡以及调节糖和蛋白质的代谢。一旦缺乏会引起机能失常以至死亡。

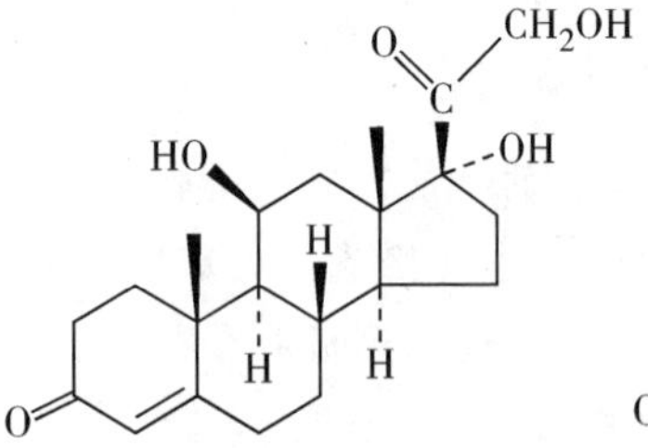

皮质醇 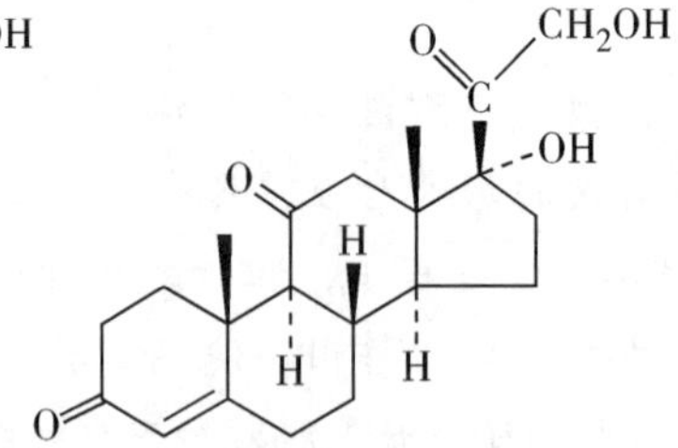　　　　　　　　　可的松 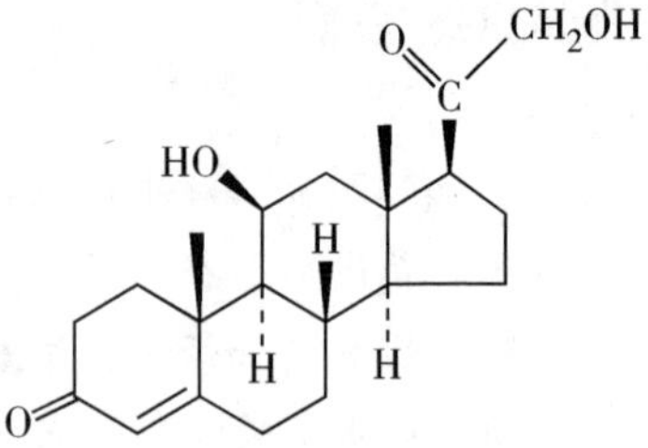　　　　　　　　　皮质甾酮

皮质醇、可的松、皮质甾酮等皆此类中重要的激素。

知识拓展

天然孕激素——黄体酮

黄体酮是由卵巢黄体分泌的一种天然孕激素，在体内对雌激素激发过的子宫内膜有显著形态学影响，为维持妊娠所必需。其药理作用主要为：①在月经周期后期使子宫黏膜内腺体生长，子宫充血，内膜增厚，为受精卵植入做好准备。受精卵植入后则使之产生胎盘，并减少妊娠子宫的兴奋性，抑制其活动，使胎儿安全生长。②在与雌激素共同作用下，促使乳房充分发育，为产乳做准备。③使子宫颈口闭合，黏液减少变稠，使精子不易穿透；大剂量时通过对下丘脑的负反馈作用，抑制垂体促性腺激素的分泌，产生抑制排卵作用。④竞争性对抗醛固酮，促使钠离子和氯离子的排泄并利尿。⑤有轻度升高体温作用，使月经周期的黄体相对基础体温较高。

本 章 小 结

本章介绍了脂类的组成、结构、性质及医药上的用途。

1. 油脂

（1）油脂是油和脂肪的总称。油脂是1分子甘油和3分子高级脂肪酸生成的甘油酯。

（2）营养必需脂肪酸：在体内不能合成但必不可少的基础营养物质，必须由食物供给的脂肪酸，称为营养必需脂肪酸。包括亚油酸、亚麻酸、花生四烯酸等脂肪酸。

（3）油脂的化学性质：水解反应、加成反应、硬化反应等。

皂化反应：油脂在碱性条件下的水解反应，称为皂化反应。

2. 类脂

（1）类脂是存在于生物体组织成分中性质类似于油脂的一类化合物，重要的类脂有磷脂和甾醇。

（2）磷脂是一类含磷酸的脂类物质。重要的磷脂有卵磷脂（磷脂酰胆碱）和脑磷脂（磷脂酰胆胺）。

①1分子卵磷脂完全水解后，可生成1分子甘油、2分子脂肪酸、1分子磷酸和1分子胆碱。

②1分子脑磷脂完全水解后，可生成1分子甘油、2分子高级脂肪酸，1分子磷酸和1分子胆胺。

3. 甾族化合物　是一类结构复杂的化合物，从结构上看，甾族化合物都有环戊烷多氢菲的基本骨架，是重要的类脂化合物。

目 标 检 测

一、单项选择题

1. 油脂在碱性条件下水解称为（　　）
   A. 酯化反应　　　B. 酸败　　　　　C. 皂化　　　　　D. 氢化

2. 医疗上常用肥皂的成分是（　　）
   A. 高级脂肪酸盐　　　　　　　　　B. 高级脂肪酸钠盐
   C. 高级脂肪酸钾盐　　　　　　　　D. 高级脂肪酸钾、钠盐

3. 下列属于加成反应的是（　　）
   A. 油脂的皂化　　B. 油脂的乳化　　C. 油脂的硬化　　D. 油脂的水解

4. 胆汁酸盐可以帮助油脂在体内消化吸收，是因为胆汁酸盐具有（　　）
   A. 酯化作用　　　B. 水解作用　　　C. 盐析作用　　　D. 乳化作用

5. 下列物质中属于必需脂肪酸的是（　　）
   A. 软脂酸　　　　B. 硬脂酸　　　　C. 花生四烯酸　　D. 油酸

6. 7-脱氢胆固醇在皮肤内经阳光中紫外线照射可以转化为（　　）
   A. 维生素 D_3　　B. 胆盐　　　　　C. 性激素　　　　D. 肾上腺皮激素

7. 大豆油的碘值为120～136g，猪油的碘值为46～66g，亚麻籽油的碘值为170～185g，牛油31～47g，不饱和程度最大的是（　　）
   A. 大豆油　　　　B. 猪油　　　　　C. 亚麻籽油　　　D. 牛油

8. 甾体化合物的基本结构是（　　）

A. 萘　　　　　　B. 蒽　　　　　　C. 菲　　　　　　D. 环戊烷多氢菲

9. 下列化合物中，不属于甾体化合物的是(　　　)

A. 胆酸　　　　　B. 胆碱　　　　　C. 胆固醇　　　　D. 黄体酮

10. 氢化可的松属于哪类甾体化合物(　　　)

A. 甾醇类　　　　　　　　　　B. 胆酸类型

C. 肾上腺皮质激素类　　　　　D. 性激素类

二、填空题

1. 油脂是_____和_____的总称，它是由_____和 3 分子高级脂肪酸反应生成的甘油酯。

2. 乳化剂必须具备的条件是分子中含有_____基和_____基。

3. 油脂的酸败，实际上是由于发生了_____和_____反应，生成了有挥发性、有臭味的_____混合物。

4. 脂类的共同特点是难溶于_____，易溶于_____有机溶剂，能被生物体利用，具有重要的_____。

三、名词解释

1. 油脂的酸败　　2. 皂化值　　3. 必需脂肪酸　　4. 胆固醇　　5. 甾体激素

第十三章　氨基酸、多肽和蛋白质

学习目标

1. 掌握 α-氨基酸的结构、两性、等电点。

2. 熟悉 α-氨基酸的主要化学性质，熟悉蛋白质的性质。

3. 了解肽的命名、结构和多肽的结构；了解蛋白质的四级结构，蛋白质在医药方面的作用；了解蛋白质的营养价值。

恩格斯曾说："没有蛋白质就没有生命。"生命活动的基本特征就是蛋白质的不断自我更新。蛋白质的存在往往与生命、生命活动紧密联系在一起，蛋白质是最重要的生命基础物质。蛋白质属于高分子化合物，相对分子质量一般在一万以上，有的高达数十万甚至数百万。蛋白质存在于一切细胞中，它既能充当生物体内各种复杂的生理及生化反应的辅助物质（如神经、激素、酶），也能充当生物组织的结构材料，如人体的肌肉、毛发、皮肤、指甲、血清、血红蛋白等。不同蛋白质承担着不同的生理功能，如血红蛋白能运送氧气和二氧化碳，抗体蛋白能防御疾病，氧化、脱羧酶能控制糖和脂肪的代谢过程，脑啡肽能传递记忆信息，而肌纤维蛋白则负责机械运动等。

人们发现了一个有趣的事实，那就是所有蛋白质水解的最终产物都有 α-氨基酸，亦即 α-氨基酸是构成蛋白质的基本单元。

第一节　氨　基　酸

一、氨基酸的结构、分类和命名

1. 氨基酸结构　分子中既含有氨基（—NH_2）又含有羧基（—COOH）的化合物称为氨基酸。氨基酸也可看做是羧酸分子里烃基上的氢原子被氨基取代后的生成物。

目前发现的天然氨基酸约有 300 多种，但能在生物体内合成蛋白质的原料只有 20 种（见表 13-1），并且都是 α-氨基酸，即在 α-碳原于上有一个氨基，可用下式表示：

$$R - \overset{\overset{\displaystyle H}{|}}{\underset{\underset{\displaystyle NH_2}{|}}{C}} - COOH$$

天然产生的各种不同的 α-氨基酸只是 R 不同而已。

2. 氨基酸分类 氨基酸常以以下方式分类：

（1）按烃基的结构的不同，氨基酸可分为脂肪族氨基酸、芳香族氨基酸和杂环氨基酸。

（2）按分子中氨基和羧基的相对数目的不同，氨基酸分为中性氨基酸（羧基和氨基数目相等）、酸性氨基酸（羧基数目大于氨基数目）和碱性氨基酸（氨基的数目多于羧基数目）。

另外，按 R 侧链的极性大小，氨基酸还分为极性氨基酸和非极性氨基酸。

3. 命名 氨基酸可按系统命名法命名，即以氨基为取代基，以羧酸为母体命名。多数氨基酸按其来源或性质而采用俗名命名。例如氨基乙酸因具有甜味称为甘氨酸、丝氨酸最早来源于蚕丝而得名。在使用中为了方便起见，常用英文名称缩写符号（通常为前三个字母）或用中文代号表示。例如甘氨酸可用 Gly 或 G 或"甘"字来表示其名称。

表 13-1 常见 α-氨基酸分类、名称、符号、结构式及等电点

名称	中、英文缩写	结构式	等电点
中性氨基酸			
丙氨酸（α-氨基丙酸）	丙 Ala A	$CH_3-\underset{\overset{|}{+NH_3}}{CH}-COO^-$	6.00
缬氨酸 *（β-甲基-α-氨基丁酸）	缬 Val V	$(CH_3)_2CH-\underset{\overset{|}{+NH_3}}{CH}COO^-$	5.97
亮氨酸 *（γ-甲基-α-氨基戊酸）	亮 Leu L	$(CH_3)_2CHCH_2-\underset{\overset{|}{+NH_3}}{CH}COO^-$	5.98
异亮氨酸 *（β-甲基-α-氨基戊酸）	异亮 Ile I	$CH_3CH_2\underset{\overset{|}{CH_3}}{CH}-\underset{\overset{|}{+NH_3}}{CH}COO^-$	6.02
苯丙氨酸 *（β-苯基-α-氨基丙酸）	苯丙 Phe F	＜苯环＞$-CH_2-\underset{\overset{|}{+NH_3}}{CH}COO^-$	5.48
色氨酸 *[α-氨基-β-(3-吲哚基)丙酸]	色 Trp W	＜吲哚环＞$-CH_2CH-COO^-$ $+NH_3$	5.89

续表

名称	中、英文缩写	结构式	等电点
蛋（甲硫）氨酸 * （α-氨基-γ-甲硫基丁酸）	蛋 Met M	$CH_3SCH_2CH_2-\underset{\overset{\mid}{^+NH_3}}{CH}COO^-$	5.75
脯氨酸 （α-四氢吡咯甲酸）	脯 Pro P	结构式（脯氨酸环状结构，$-COO^-$）	6.30
甘氨酸 （α-氨基乙酸）	甘 Gly G	$\underset{\overset{\mid}{^+NH_3}}{CH_2}-COO^-$	5.97
丝氨酸 （α-氨基-β-羟基丙酸）	丝 Ser S	$HOCH_2-\underset{\overset{\mid}{^+NH_3}}{CH}COO^-$	5.68
苏氨酸 * （α-氨基-β-羟基丁酸）	苏 Thr T	$\underset{\overset{\mid}{OH}}{CH_3CH}-\underset{\overset{\mid}{^+NH_3}}{CH}COO^-$	6.53
半胱氨酸 （α-氨基-β-巯基丙酸）	半胱 Cys C	$HSCH_2-\underset{\overset{\mid}{^+NH_3}}{CH}COO^-$	5.02
酪氨酸 （α-氨基-β-对羟苯基丙酸）	酪 Tyr Y	$HO-\langle苯环\rangle-CH_2-\underset{\overset{\mid}{^+NH_3}}{CH}COO$	5.66
天冬酰胺 （α-氨基丁酰胺酸）	天胺 Asn N	$H_2N-\overset{\overset{O}{\parallel}}{C}-CH_2\underset{\overset{\mid}{^+NH_3}}{CH}COO^-$	5.41
谷氨酰胺 （α-氨基戊酰胺酸）	谷胺 Gln Q	$H_2N-\overset{\overset{O}{\parallel}}{C}-CH_2CH_2\underset{\overset{\mid}{^+NH_3}}{CH}COO^-$	5.65
组氨酸 [α-氨基-β-(4-咪唑基)丙酸]	组 His H	$\langle咪唑基\rangle-CH_2\underset{\overset{\mid}{^+NH_2}}{CH}-COO^-$	7.59
赖氨酸 * （α,ω-二氨基己酸）	赖 Lys K	$^+NH_3CH_2CH_2CH_2CH_2\underset{\overset{\mid}{^+NH_2}}{CH}COO^-$	9.74
精氨酸 （α-氨基-δ-胍基戊酸）	精 Arg R	$H_2N-\overset{\overset{^+NH_2}{\parallel}}{C}-NHCH_2CH_2CH_2\underset{\overset{\mid}{NH_2}}{CH}COO^-$	10.7

续表

名称	中、英文缩写	结构式	等电点
天冬氨酸 （α-氨基丁二酸）	天冬　Asp　D	$\underset{\underset{+NH_3}{\mid}}{HOOCCH_2CHCOO^-}$	2.97
谷氨酸 （α-氨基戊二酸）	谷　Glu　E	$\underset{\underset{+NH_3}{\mid}}{HOOCCH_2CH_2CHCOO^-}$	3.22

注：标"＊"为必需氨基酸。

构成蛋白质的 20 种氨基酸中，苯丙氨酸、甲硫氨酸（蛋氨酸）、赖氨酸、苏氨酸、色氨酸、亮氨酸、异亮氨酸、缬氨酸为人体自身不能合成，必须从食物中获取，缺乏时会引起疾病，这些氨基酸被称为营养必需氨基酸。

二、氨基酸的物理性质

氨基酸一般为无色晶体，熔点比相应的羧酸或胺类要高，一般为 200℃ ~ 300℃（许多氨基酸在接近熔点时分解放出 CO_2）。一般能溶于水，都能溶于强酸或强碱中，难溶于乙醇、乙醚等有机溶剂。各种 α-氨基酸的钠盐、钙盐都溶于水。有的氨基酸有甜味，如甘氨酸，有的氨基酸有鲜味，如谷氨酸的钠盐有鲜味，是味精的重要成分，有的无味，有的甚至苦味。除甘氨酸外，其他的 α-氨基酸都有旋光性。

三、氨基酸的化学性质

（一）两性电离与等电点

氨基酸分子中同时含有碱性的氨基和酸性的羧基，因而氨基酸既能与酸反应，也能与碱反应，是一个两性化合物。

1. 两性电离　氨基酸溶于水时，既能发生酸式电离，又能发生碱式电离。其中羧基给出质子（H^+）形成阴离子的电离叫酸式电离，氨基接受质子（H^+）形成阳离子的电离叫碱式电离。

氨基酸在一般情况下不是以游离的羧基或氨基存在的，而是发生两性电离，在固态或水溶液中形成内盐。

2. 等电点　在氨基酸水溶液中通过加入酸或碱调节溶液 pH，使羧基的酸式电离和氨基的碱式电离程度相等，氨基酸分子所带正、负电荷正好相当，处于等电状态，此时溶液的 pH 值称为氨基酸的等电点。常以 pI 表示。

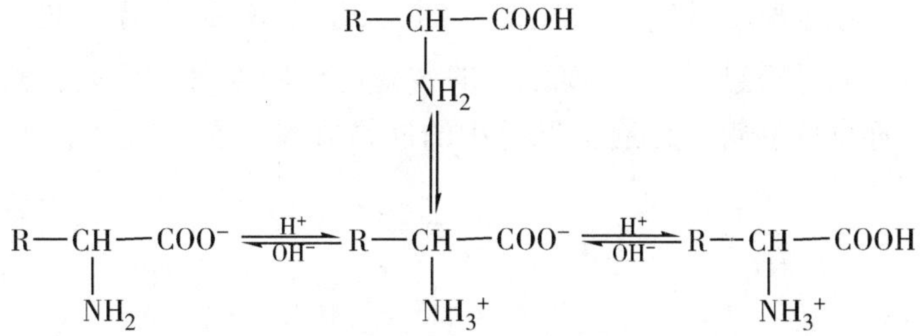

$$R-CH-COO^- \underset{OH^-}{\overset{H^+}{\rightleftharpoons}} R-CH-COO^- \underset{OH^-}{\overset{H^+}{\rightleftharpoons}} R-CH-COOH$$

阴离子（pH > pI）　两性离子（pH = pI）　阳离子（pH < pI）

（1）等电点为电中性而不是酸碱中性（即等电点时 pH 不等于7），一般：

中性氨基酸　　pI = 4.8 ~ 6.3
酸性氨基酸　　pI = 2.7 ~ 3.2
碱性氨基酸　　pI = 7.6 ~ 10.8

（2）等电点时，氨基酸在水中的溶解度最小，最易结晶析出，利用此性质可用调节溶液 pH 的方法，进一步分离、提纯氨基酸。

（二）与茚三酮反应

α-氨基酸在碱性溶液中与水合茚三酮作用，生成显蓝色或紫红色的有色物质。反应非常灵敏，是鉴别 α-氨基酸的最迅速、最简单的方法。

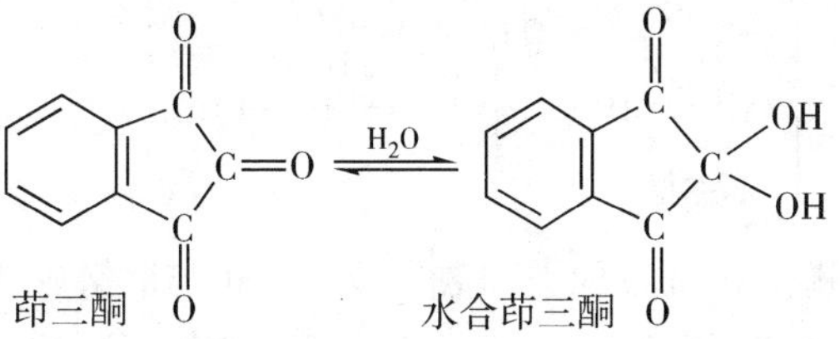

茚三酮　　　　　　　水合茚三酮

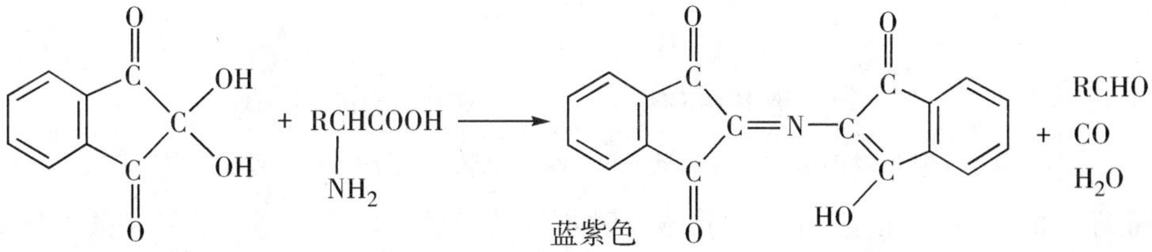

蓝紫色

（三）成肽反应

在适当条件下，氨基酸分子中的氨基与另一分子氨基酸分子中的羧基之间脱去一分子水，就能生成二肽。多个 α-氨基酸分子互相之间脱水缩合会产生多肽，此反应称为成肽反应。

例如：甘氨酸和丙氨酸就能形成甘丙二肽及丙甘二肽。

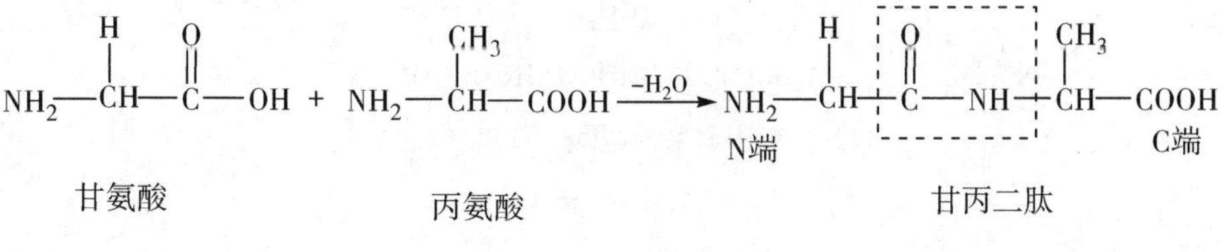

甘氨酸　　　　　　　丙氨酸　　　　　　　　　　　　甘丙二肽

肽链两端存在游离氨基（—NH₃⁺）的一端叫 N 端，另一端存在游离羧基（—COO⁻）称为 C 端。肽链中间各个氨基酸的残余部分叫氨基酸残基，残基之间以肽键（—CO—NH—，亦即酰胺键）结合。肽链中的肽键在酸或酶作用下能水解生成对应的 α-氨基酸。

第二节　多肽和蛋白质

二肽分子中的氨基（或羧基）还可进一步与其他氨基酸分子的羧基（或氨基）脱水，形成三肽、四肽、五肽、六肽乃至多肽。通常相对分子质量超过 10000 的多肽俗称蛋白质。蛋白质和多肽之间无严格的区别，都是由氨基酸残基通过肽键相连形成的大分子化合物。

一、多肽

1. 结构　多肽是由氨基酸残基通过肽键相连形成的大分子化合物，无论肽链有多长，在链的两端必然一端有游离的氨基（—NH₂），另一端有游离的羧基（—COOH）。有游离氨基（—NH₂）的一端称为 N 端，通常写在左端；有游离羧基（—COOH）的一端，称为 C 端，通常写在右端。如：

$$\underset{\text{N端}}{\overbrace{NH_2}}-\underset{R}{CH}-\underset{O}{C}-\underset{\text{氨基酸残基}}{\overbrace{NH-\underset{R'}{CH}-\underset{O}{C}}}_{n}-NH-\underset{R''}{CH}-\underset{\text{C端}}{\overbrace{COOH}}$$

肽的结构不仅取决于组成肽链的氨基酸种类和数目，而且也与肽链中各氨基酸残基的排列顺序有关。例如，由甘氨酸和丙氨酸组成的二肽，可有两种不同的连接方式。

$$H_3^+NCH_2CONHCHCOO^- \qquad H_3^+NCHCONHCH_2COO^-$$
$$\underset{}{CH_3} \qquad\qquad \underset{}{CH_3}$$

甘氨酰丙氨酸（甘丙肽）　　　丙氨酰甘氨酸（丙甘肽）

同理，由 3 种不同的氨基酸可形成 6 种不同的三肽，由 4 种不同的氨基酸可形成 24 种不同的四肽。因此氨基酸按不同的排列顺序可形成大量的异构体，它们构成了自然界中种类繁多的多肽和蛋白质。

2. 命名　肽的命名方法是以含 C 端的氨基酸为母体，从 N 端开始，把肽链中其他氨基酸残基称为某酰，按它们在肽链中的排列顺序逐个写在母体名称前。在大多数情况下，多肽常使用缩写式，用表 13-1 中的英文三字母或单字母表示，连接氨基酸残基的肽键用-表示，如：

$$\underset{}{CH_3}\qquad\underset{}{CH_2OH}$$
$$H_3NCH_2CONHCHCONHCHCOO^-$$

甘氨酰丙氨酰丝氨酸（甘丙丝肽）

Gly-Ala-Ser或G-A-S

3. 重要的生物活性肽

（1）谷胱甘肽 谷胱甘肽是由谷氨酸、半胱氨酸和甘氨酸通过肽键形成的三肽。由于分子中含有—SH，故称为还原型谷胱甘肽，用 GSH 表示。谷胱甘肽是体内自由基的主要清除剂，对体内含—SH 的蛋白质和酶具有保护作用；另外谷胱甘肽还有解毒的功效，目前临床上将谷胱甘肽用于肝炎的辅助治疗、有机物及重金属的解毒、癌症放疗和化疗的保护等。

（2）神经肽 中枢神经系统中有一组小分子的肽，对人的情绪、痛觉、记忆和行为等生理现象产生较大的作用，故统称为神经肽。内源性阿片肽包括脑啡肽、强啡肽 A、强啡肽 B 等多个多肽，它们具有不同的氨基酸序列，在人体内有广泛的分布和多种生物学效应，参与痛觉信息调制和免疫功能的调节，还参与应激反应，并在摄食饮水、肾脏、胃肠道、心血管、呼吸、体温等生理活动的调节中发挥重要作用，阿片肽还与学习记忆、精神情绪的调节有关。

（3）催产素和加压素 催产素和加压素都是脑垂体分泌的肽类激素。催产素能促使子宫平滑肌收缩，具有催产及排乳作用；加压素能使小动脉收缩，从而增高血压，并有减少排尿作用，也称为抗利尿激素，对于保持细胞外液的容积和渗透压有重要的作用，是调节水代谢的重要激素。

二、蛋白质的组成与结构

（一）蛋白质的元素组成

蛋白质是由几十至数万个不同的 α-氨基酸发生成肽反应所形成的结构特殊的天然生物高分子化合物，分子量一般可由一万到几百万，有的分子量可达几千万，但元素组成比较简单，主要含有 C、H、N、O、S，有些蛋白质还有 P、Fe、Mg、I、Cu、Zn 等元素。

绝大多数蛋白质中氮元素的含量基本接近，约为 16%，即 100g 蛋白质中约含 16g 氮元素，每克氮素相当于 6.25g 蛋白质，该数值称蛋白质系数，是食品中粗蛋白质总量测定的换算因数。

$$W_{粗蛋白} = W_氮 \times 6.25$$

常用定氮法先测出农副产品样品的含氮量，然后乘以蛋白质系数即得到食品中粗总蛋白质的量。

（二）蛋白质的结构

蛋白质的性质及其生物功能都取决于它的结构，不同的生物体或生物体的不同部位所含蛋白质的成分和结构不同，这是造成其性质上的差异因而具有特异性的主要原因。蛋白质的结构具有难以想象的复杂性。

通过长期研究确定，蛋白质的结构可分为一级结构、二级结构、三级结构和四级结构（图 13-1）。

蛋白质的一级结构又称基本结构，蛋白质的二、三、四级结构合称蛋白质的空间结构。

图 13-1　蛋白质的四级结构

1. 蛋白质的一级结构　是指蛋白质多肽链中氨基酸的排列顺序。

不同的蛋白质其一级结构是不同的，它是决定蛋白质特异性的主要原因。肽键在多肽链中是连接氨基酸残基的主要化学键，在蛋白质结构中称为主键。

2. 蛋白质的二级结构　是指多肽链依靠氢键形成的或卷曲螺旋或折叠的有规律的空间结构。氢键在维持和固定蛋白质二级构象中起到了重要作用。

3. 蛋白质的三级结构　由蛋白质的二级结构在空间进一步盘绕、折叠、卷曲而形成的更为复杂的空间构象称为蛋白质的三级结构。

4. 蛋白质的四级结构　有一些复杂的蛋白质分子是由两条或两条以上具有三级结构形态的多肽链缔合而成的，称为蛋白质的四级结构。

蛋白质的空间结构是由一级结构即氨基酸顺序决定的，而蛋白质的生物学活性及生物功能决定于它的空间结构。空间结构的维系主要依靠氢键，其次为共价键、酯键、疏水键等。

蛋白质结构发生改变，可引起蛋白质活性丧失。

三、蛋白质的性质

（一）两性电离及等电点

蛋白质分子中除多肽链两端存在的氨基和羧基外，分子中还有很多游离的氨基和羧基等碱性和酸性基团，与 α-氨基酸相似，蛋白质也具有两性，在水溶液中能产生酸式电离、碱式电离和两性电离。

$$\underset{\substack{\text{阴离子}\\ \text{pH}>\text{pI}}}{\overset{\displaystyle \underset{\text{COO}^-}{\overset{\text{NH}_2}{Pr}}}{}} \;\underset{\overrightarrow{OH^-}}{\overset{H^+}{\rightleftharpoons}}\; \underset{\substack{\text{两性离子}\\ \text{等电点(pI)}}}{\overset{\displaystyle \underset{\text{COO}^-}{\overset{\text{NH}_3^+}{Pr}}}{}} \;\underset{\overrightarrow{OH^-}}{\overset{H^+}{\rightleftharpoons}}\; \underset{\substack{\text{阳离子}\\ \text{pH}<\text{pI}}}{\overset{\displaystyle \underset{\text{COOH}}{\overset{\overset{+}{\text{NH}_3}}{Pr}}}{}}$$

式中 H_2N—Pr—COOH 表示蛋白质分子，羧基代表分子中所有的酸性基团，氨基代表所有的碱性基团，Pr 代表其他部分。

同样的，蛋白质也有特征常数——等电点（pI），不同的蛋白质其等电点不同。见表 13-2。在等电状态下蛋白质净电荷为零，主要以两性离形式存在，在电场作用下不向任何电极作定向泳动，且溶解度最小易聚沉。

表 13-2　某些蛋白质的等电点值

蛋白质	等电点（pI 值）	蛋白质	等电点（pI 值）
人血清白蛋白	4.64	牛乳清蛋白	5.10 ~ 5.20
α_1 球蛋白	5.06	α_2 球蛋白	5.06
β 球蛋白	5.12	γ 球蛋白	6.85 ~ 7.5
兔血红蛋白	6.70 ~ 7.10	纤维蛋白质	5.40
肌凝蛋白	6.20 ~ 6.60	肌红蛋白	7.00
牛胰岛素	5.30 ~ 5.35	丝蛋白	2.00 ~ 2.40

在同一 pH 值溶液中，由于各种蛋白质等电点不同导致所带电荷的性质、数量不同，分子大小也不同，所以在电场中泳动的方向和速度就各不相同。利用电泳可以分离、提纯、鉴定蛋白质。

（二）蛋白质的盐析

蛋白质是大分子化合物，分子颗粒的直径在胶粒幅度之内（1 ~ 100nm），呈胶体性质。由于同性电荷相斥，颗粒互相隔绝而不黏合，形成稳定的胶体体系。所以蛋白质分散在水中，其水溶液具有胶体溶液的一般特性。例如具有丁铎尔（Tyndall）现象，布朗（Brown）运动，不能透过半透膜以及具有较强的吸附作用等。

由于蛋白质溶液处于一种稳定的状态，要使其聚沉可通过加入大量的盐，如钾盐、钠盐、铵盐等中性盐，盐解离出的大量无机盐离子，破坏了蛋白质分子表面的水化膜，同时又能中和蛋白质分子所带电荷，从而能使蛋白质分子聚集沉淀析出。这种加入大量的盐使得蛋白质沉淀的方法称为盐析。盐析是可逆过程，利用这一性质，可以分离和提纯蛋白质。

$$\text{蛋白质溶液} \xrightarrow{\text{碱金属盐或铵盐}} \underset{(\text{蛋白质})}{\text{沉淀}} \xrightarrow{H_2O} \text{溶解}$$

（三）蛋白质的变性

蛋白质在某些物理因素（如加热、高压、振荡或搅拌、紫外线、X 射线、超声波等）和化学因素（强酸、强碱、强氧化剂、尿素、重金属盐以及酒精等有机溶剂）的作用下，空间结构被破坏，生物学活性丧失的现象称为蛋白质的变性。例如，加热鸡蛋、紫外线杀菌、酒精及消毒剂消毒等。变性后的蛋白质称为变性蛋白质。

蛋白质变性后失去了原有的生物活性，例如，酶变性后失去了催化功能；激素变性后失去了相应的生理调节功能；血红蛋白变性后失去了输送氧的功能等。

变性是不可逆的，利用此性质可进行消毒，但也能引起中毒或一些不良的改变，如重金属中毒，菌种、生物制剂的失效，种子失去发芽能力等均与蛋白质的变性有关。

（四）蛋白质的显色反应

蛋白质与一些试剂作用产生某种颜色的反应称为蛋白质的显色反应。蛋白质的显色反应可用于蛋白质的定性定量分析。

1. 缩二脲反应　蛋白质分子中含有多个肽键，能与新配置的碱性硫酸铜溶液反应显紫色，该反应称为缩二脲反应。

2. 蛋白黄反应　含有苯环的蛋白质与浓硝酸混合呈现黄色的反应。这是硝酸对苯环发生硝化作用，生成黄色的芳香硝基化合物，使蛋白质发生变性。浓硝酸滴到皮肤上，皮肤就会发黄，就是这个原因。

3. 米伦反应　蛋白质溶液中加入米伦试剂（亚硝酸汞、硝酸汞及硝酸的混合液），蛋白质首先沉淀，加热则变为红色沉淀，此反应为酪氨酸的酚核所特有的反应，因此含有酪氨酸的蛋白质均呈米伦反应阳性。

4. 茚三酮反应　水合茚三酮在加热时和蛋白质中的氨基酸能起反应，显现蓝色，此反应非常灵敏，可用于蛋白质的定性和定量分析。

蛋白质是一切生命的物质基础，是机体细胞的重要组成部分，是人体组织更新和修补的主要原料。蛋白质对婴幼儿的生长和青少年的发育非常重要。

第三节　营养与膳食平衡

营养是机体摄取食物，经过消化、吸收、代谢和排泄，利用食物中的营养素和其他对身体有益的成分构建组织器官、调节各种生理功能，维持正常生长、发育和防病保健的过程。平衡膳食、均衡营养是身心健康的基本保障，也能使人精力充沛、体重正常。

一、人体所必需的各类营养物质

人体所需的营养成分包括糖（又称碳水化合物）、蛋白质、脂肪、维生素、矿物质、膳食纤维和水等。前三者是重要的供能物质。

二、膳食平衡的重要性

（一）平衡膳食的概念

人体对营养素的吸收利用是按一定比例模式进行的。以蛋白质利用为例，人体营养的氨基酸模式只有鸡蛋最与之接近，不同食物都有其相对含量最少的限制氨基酸，因此，不同食物互相搭配可以提高营养素的利用率，达到各营养素与人体需要尽量接近，从而使食物营养得到最大程度利用。

平衡膳食，又称健康膳食，平衡膳食必须由多种食物构成，能为人体提供足够数量的热能和各种营养素，满足人体正常生理需要，且能保持各种营养素之间数量的平衡，以利于消化和吸收。

（二）平衡膳食的基本要求

1. 能量均衡。
2. 必需氨基酸均衡、必需脂肪酸均衡。
3. 荤素搭配、粗细搭配，多种食物互补。

（三）合理安排膳食结构

1. 注意要点 在安排膳食结构时要注意：①确定自己的食物需要；②同类可互换，调配丰富多彩的膳食；③要合理分配三餐食量；④要因地制宜充分利用当地资源；⑤要养成习惯长期坚持。

基本要求是食物多样，谷类为主；多吃蔬菜、水果和薯类；常吃豆、奶或其制品；经常吃适量鱼、禽、蛋、瘦肉，少吃肥肉和荤油；食量、体力活动要平衡，保持适宜体重；吃清淡少盐的膳食；戒烟限酒；吃清洁卫生、新鲜食物。

2. 合理分配三餐 早、中、晚三餐的热量分别占热能的30%、40%、30%。可根据自己的工作和休息时间具体调整，特别要保证早餐的热能供给。每餐的食物搭配须在符合自己口味习惯的基础上，注重食品的多样化。粗细粮之间、细菜与一般蔬菜之间、肉禽蛋之间、豆制品之间，按营养价值相同的原则在各品种之间代量互换。

> **知识拓展**
>
> **膳食纤维与人体健康**
>
> 膳食纤维分为水溶性膳食纤维和非水溶性膳食纤维。水溶性纤维包括有树脂、果胶和一些半纤维。非水溶性纤维包括纤维素、木质素和一些半纤维以及来自食物中的小麦糠、玉米糠、芹菜、果皮和根茎蔬菜。膳食纤维的益处有保持消化系统健康，增强免疫系统功能，降低胆固醇和高血压，通便、利尿、清肠健胃，预防心血管疾病、癌症、糖尿病及其他疾病等。

　　由于膳食纤维在保持消化系统健康上扮演着重要的角色，所以保证食物品种多样化和均衡膳食将是提高生活质量的首选。下面提供一个膳食指南供同学们参考。

1. 饮食多样化，吃些粗杂粮。
2. 饮食规律，不暴饮暴食，多吃些豆类和坚果类食物。
3. 多吃新鲜蔬菜和水果。
4. 限制含脂肪高的食物摄入。
5. 每周最好能吃 2 ~ 3 次鱼或鸡肉。
6. 每日最多食用一个鸡蛋。
7. 控制食盐和含盐食物摄入。
8. 适当增加奶制品摄入。
9. 适度饮酒，控制体重。

本 章 小 结

1. 氨基酸　蛋白质水解能得到各种混合氨基酸，α–氨基酸是构成蛋白质的基本单元，大部分的 α–氨基酸都有旋光性。氨基酸主要化学性质有：

（1）两性电离及等电点：可利用此性质调节溶液 pH 值，分离、提纯氨基酸。

（2）茚三酮反应：该反应非常灵敏，可迅速鉴别 α–氨基酸。

（3）成肽反应：通常把含 100 个以上 α–氨基酸的多肽称为蛋白质。

2. 蛋白质

（1）蛋白质的结构：蛋白质是由 C、H、N、O、S 等元素构成的天然高分子化合物，存在于有机体的细胞中，承担不同的生理功能，是生命现象的物质基础。蛋白质的一级结构又称基本结构，是指多肽链中氨基酸的顺序，其决定了蛋白质的特异性；蛋白质的二、三、四级结构合称蛋白质的空间结构，决定了蛋白质的生物学活性及生物功能。空间结构的维系主要依靠氢键。

（2）蛋白质的性质：两性电离及等电点，可用于分离、提纯蛋白质；蛋白质的盐析，即加入碱金属盐或铵盐使蛋白质发生的聚沉现象，用于分离、提纯不同的蛋白质；蛋白质的变性，蛋白质变性后会失去了原有的生物活性，变性后的蛋白质称为变性蛋白质。例如，酶变性后失去了催化功能；血红蛋白变性后失去了输送氧的功能等。显色反应，主要有缩二脲反应、蛋白黄反应、米伦反应 和茚三酮反应。蛋白质的显色反应可用于蛋白质的定性定量分析。

（3）蛋白质的作用：蛋白质是人体重要的营养物质之一，除此之外，人体所需的其他营养成分还有：糖、脂肪、维生素、矿物质、食物纤维和水等；健康膳食不仅要求能为人体提供足量的各种营养素，而且还要求保持膳食平衡，合理安排膳食结构。

目 标 检 测

一、选择题

1. 下列关于蛋白质的叙述不正确的是（   ）

    A. 天然蛋白质经水解生成 α-氨基酸

    B. 蛋白质溶液能发生丁达尔效应

    C. 蛋白质溶液中加入甲醛可以使蛋白质从溶液中析出，加水又溶解

    D. 浓硝酸溅在皮肤上，能使皮肤呈黄色是由于蛋白质和浓 HNO_3 发生了颜色反应

2. 蛋白质分子中的主键是(   )

    A. 肽键   B. 氢键   C. 二硫键   D. 酯键

3. 谷氨酸（pI=3.22）在 pH 值为 5.30 的溶液中，存在的主要形式是(   )

    A. 两性离子   B. 阳离子   C. 阴离子   D. 中性分子

4. 临床上检验患者尿中蛋白质，利用蛋白质受热凝固的性质，这是属于(   )

    A. 水解反应   B. 显色反应   C. 变性   D. 盐析

5. 重金属盐中毒急救措施是给病人服用大量的(   )

    A. 牛奶   B. 生理盐水   C. 消毒酒精   D. 醋

6. 氨基酸在等电点时具有的特点是(   )

    A. 不带正电荷   B. 不带负电荷   C. 溶解度最小   D. 在电场中不泳动

7. 欲使蛋白质沉淀且不变性，宜选用（   ）

    A. 有机溶剂   B. 重金属盐   C. 浓硫酸   D. 硫酸铵

二、填空题

1. 每 100g 蛋白质平均含氮_____g，蛋白质系数是_____。

2. 在等电点时，氨基酸或蛋白质在溶液中以_____存在。溶解度_____，在电场中_____。

3. 根据氨基酸分子中氨基与羧基的相对数目，可将氨基酸分为_____、_____和_____氨基酸三类。

4. 蛋白质溶液稳定的主要因素是_____和_____。

5. 蛋白质二级结构最基本的有两种类型，它们是_____和_____。

6. 蛋白质多肽链中的肽键是通过一个氨基酸的_____基和另一个氨基酸的_____基连接而成的。

7. 在球蛋白溶液中，加入大量饱和硫酸钠，在溶液中会出现_____现象。

三、简答题

1. 在蛋白质溶液中加入饱和硫酸铵溶液时，产生的现象是什么？

2. 消毒灭菌利用蛋白质的什么性质？

3. 将 pI =4.6 的胱氨酸放入 pH =6.5 的水溶液中，在电场作用下，向何极移动？为什么？

四、练一练

某化合物结构简式如下，请根据所给化合物回答以下问题：

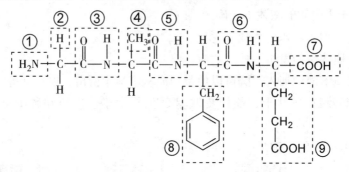

1. 该化合物中，官能团①的名称是_____；官能团⑦的名称是_____。

2. 该化合物是由_____个氨基酸分子脱水形成的。

3. 写出该化合物水解生成的氨基酸的结构简式（任写一种）_____；并写出此氨基酸与氢氧化钠溶液反应的化学方程式：_____。

第十四章　有机高分子材料

1. 掌握高分子化合物的基本概念及命名。
2. 熟悉高分子化合物的结构特点及三大合成材料。
3. 了解药用高分子化合物的特点及分类。

高分子化合物与人类的生活有着密切的关联，有机高分子材料广泛应用于医药领域，药用高分子包装材料，高分子药物以及医药用高分子辅料等为防病治病提供了新的手段和途径。本章主要介绍有机高分子化合物的一些基本概念及一些常见的有机合成高分子药物。

高分子化合物包括天然高分子化合物和合成高分子化合物，天然高分子化合物广泛存在于自然界，常见的有淀粉、纤维素、蛋白质及酶类等，它们主要存在于种子、块茎、棉、麻、丝、毛、皮以及动植物的组织细胞中。日常生活中用到的塑料、合成纤维、合成橡胶、涂料、树脂等都属于合成的高分子材料。

药用高分子是指在合成或天然高分子原有力学性能的基础上，再赋予传统使用性能以外的各种特定功能（如化学活性、光敏性、导电性、催化活性、生物相容性、药理性能、选择分类性能等）而制得的一类高分子。药用高分子材料经常作为载体、助剂或药理活性物质以提高药物制剂的安全性、长效性及专一性，其中具有药理活性的高分子化合物称高分子药物。

第一节　高分子化合物

一、高分子化合物的概念

前面学过的烃、醇、醛、羧酸、酯、葡萄糖、蔗糖等相对分子质量较低，通常在 1000Da 以下的化合物称为小分子化合物。高分子化合物是指由多种原子以相同的、多次重复的结构单元并主要由共价键连接起来的、通常是相对分子量为几万到几百万的化合物。这类化合物相对分子质量虽然很高，但其组成和结构却较为简单，大都具有较为规则的重复结构单元，即由一种或几种称为单体的小分子化合物聚合而成的，所以又称为聚合物。

能够进行聚合反应，并构成高分子基本结构组成单元的小分子称为单体。高分子化合物中组成和结构均可重复出现的最小基本单元称为重复单元，又称为链节。

$$nCH_2=CH \xrightarrow{\text{聚合}} \left[\begin{array}{c} CH_2-CH- \\ | \\ Cl \end{array}\right. \left.-CH_2-CH-\!\!\!\!\!-\!\!\!\!\! \begin{array}{c} \\ | \\ Cl \end{array}\right. \text{简写为：} \left[\begin{array}{c} H \\ | \\ CH_2-C \\ | \\ Cl \end{array}\right]_n$$

单体　　　　　　　　　　链节　　　　　　　　　　　　　　　聚合物

上式中以氯乙烯为原料，通过聚合反应得到高分子化合物聚氯乙烯，原料氯乙烯为单体。（—CH_2—$CHCl$—）为重复结构单元，即链节，n 为高分子化合物的结构单元或链节数。聚合物分子中，单体单元的数目称为聚合度，如果高分子化合物由一种单体组成，则其聚合度为 n，如果由两种单体组成，则其聚合度为 $2n$。

二、高分子化合物的命名

由一种单体通过聚合反应得到的高分子，通常在单体的前面加一"聚"字。如聚乙烯、聚丙烯、聚氯乙烯等。

$$\left[CH_2-CH_2\right]_n \qquad \left[\begin{array}{c} CH_2-CH \\ | \\ CH_3 \end{array}\right]_n \qquad \left[\begin{array}{c} CH_2-CH \\ | \\ Cl \end{array}\right]_n$$

聚乙烯　　　　　　　　聚丙烯　　　　　　　　　聚氯乙烯

两种或两种以上的单体通过缩聚反应得到的高分子化合物，通常称为树脂，前面加上单体的简称。如苯酚与甲醛反应得到的缩聚产物称酚醛树脂。

高分子化合物有时采用商品名、译名或英文缩写。如聚四氟乙烯称为特氟隆、聚甲基丙烯酸甲酯称为有机玻璃，尼龙是"nylon"的译名，聚氨酯缩写为 PU 等。

天然高分子化合物通常根据其来源和性质使用其俗名，如淀粉、纤维素、蛋白质等。

三、高分子化合物的合成

高分子化合物的合成主要有两类方法，即加成聚合反应（加聚反应）和缩合聚合反应（缩聚反应）。

（一）加聚反应

由一种或多种单体相互加成，或由环状化合物开环相互结合成聚合物的反应称为加聚反应。仅由一种单体聚合而成的，分子链中只包含一种单体构成的链节的聚合反应称为均聚反应；由两种或两种以上单体同时进行聚合，生成的聚合物含有多种单体构成的链节的聚合反应称为共聚反应。加聚反应历程可以是自由基型反应，也可以是离子型反应。

$$n\,CH_2{=}CH_2 \longrightarrow \text{{-}CH_2{-}CH_2\text{-}}_n$$

聚乙烯

（二）缩聚反应

由一种或多种单体相互缩合生成高聚物，同时有低分子物质（如水、卤化氢、氨、醇等）生成的反应称为缩聚反应。缩聚反应前后原料和产物的化学组成发生改变，例如聚酯、聚酰胺等。下式为由癸二酸和己二胺合成尼龙-610 的反应，生成的聚酰胺分子链上有酰胺键。

$$H_2N(CH_2)_6N\!\!{\overset{H}{\underset{H}{}}} + HO\!\!{\overset{O}{\underset{}{}}}C(CH_2)_8COOH \longrightarrow \text{{-}NH(CH_2)_6NHC(CH_2)_8C\text{-}}_n + 2n\,H_2O$$

四、高分子化合物的特点

高分子化合物组成简单，相对分子质量大，具有"多分散性"，是多分子的混合物。大多数高分子是由一个或多个单体聚合而成，主要有两种结构类型，一种是线性结构，一种是体型结构，如图 14-1 所示。线型结构的特征是分子中原子以共价键互相连接形成弯曲的链，如聚乙烯、纤维素等。体型结构的特征是分子链与分子链之间也有共价键相连，形成三维的空间网络结构，如硫化橡胶等。

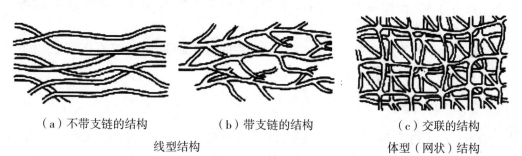

（a）不带支链的结构 （b）带支链的结构 （c）交联的结构
线型结构 体型（网状）结构

图 14-1 高分子化合物结构

高分子化合物由于其相对分子质量很大，机械强度较好；由于其分子是由共价键结合而成，有较好的绝缘性和耐腐蚀性；由于其分子链很长，呈卷曲状，有较好的可塑性和高弹性。

高分子化合物在常温常压下主要以固态或液态存在，几乎无挥发性，溶解性差，有时会发生溶胀。

第二节　塑料、合成橡胶与合成纤维

合成有机高分子材料中的三大重要合成材料是指塑料、合成橡胶和合成纤维。它们是用人工方法，以低分子化合物为原料，经化学方法合成的高分子化合物。已与钢铁、木材、水泥一起构成现代社会中的四大基础材料，是支撑现代高科技发展的重要新型材料之一，是国民经济各重要领域不可缺少的生产资料，成为人类生存和发展不可或缺的消费资料。

一、塑料

塑料制品在我们的生活中随处可见，比如塑料薄膜、食品袋、饮料水瓶等，从 20 世纪 60 年代开始，塑料被广泛使用。由于其取材容易、价格低廉、加工方便、质地轻巧，因此迅速渗入到社会生活的方方面面，创造了巨大的社会和经济效益。塑料被列为 20 世纪最伟大的发明之一，塑料的普及被称之为白色革命。塑料制品在给人们带来方便的同时，也因其难降解、燃烧后释放有毒气体等广受诟病，大量塑料制品使用后被抛弃，对环境造成极大的破坏，被称之为"白色污染"。

塑料是由多种材料制成，高分子化合物（合成树脂）是其主要成分，为了改进、提高塑料的性能，通常加入一些辅助材料，如填料、增塑剂、润滑剂、稳定剂、着色剂、抗静电剂等。根据塑料制品的用途可分为泛用塑料、工程塑料和特殊塑料。根据其受热情况可分为热塑性和热固性塑料。常用的塑料主要有聚乙烯类、聚丙烯类、聚氯乙烯类、聚苯乙烯类等。

聚乙烯由乙烯聚合而成，用途非常广泛，在医药方面可用作人工关节、人工喉、注射制品及药品包装材料等。

二、合成橡胶

合成橡胶是由人工合成的高弹性聚合物，也称合成弹性体，其产量仅低于塑料（合成树脂）、合成纤维。具有高弹性、绝缘性、气密性、耐油、耐高温或低温等性能，广泛应用于工农业、国防、交通等领域及日常生活中。

橡胶成品有液态、固态、乳状和粉末等状态。根据使用特性，合成橡胶分为通用型橡胶和特种橡胶两大类。通用型橡胶指可以部分或全部代替天然橡胶的橡胶，如丁苯橡胶、异戊橡胶、顺丁橡胶等，主要用于制造各种轮胎及一般工业橡胶制品。通用橡胶的需求量大，是合成橡胶的主要品种。特种橡胶是指具有耐高温、耐油、耐臭氧、耐老化和高气密性等特点的橡胶，常用的有硅橡胶、各种氟橡胶、聚硫橡胶等，主要在某种特殊场合中使用其特定的性质。

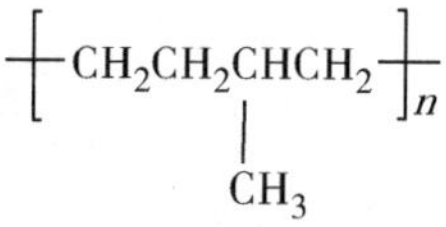

$$\left[CH_2CH_2CHCH_2 \right]_n$$
$$\underset{CH_3}{|}$$

乙丙橡胶

$$\left[H_2CC=CHCH_2 \right]_n$$
$$\underset{Cl}{|}$$

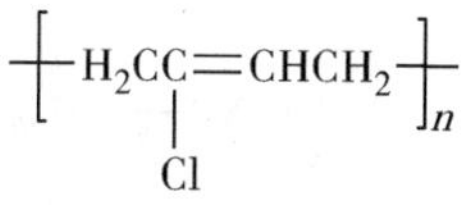

氯丁橡胶

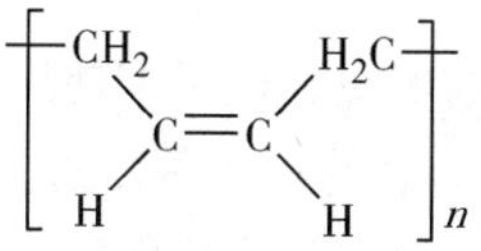

顺丁橡胶

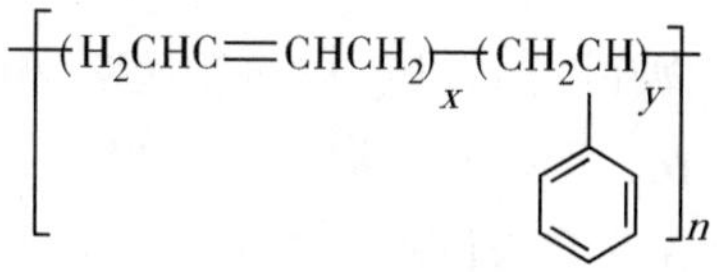

丁苯橡胶

三、合成纤维

合成纤维是指用低分子化合物为原料，通过化学合成和机械加工而制得的均匀线条或丝状高聚物。合成纤维的品种很多，如锦纶、涤纶、腈纶、维纶、丙纶和氯纶等。

合成纤维性能优良，如强度大、弹性好、耐磨、耐腐蚀、不怕虫蛀等，广泛地用于工农业生产和人们日常生活中。合成纤维的高分子化合物要求是线性结构，且相对分子质量要适当，而且能够拉伸。

涤纶是合成纤维中的一个重要品种，是聚酯纤维的商品名称。它是以对苯二甲酸（PTA）或对苯二甲酸二甲酯（DMT）和乙二醇（EG）为原料经酯化或酯交换和缩聚反应而制得的成纤高聚物——聚对苯二甲酸乙二醇酯（PET），经纺丝和后处理制成的纤维，主要用作衣料。

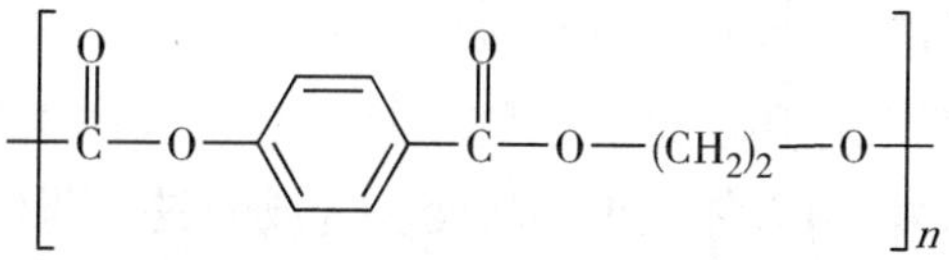

聚对苯二甲酸乙二醇酯（PET）（涤纶）

腈纶即聚丙烯腈纤维，有"合成羊毛"之美称。其弹性及蓬松度类似于天然羊毛，质轻、保暖、手感柔软，主要用作衣料。

维纶是聚乙烯醇缩醛纤维，也叫维尼纶。其性能接近棉花，有"合成棉花"之称，是现有合成纤维中吸湿性最大的品种，主要用于工业生产。

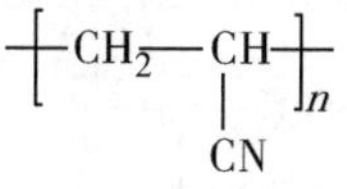

聚丙烯腈纤维（腈纶） 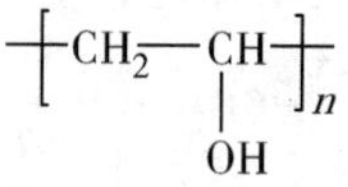　　聚乙烯醇缩醛纤维（维纶）

尼龙-66 由己二酸和己二胺缩聚而成，强切耐磨、弹性高、质量轻、染色性好，较不易起皱，抗疲劳性好，主要用于工业生产。

$$\left[\!\!\begin{array}{c}NH-(CH_2)_6-NH-\overset{\displaystyle O}{\overset{\|}{C}}-(CH_2)_4-\overset{\displaystyle O}{\overset{\|}{C}}\end{array}\!\!\right]_n$$

聚己二酰己二胺纤维（尼龙-66）

第三节　合成高分子药物

高分子化合物在医药领域中的应用已有相当长的历史，但早期使用的都是天然高分子化合物，如树胶、动物胶、淀粉、低聚糖、甚至动物的尸体等。近一个多世纪以来，人们通过有机合成的方法得到了大量的低分子药物，为人类疾病的治疗做出了巨大的贡献。但通过有机合成的低分子药物存在着很大的副作用，而且低分子药物在生物体内新陈代谢速度快、半衰期短、易排泄、选择性低，需要在治疗期间频繁进药，可能会导致过敏、急性中毒和其他副作用。

合成高分子药物的出现，不仅改进了低分子药物的不足之处，而且丰富了药物的品种，为疾病的预防和治疗提供了新的手段。高分子药物具有低毒性、高效性、缓释和长效性，与机体的相容性好，停留时间长等特点。还可通过单体的选择和共聚组分的变化，调节药物的释放速率，达到提高药物的活性、降低毒性和副作用的目的。进入人体后，可有效地到达病患部位。

根据其结构和制剂的形式，高分子药物大致可分为具有药理活性的高分子药物、高分子载体药物、高分子配合物药物、高分子包埋的小分子药物四类。

一、具有药理活性的高分子药物

具有药理活性的高分子药物只有整个高分子链才显示出药理活性，它们相应的低分子模型化合物一般并无药理作用。这类药物本身具有与人体生理组织作用的理化性质，能克服肌体的功能障碍，治愈人体组织的病变。合成的具有药理活性的高分子药物的研发和应用的历史并不长，有些药物的药理作用尚不十分清楚。但是，由于生物体本身就是由高分子化合物构成的，因此，高分子药物应该比低分子药物更容易被生物体接受。

聚丙烯酰胺可以减少管道阻力，用于治疗动脉硬化及因此而引起的心血管疾病。聚丙烯酰胺无毒，少量进入血液也未见任何不良影响，但丙烯酰胺单体对中枢神经有麻痹作用。

聚乙烯硫酸钠具有抗凝作用，对肿胀、浮肿、血肿等具有软化和吸收促进作用。

$$\left[\!\!\begin{array}{c}CH_2-CH\\|\\CONH_2\end{array}\!\!\right]_n \qquad \left[\!\!\begin{array}{c}CH_2-CH\\|\\SO_3Na\end{array}\!\!\right]_n$$

聚丙烯酰胺　　　　　　　聚乙烯硫酸钠

二、高分子载体药物

高分子化的低分子药物称为高分子载体药物。低分子药物分子中常含有氨基、羧基、羟基、酯基等活性基团，这些基团易与高分子化合物结合。用与低分子药物不起化学反应的高分子作为药物载体，起疗效作用的仍然是低分子活性基，高分子仅起骨架或载体的作用。能控制药物缓慢释放，药性持久、疗效提高、排泄减少。高分子载体能把药物有选择地输送到体内确定部位，并能识别变异细胞，药物稳定性好，无毒，副作用小，不会在体内长时间积累。高分子载体药物分子结构模型如图14-2所示。

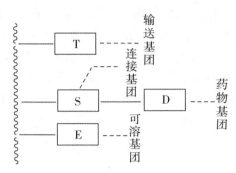

林斯道夫（Ringsdorf）模型

图14-2　高分子载体药物分子结构模型

高分子载体药物中应包含四类基团：药理活性基团、连接基团、输送基团和使整个高分子能溶解的基团。连接基团的作用是使低分子药物与聚合物主链形成稳定的或暂时的结合，而在体液和酶的作用下通过水解、离子交换或酶促反应可使药物基团重新断裂下来。输送基团是一些与生物体某些性质有关的基团，如磺酰胺基团与酸碱性有密切依赖关系，通过它可将药物分子有选择地输送到特定的组织细胞中。

青霉素是一种抗多种病菌的广谱抗生素，应用十分普遍。它具有易吸收、见效快的特点，但也有排泄快的缺点。利用青霉素结构中的羧基、氨基与高分子载体反应，可得到疗效长的高分子青霉素。如图14-3所示，将青霉素与乙烯醇-乙烯胺共聚物以酰胺键相结合，得到水溶性的高分子药物，这种高分子青霉素在人体内停留时间比低分子青霉素长30~40倍。

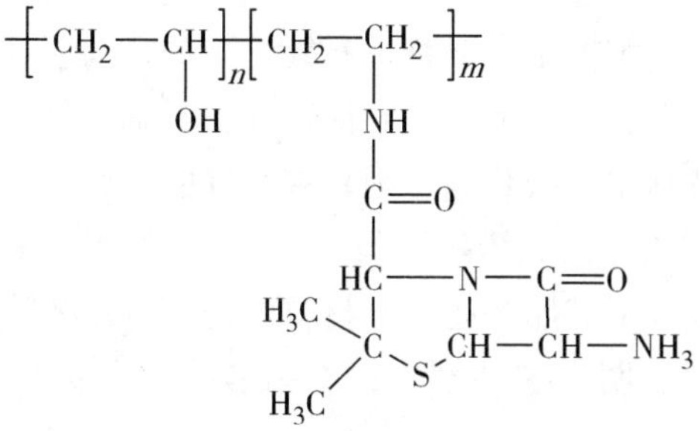

$$\begin{array}{c} \left[CH_2-CH\right]_n\left[CH_2-CH_2\right]_m \\ | \qquad\qquad | \\ OH \qquad\qquad NH \\ | \\ C=O \\ | \\ HC-N-C=O \\ H_3C\ | \quad | \quad | \\ C \quad CH-CH-NH_3 \\ H_3C\ S \end{array}$$

图14-3　乙烯醇-乙烯胺共聚物载体青霉素

三、高分子配合物药物

高分子化合物中一些基团的氮或氧原子能够与金属离子或小分子进行络合，生成具有一定物理、化学稳定性的络合物。生成的络合物既能保持原化合物的生理活性，又能降低毒性和刺激性，达到低毒、高效和缓释的作用。

碘酒曾经是一种最常用的外用杀菌剂，消毒效果很好，但是它的刺激性和毒性较大。将碘与聚乙烯吡咯烷酮络合，可形成水溶性的络合物。这种在药理上与碘酒有同样的杀菌作用的络合物就是碘伏（PVP–I），它是目前临床上最常用的外用消毒剂。

碘伏是单质碘与聚乙烯吡咯烷酮的不定型络合物。聚乙烯吡咯烷酮可溶解分散9%～12%的碘，此时呈现紫黑色液体。但医用碘伏通常浓度较低（1%或以下），呈现浅棕色。由于络合物中碘的释放速度缓慢，因此刺激性小，安全性高，可用于皮肤、口腔和其他部位的消毒。

$$\left[CH_2CH\right]_n$$

络合碘（PVP–I）

四、高分子包埋的小分子药物

高分子包埋的小分子药物起药理活性作用的是低分子药物，它们以物理的方式被包裹在高分子膜中，并通过高分子材料逐渐释放。典型代表药物为微胶囊。微胶囊是指以高分子膜为外壳、其中包有被保护或被密封的物质的微小包囊物。

低分子药物被高分子膜包裹后，可以避免药物与人体直接接触，有效药物只有通过渗透高分子壁或侵蚀高分子膜、溶解后逐渐释放出来。能够延缓、控制药物的释放速度，屏蔽药物的毒性、刺激性、苦味等不良性质，提高其治疗效果。微胶囊药物不与空气接触，防止药物贮存、运输过程中的氧化、吸潮、变色等现象，增加其稳定性。

氨茶碱可有效治疗支气管扩张，但是其有效治疗剂量与引起中毒剂量非常接近。血液中氨茶碱浓度超标会出现恶心、呕吐、心律不齐、心肺功能衰竭等不良反应。用羟丙基甲基纤维素包埋氨茶碱制成的微胶囊，则具有很好的缓释性，提高了用药的安全性。

维生素C分子中含有相邻的二烯醇结构，在空气中极易被氧化而变黄，用乙基纤维素、羟丙基甲基纤维素苯二甲酸酯等高分子材料为壁膜制成的维生素C微胶囊，则延缓维生素C的氧化。试验还表明，这种维生素C微胶囊进入人体后，两小时内完全溶解释放。

本 章 小 结

1. 高分子化合物的基本概念 包括单体、链节、结构单元等。

2. **高分子化合物的命名**　通常根据其来源和性质采用俗名。

3. **高分子化合物的分类**　由于高分子相对分子质量很大，一般在一万到几十万甚至几百万，包括天然高分子和合成高分子两大类。

4. **常见的高分子化合物**　介绍三大常见的高分子材料，塑料、合成橡胶及合成纤维。

5. **高分子化合物的医药用途**　高分子化合物在药物制剂中一般作为辅料使用，但也有些具有药理活性的高分子药物。高分子药物根据其结构和制剂的形式不同大致可分为四类：即具有药理活性的高分子药物、高分子载体药物、高分子配合物药物、高分子包埋的小分子药物。

目 标 检 测

一、名词解释

1. 单体　　　　2. 链节　　　　3. 聚合度　　　　4. 加聚反应　　　　5. 缩聚反应

二、简答题

1. 高分子化合物有哪些主要特性？
2. 高分子化合物的合成方法有哪些？举例说明。
3. 高分子材料作为药物载体需要满足哪些条件？

实 验 部 分

有机化学实验常识

一、安全知识

有机溶剂大都易燃，如乙醇、丙酮、苯等，特别是乙醚。常用气体如氢气、乙炔等易燃易爆。常用药品如浓硫酸、浓硝酸、浓盐酸、烧碱及溴等有腐蚀性。有毒药品也不少，如氰化钠、硝基苯和某些有机磷化合物等。因此应特别注意安全操作。

1. 引起火灾的条件和着火后的处理方法

（1）爆炸混合物　空气中混有易燃有机物蒸气达到某一极限时，遇有明火即发生燃烧爆炸，称为爆炸极限，如乙醚及苯爆炸极限均很低，为 1% ~ 2%，闪点也很低，低于 0℃。

（2）火种　由于敲击、鞋钉磨擦、马达炭刷或电器开关等产生的火花。

若遇着火，应沉着，立即关闭煤气，切断电源，熄灭火种。小火用湿布或石棉布扑灭，少量溶剂（如几毫升）可任其烧完，并转移附近易燃物质；大火须用灭火器。

四氯化碳灭火器高温时生成剧毒的光气，我国已禁止生产和使用；二氧化碳灭火器可用以扑灭有机物及电器设备的着火；泡沫灭火器为含发泡剂的碳酸氢钠溶液和硫酸铝溶液，使用时将筒身倾倒，二者混合反应生成大量的二氧化碳成泡沫喷出，后处理较麻烦。

注意油浴和有机溶剂着火不能用水浇；衣服着火不能跑，应当就地打滚或用厚外衣包裹使之熄灭。

2. 有机化学实验安全操作事项　做有机化学实验时，应注意以下几点：①不能用明火加热有机溶剂；②蒸馏乙醚要远离火源；③金属钠应浸在煤油中，反应后剩下的钠用乙醇处理，磷放在煤油中；④乙醚易生成过氧化物，蒸馏时应注意，可用淀粉-KI 检验，用 $FeSO_4$ 防止过氧化物生成。

3. 试剂烧伤和溅入眼内的事故处理　试剂烧伤做如下处理：①若被酸性试剂烧伤先用水洗，再用 3% ~ 5% 碳酸氢钠溶液洗，再水洗、消毒、擦干、涂烫伤油膏。②若被碱性试剂烧伤先用水洗，再用 2% 醋酸液洗，再水洗，其余同上。③若被溴灼伤先用水洗，再用酒精擦至无溴液存在为止，其余同上。

试剂溅入眼内做如下处理：①是酸性的先用水洗，再用1%碳酸氢钠溶液洗。②是碱性的先用水洗，再用1%硼酸溶液洗。③是溴液先用水洗，再用酒精擦至无溴液存在为止。④若有碎玻璃则用镊子移去玻璃，或在盆中用水洗，切勿用手揉动。

二、常用溶剂的处理

1. 乙醚→无水乙醚　加硫酸亚铁或亚硫酸氢钠溶液除去水。

2. 乙醇→无水乙醇或绝对乙醇　①用生石灰处理工业乙醇，使水转变成不溶解的氢氧化钙，然后蒸出乙醇，再用金属钠（或镁）干燥，这是最经典的方法。②用离子交换剂或分子筛脱水，然后再精馏。

3. 苯→无水无噻吩苯　用浓硫酸除噻吩，用无水 $CaCl_2$ 干燥。噻吩的检验：用靛红浓硫酸溶液振荡片刻，显浅蓝绿色。

三、有机化学实验基本操作

1. 常压蒸馏　常压蒸馏装置由以下几部分组成：

（1）温度计　最高温度应比溶液的沸点高20℃左右，安装时使其汞球上端与蒸馏烧瓶支管下侧成一直线。沸点低于-38℃不能使用水银温度计，可装入有机液体如甲苯（-90℃）、正戊烷（-130℃）等。

（2）沸石　加热之前加，反应中途发现未加沸石需待蒸馏液冷却后再加入，否则可能引起暴沸。

（3）冷凝管　沸点在140℃以下选用直型冷凝管，用水冷却；沸点在140℃以上选用空气冷凝管。

（4）接收器　三角瓶、三角吸滤瓶或蒸馏烧瓶。对于易挥发、易着火、有剧毒的物质，接收器支管应接橡皮管通入水槽并不断通水。蒸馏有毒物质应在通风橱内进行。

（5）加热浴　80℃以下用水浴；100℃用沸水浴或水蒸气浴；高于100℃用空气浴，100℃~250℃用油浴。石蜡可达220℃，甘油达140℃~150℃；高于200℃用硅油或真空泵油。热浴温度一般比沸点高20℃~30℃，控制馏出速度为1~2滴/秒，热浴液面应和蒸馏瓶内液面相当。熔盐：硝酸钠和硝酸钾混合物在218℃熔化，使用到700℃；40%亚硝酸钠、7%硝酸钾在142℃熔化，使用范围为150℃~500℃。

（6）冷却液　水可冷却到室温，室温以下用冰或冰水混合物。食盐与碎冰（1:3）适用于-5℃~-18℃，最低-21℃；冰与 $CaCl_2 \cdot 6H_2O$ [（7~8）:10] 适用于-20℃~-40℃；干冰（固态 CO_2）与乙醇混合可冷却到-72℃；干冰与乙醚、丙酮或氯仿混合可冷却到-77℃。

2. 水蒸气蒸馏　特别适用于有大量树脂状杂质。提纯物必须具备以下条件：①不溶或几乎不溶于水；②在沸腾状态与水长期共存不起化学变化；③在100℃时有一定的蒸气压（不少于 1.3×10^3 Pa）。过热水蒸气可用于130~660Pa蒸气压。停止操作时应先打开螺旋夹使水蒸气发生器与大气相通，然后移去热源。

3. 减压蒸馏 采用克氏蒸馏瓶，瓶的一颈中插入温度计，另一颈中插入一根距瓶底 1~2mm 的末端拉成细丝的毛细管。毛细管的上端连有一段带螺旋夹的橡皮管，螺旋夹用以调节进入空气的量，使极少量的空气进入液体，呈微小气泡冒出，作为液体沸腾的汽化中心，使蒸馏平稳进行，又起搅拌作用。

减压范围：水泵为 $10^5 \sim 10^3 Pa$，水温越低蒸气压越低；油泵为 $10^3 \sim 13Pa$；扩散泵为 $0.13 \sim 0.001Pa$。

停止减压蒸馏操作次序：移去热源，通大气，关闭油泵。

4. 重结晶与过滤 纯化固体有机物常用合适的溶剂进行重结晶。

（1）溶剂的选择 若杂质溶解度很大可留于溶液中，若杂质溶解度很小可留于残渣中。要求溶剂对纯化物质的溶解度随温度变化大，沸点不宜太高或太低，如无合适的单一溶剂时，可选用混合溶剂。混合溶剂一般由两种能以任意比互溶的溶剂组成，其中一种易溶解纯化物质，另一种难溶解。

（2）活性炭脱色 适用于溶液中存在少量树脂状物质或极细的不溶性杂质。操作应注意：先将溶质溶解在热溶液中；待溶液稍冷后加入活性炭摇匀；煮沸 5~10 分钟，趁热过滤；不能在近沸的溶液中加入活性炭，否则易引起暴沸；在非极性溶剂（如苯、石油醚）中，活性炭脱色效果不好时，可用其他办法，如氧化铝吸附等。

（3）过滤 应趁热进行。折叠滤纸、常压过滤（可用保温漏斗）；吸滤应避免吸滤过程中结晶析出，但有时杂质也会通过滤孔或结晶堵塞滤孔。漏斗应预热，并用热溶剂润湿滤纸。

（4）结晶 迅速冷却晶体较小，晶体中杂质少，但表面母液较多；慢慢冷却晶体较大，但往往有母液留在晶体之间，也有杂质。第二次结晶时应慢慢冷却，得到的晶体均匀，性能较好。

5. 干燥剂的选择 一类与水可逆地结合生成水合物，如 H_2SO_4、Na_2SO_4、$MgSO_4$、$CuSO_4$、无水 $CaCl_2$、K_2CO_3 和固体 KOH 等，均不能完全去水。另一类能与水发生不可逆反应生成新的化合物，如 P_2O_5、CaO 和 Na、Mg 等，蒸馏时不必滤除。选择干燥剂应注意：

（1）碱性物质不能用酸性干燥剂干燥。

（2）$CaCl_2$ 不能干燥醇、酚、胺、脂、酸、酰胺、酮、醛等，因形成分子络合物，且由于其中含有 $Ca(OH)_2$ 等碱性物质，不适于干燥酸性化合物。

$MgSO_4$ 是一种很好的中性干燥剂，可干燥许多 $CaCl_2$ 不能干燥的化合物；固体 KOH（NaOH）可干燥氨气、胺等物质；五氧化二磷（P_2O_5）可干燥醇类、酮类；浓硫酸只能干燥溴、烷、卤代烷。

四、有机化学实验常用的玻璃仪器

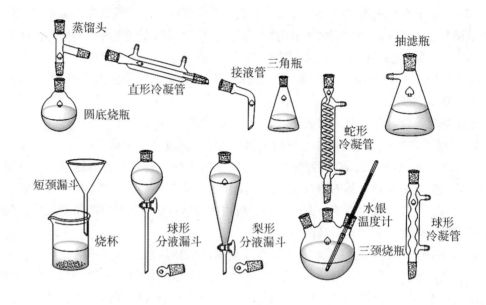

实验一　饱和烃和不饱和烃的性质

一、实验目的

1. 比较饱和烃和不饱和烃的化学性质。
2. 验证不饱和烃的化学性质。

二、实验原理

　　烷烃分子中碳原子间都是以碳碳单键相连，呈饱和态，因此烷烃的性质比较稳定，耐酸、耐碱、耐氧化。烯烃分子和炔烃分子中分别含有不饱和的碳碳双键和碳碳三键，因此容易发生加成反应，使溴的四氯化碳溶液退色；容易被酸性高锰酸钾溶液氧化，使得高锰酸钾溶液紫色退去；乙炔及其他末端炔烃能与硝酸银氨溶液发生末端炔烃反应，产生炔化银白色沉淀，也能与氯化亚铜氨溶液反应产生红棕色的沉淀。

三、仪器与试剂

　　1. 仪器　试管、试管架、试管夹、制乙炔气的简易装置、石棉网、酒精灯。
　　2. 试剂　精制石油醚（低相对分子质量的烷烃混合物）、环己烯、电石、3%溴的四氯化碳溶液、四氯化碳、0.5%高锰酸钾酸性溶液、硝酸银氨溶液、氯化亚铜氨溶液。

四、实验操作

1. 不饱和烃与饱和烃的性质比较

（1）与溴的四氯化碳溶液的反应 在两支试管中分别加入5滴环己烯和精制石油醚，再加入2mL四氯化碳，然后分别滴加5滴3%溴的四氯化碳溶液，随时摇动试管，观察溴的橙红色是否退去。

（2）与高锰酸钾溶液的反应 在两支试管中分别加入15滴环己烯和精制石油醚，再分别滴加0.5%高锰酸钾酸性溶液，随时摇动试管，观察高锰酸钾溶液紫色是否退去及有无褐色二氧化锰沉淀生成。

2. 乙炔的制取和性质

（1）乙炔的制取 如实验图1-1所示，乙炔可由电石和水反应制备，乙炔气体通常混有硫化氢、磷化氢等杂质，须用硫酸铜溶液洗气。乙炔最好收集在试管或集气瓶中再进行点燃试验，谨防从制气装置的出气管口直接点燃，此操作可能引起爆炸！要谨防不安全事故的发生。

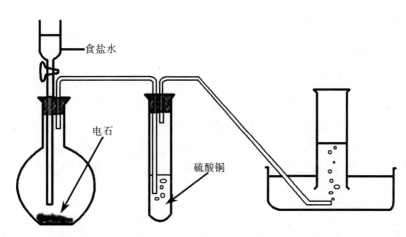

食盐水

电石

硫酸铜

实验图 1-1 乙炔的简易制气装置

（2）乙炔的加成与氧化 取两支试管分别加入3mL溴的四氯化碳溶液和3mL高锰酸钾溶液，分别通入乙炔气体5分钟，持续观察现象并解释原因。

（3）金属炔化物的生成 在两支试管中分别加入2mL硝酸银氨溶液和2mL氯化亚铜氨溶液。再分别通入乙炔气体，观察是否有沉淀生成及沉淀的颜色。用玻璃棒挑出少许（小米粒大小）金属炔化物沉淀，放在石棉网上，用小火加热，观察其爆炸情况。

观察完毕，必须立即在试管中加入稀硝酸将金属炔化物分解后弃去。

五、注意事项

1. 石油醚极易燃烧，请勿靠近明火。

2. 溴的四氯化碳溶液和酸性高锰酸钾溶液的浓度要低，颜色尽量淡些，必要时可适当稀释。

3. 千万不要贸然点燃乙炔发生装置，谨防爆炸危险。

六、思考题

1. 精制石油醚是什么成分？
2. 为什么环己烯能够使酸性高锰酸钾溶液退色？
3. 实验完毕后金属炔化物应该怎样处理？

实验二　芳香烃和卤代烃的性质

一、实验目的

1. 验证苯的取代反应。
2. 学会鉴别苯和甲苯。
3. 验证卤代烃的性质。

二、实验原理

苯在铁粉作用下能够和液溴发生取代反应，反应很剧烈；苯也能够在混合酸的作用下发生硝化反应，生成硝基苯。甲苯、二甲苯分子中苯环上的甲基氢原子很活泼，能够被酸性高锰酸钾溶液氧化，从而使高锰酸钾溶液退色；苯不与酸性高锰酸钾溶液反应。

卤代烷与硝酸银的醇溶液反应，卤原子与银离子结合成卤化银沉淀，同时生成硝酸酯。卤代烃与硝酸银的醇溶液作用的反应活性与卤代烃的结构有着密切关系。

三、仪器与试剂

1. 仪器　试管、试管架、试管夹、烧杯、玻璃棒、石棉网、酒精灯、水浴锅。

2. 试剂　苯、甲苯、二甲苯、10%氢氧化钠溶液、铁屑、液溴、浓硫酸、浓硝酸、高锰酸钾酸性溶液、1-氯丁烷、2-氯丁烷、2-甲基-2-氯丙烷、氯苯和苄氯、1%硝酸银乙醇溶液、5%硝酸。

四、实验操作

1. 芳烃的性质

（1）苯的溴代　在一干燥试管中加入1mL苯，再滴加3滴液溴，然后加少许铁屑，振荡后观察现象。如无反应发生，可在沸水浴上温热片刻，观察现象。用润湿的蓝色石蕊试纸接近试管口，观察有何变化。待反应缓和后，在水浴上加热数分钟，使反应趋于完全。

然后将试管中液体倒入盛有10mL水的烧杯中，用玻璃棒搅拌，观察现象。再往混合液里滴加10%氢氧化钠溶液，边加边摇动，观察有机层颜色变化。解释所有变化原因。

（2）**苯的硝化**　在一干燥试管中加入 1.5mL 浓硝酸，再慢慢加入 2mL 浓硫酸，充分混合后冷却至室温，在振摇下慢慢滴加 1mL 苯。若反应放热剧烈，可用冷水浴冷却。然后在 50℃~60℃ 水浴上加热 10 分钟，把反应液倾入盛有 20mL 冷水的烧杯中搅拌、静置，观察现象。

（3）**甲苯、二甲苯的氧化**　取三支试管，分别向试管中加入苯、甲苯、二甲苯各 2mL，各滴加 3 滴高锰酸钾酸性溶液，用力振荡，观察溶液的颜色变化。

2. 卤代烃的性质　卤代烃与硝酸银醇溶液的作用：在五支干燥的试管中分别滴加 3 滴 1-氯丁烷、2-氯丁烷、2-甲基-2-氯丙烷、氯苯和苄氯，然后往每支试管加入 1mL1% 硝酸银乙醇溶液。边加边摇动试管，观察每支试管是否有沉淀析出，记下析出沉淀的时间；5 分钟后，将无沉淀析出者置于水浴中加热至微沸片刻再观察。在所有析出沉淀的试管中滴加 1 滴 5% 硝酸，沉淀不溶者表示有氯化银沉淀生成。比较样品的活泼性顺序。

注意：本实验中，切不可加入浓硝酸，因为浓硝酸与醇反应产物极有可能引起爆炸。

五、注意事项

1. 虽然实验试剂的用量微型化，但由于液溴、硝基苯毒性很大而且容易逸散，实验一定要在通风良好的环境中进行。
2. 甲苯与酸性高锰酸钾的反应一定要注意振荡。

六、思考题

1. 苯的溴代反应产物检验时，为什么要加入氢氧化钠溶液？
2. 将 1 滴苯滴在泡沫塑料上，观察有什么现象？硝基苯是什么颜色？有什么气味？
3. 卤代烷与硝酸银反应的活性顺序如何？

实验三　乙醇和苯酚的性质

一、实验目的

1. 验证乙醇、苯酚的性质。
2. 加深对乙醇、苯酚性质的认识。

二、实验原理

乙醇和苯酚的官能团都是羟基，但由于羟基所连接的烃基不同，因此乙醇和苯酚的性质有比较显著的差异。

乙醇与金属钠反应生成强碱性物质——乙醇钠，同时放出氢气。乙醇与重铬酸钾（$K_2Cr_2O_7$）酸性溶液发生氧化反应，重铬酸钾溶液的橙红色变成墨绿色。

苯酚微溶于水，其水溶液呈弱酸性，与强碱作用形成酚盐而溶于水。苯酚与三氯化铁作用显紫色，可用于苯酚的鉴别。苯酚中的羟基活化了苯环，使得苯环上容易发生取代反应，如苯酚与溴水作用立即生成三溴苯酚的白色沉淀。

三、仪器与试剂

1. 仪器 试管、试管架、试管夹、带针孔的胶塞、药匙、镊子、玻璃片、小刀、酒精灯。

2. 试剂 无水乙醇、95% 乙醇、金属钠、酚酞试液、浓硫酸、5% 重铬酸钾、苯酚晶体、5% 氢氧化钠、10% 盐酸、1% 三氯化铁、浓溴水。

四、实验操作

1. 乙醇的性质

（1）乙醇与金属钠的反应 往一干燥的试管中加入 1mL 无水乙醇，然后加入一粒绿豆大小的金属钠，塞上带针孔的胶塞，反应进行半分钟后小心地用火柴点燃生成的气体，记录并解释观察到的现象。待金属钠完全消失后，往试管中加入 2mL 水，再滴加 1 滴酚酞试液，记录并解释观察到的现象。

（2）乙醇的氧化反应 往一试管中滴加 5 滴 5% 重铬酸钾试液和 1 滴浓硫酸，混匀后滴加 3~4 滴 95% 乙醇，振摇试管并微热，记录并解释观察到的现象。

2. 苯酚的性质

（1）苯酚在水中的溶解性 往试管中加入少量苯酚晶体，然后加入 1~2mL 水，振摇试管，观察现象（浑浊）。加热苯酚和水的混合物，观察现象（浑浊液变澄清）。再使澄清液冷却，观察现象（澄清液变浑浊）。解释观察到的现象。

（2）苯酚的弱酸性 往上述浑浊的苯酚和水的混合物中逐滴滴加 5% 氢氧化钠溶液，边滴加边振摇，直至浑浊液变澄清为止，然后滴加 10% 盐酸溶液至溶液呈酸性，澄清液又变浑浊。解释观察到的现象。

（3）苯酚与三氯化铁的显色反应 往试管中加入 1mL 苯酚的饱和水溶液，然后逐滴滴加 1% 三氯化铁溶液，振摇试管，记录并解释观察到的现象。

（4）苯酚与溴水作用 往试管中滴加 2 滴苯酚的饱和水溶液，然后加入 2mL 水稀释，再在振摇下逐滴滴加饱和溴水直至生成白色沉淀，解释观察到的现象。

五、注意事项

1. 用镊子从煤油中取出的金属钠放在玻璃片上，用小刀切去外皮并切成所需大小，再用滤纸吸干表面煤油供实验使用。切下的外皮和剩下的金属钠应放回原瓶中。

2. 如果乙醇与金属钠的反应停止后仍有残余的金属钠，需用镊子将钠取出放到乙醇中破坏，然后加水，否则金属钠遇水反应剧烈。

3. 苯酚与三氯化铁的显色反应中三氯化铁溶液不宜滴加过多，否则生成物的颜色容易被三氯化铁溶液的深黄色所掩盖，观察不到正确的结果。

4. 苯酚与溴水作用时若滴加的溴水过量，白色沉淀会转化为淡黄色的四溴化物沉淀。若滴加的溴水量不足，即苯酚过量，则观察不到白色的沉淀，因为生成的三溴苯酚溶于苯酚中，所以需滴加稍过量溴水。

六、思考题

1. 为什么乙醇与金属钠作用时必须使用无水乙醇和干燥的试管？
2. 为什么苯酚与三氯化铁的显色反应中三氯化铁不宜过量？为什么苯酚与溴水作用时需用稍过量的溴水才能观察到白色沉淀？

实验四　醛和酮的性质

一、实验目的

1. 学会进行醛和酮主要化学性质的实验操作。
2. 实验验证醛和酮的主要化学性质。
3. 学会用化学方法鉴别醛和酮。

二、实验原理

醛和酮都含有羰基，因此它们具有许多相似的化学性质。如都能与 2,4-二硝基苯肼反应析出晶体。但由于醛基的羰基碳上连有一个氢原子，故醛的化学性质较酮活泼，易被弱氧化剂氧化，如醛能与托伦试剂和斐林试剂反应，能与希夫试剂（品红亚硫酸试剂）发生颜色反应，而酮不发生这些反应。

具有 $CH_3—CO—R(H)$ 结构的醛、酮或具有 $CH_3—CH(OH)—R(H)$ 结构的醇都能发生在碱性溶液中与碘作用生成碘仿的反应，碘仿为有特臭的黄色固体，易识别。

丙酮在碱性溶液中能与亚硝酰铁氰化钠作用显红色，此反应可用作检验丙酮的存在。

三、仪器与试剂

1. 仪器　试管、烧杯、酒精灯、石棉网、温度计。

2. 试剂　饱和亚硫酸氢钠溶液、1mol/L 氢氧化钠溶液、2.5mol/L 氢氧化钠溶液、0.05mol/L 硝酸银溶液、希夫试剂、乙醇、2.5mol/L 盐酸、福尔马林（甲醛水溶液）、乙醛、丙酮、斐林试剂甲、斐林试剂乙、2,4-二硝基苯肼溶液、苯甲醛、碘溶液、2mol/L 氨水、0.05mol/L 亚硝酰铁氰化钠溶液。

四、实验操作

1. 与 2,4-二硝基苯肼的反应　取四支试管各加 2,4-二硝基苯肼溶液 1mL，然后在其中三支试管内分别加入福尔马林、乙醛、丙酮各 2 滴，振摇试管，观察并解释发生的变化。

2. 与亚硫酸氢钠的反应　取两支干燥试管各加入饱和亚硫酸氢钠溶液 1 滴，然后分别加入丙酮、苯甲醛各 5 滴，振摇，用冰水冷却试管，注意观察变化。若无晶体析出再加乙醇 1mL。往生成结晶的试管中滴加 2.5mol/L 盐酸，观察并解释发生的变化。

3. 碘仿反应　取四支试管分别加入福尔马林、乙醛、乙醇、丙酮各 1 滴，再各加碘溶液 10 滴，然后分别滴加 2.5mol/L 氢氧化钠溶液，到碘的颜色恰好退去。观察并解释发生的变化。

4. 银镜反应　在洁净的大试管中加入 2mL 0.05mol/L 硝酸银溶液，再加入 1 滴 2.5mol/L 氢氧化钠溶液，然后在振摇下逐滴加入 2mol/L 氨水，直到生成的氧化银沉淀恰好溶解为止。把配好的溶液分装于两支洁净的试管中，然后分别加乙醛、丙酮各 5 滴，摇匀，置于 80℃ 的水浴中加热，观察并解释发生的变化。

5. 斐林反应　在大试管中将斐林试剂甲和斐林试剂乙各 2mL 混合均匀，然后分装于四支大试管中，分别加入福尔马林、乙醛、丙酮、苯甲醛各 1 滴，振摇，置于 80℃ 水浴中加热 2~3 分钟，观察并解释发生的变化。

6. 希夫反应　取三支试管各加希夫试剂 1mL，然后分别加福尔马林、乙醛、丙酮各 1 滴，摇匀，观察并解释发生的变化。

7. 丙酮的显色反应　往洁净的试管中加入 10 滴丙酮，再滴入 5 滴 0.05mol/L 亚硝酰铁氰化钠溶液和 3 滴 1mol/L 氢氧化钠溶液，振摇，观察现象。

五、注意事项

1. 斐林试剂应在使用前将斐林试剂甲和斐林试剂乙等体积混合使用。

2. 进行托伦反应必须注意：

（1）试管壁要十分洁净，否则不能形成明亮的银镜。

（2）溶解氧化银的氨水不能过多，否则影响实验效果。

（3）托伦试剂应临时配制，不宜久置，以免生成爆炸性的黑色氮化银。

（4）反应物不能明火加热。

3. 进行希夫反应时应注意：

（1）此试剂不能受热，不能呈碱性，否则失去二氧化硫而恢复品红的颜色，应在冷却下或酸性条件下与醛进行反应。

（2）一些酮和不饱和化合物与亚硫酸作用使试剂恢复品红原来的颜色（不是紫色），不能认为阳性反应。

4. 碘仿反应中样品（如丙酮）不能过多，加碱不能过量，加热不能过久，否则都能使生成的碘仿溶解或分解而干扰反应。

六、思考题

1. 何种结构的化合物能发生碘仿反应？

2. 说出几种鉴别醛和酮的方法。

3. 斐林试剂甲和斐林试剂乙为何要分开存放？

实验五　羧酸的性质

一、实验目的

1. 学会进行羧酸和取代羧酸主要化学性质实验操作。
2. 掌握草酸脱羧和酯化反应的规范操作。

二、实验原理

羧酸分子中含有羧基，羰基和羟基相互影响的结果使其显示特有的性质。如具有酸性，羧酸与无机强碱生成能溶于水的强碱弱酸盐，从而使不溶于水的羧酸溶于强碱溶液中。羧酸既能溶于氢氧化钠又能溶于碳酸钠、碳酸氢钠。

甲酸中除含有羧基外还含有醛基，因此具有还原性，可与托伦试剂反应产生银镜；与斐林试剂产生砖红色氧化亚铜；也能被高锰酸钾氧化。甲酸酸性比乙酸强。

草酸也具有还原性，能使高锰酸钾氧化，受热可发生脱羧反应。

羧酸在浓硫酸作用下，与醇发生分子间脱水生成酯，称为酯化反应。大多数酯具有水果香味。

三、仪器与试剂

1. 仪器　试管、试管夹、药匙、带塞导管、铁架台、酒精灯、烧杯、量筒、蓝色石蕊试纸、火柴、点滴板、水浴。

2. 试剂　0.1mol/L 甲酸、醋酸和草酸、10g/L 氢氧化钠溶液、无水碳酸钠、50g/L 硝酸银溶液、2g/L 高锰酸钾溶液、3mol/L 硫酸溶液、澄清石灰水、无水乙醇、冰醋酸、浓硫酸、广泛 pH 试纸、草酸固体、10g/L 氨水。

四、实验操作

1. 羧酸的酸性

（1）羧酸的酸性比较　分别取 2 滴 0.1mol/L 甲酸、0.1mol/L 醋酸和 0.1mol/L 草酸少许，于点滴板的 3 个凹孔中，将 3 小片 pH 试纸至于表面皿上，用玻璃棒分别蘸取上述 3 种溶液于 pH 试纸上，记录各 pH 试纸值，比较并解释 3 种酸的酸性强弱。

（2）与碳酸盐反应　取一支试管，加入少许无水碳酸钠，再滴加醋酸约 3mL。观察和记录现象并解释。

2. 甲酸的还原性　取一支洁净的试管，加入 5 滴 50g/L 硝酸银溶液和 1 滴 10g/L 氢氧化钠溶液，逐滴加入 10g/L 氨水至沉淀刚消失为止。继而再往试管里滴入 5 滴甲酸，摇匀，放入 50℃ ~60℃ 的水浴中加热数分钟，观察和记录现象并解释。

3. 羧酸与高锰酸钾的反应　取三支试管，分别加入 5 滴甲酸、乙酸、一小匙草酸固体，然后再各加入 5 滴 2g/L 高锰酸钾溶液和 5 滴 3mol/L 硫酸溶液，振摇，观察和记录现象并解释。

4. **脱羧反应**　在干燥的大试管中放入约3g草酸，如实验图5-1所示，用带有导气管的塞子塞紧，导气管出口插入到盛有约4mL澄清石灰水的试管中，小心加热大试管，仔细观察石灰水的变化，记录和解释发生的现象并写出反应式。

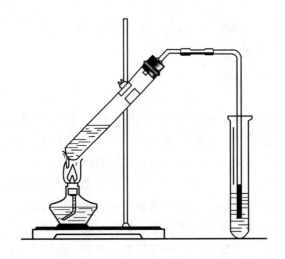

实验图5-1　草酸的脱羧反应装置

5. **酯化反应**　在一支干燥的大试管中加入无水乙醇、冰醋酸各2mL，在慢慢滴入10滴浓硫酸，边加边振荡，混匀后，按实验图5-2所示把装置连接好，导管口据饱和碳酸钠溶液面1~2mL，用小火加热3~5分钟，停止加热，取下盛饱和碳酸钠溶液的试管，观察饱和碳酸钠溶液液面上生成物的状态，并闻其气味。记录和解释发生的现象并写出反应式。

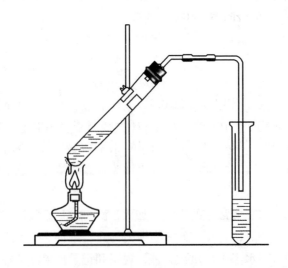

实验图5-2　乙酸乙酯的制备装置

五、注意事项

1. 甲酸有较强的腐蚀性，小心不要沾到皮肤上。
2. 酯化反应中滴入浓硫酸时一定要慢，2 分钟内滴完 10 滴浓硫酸为好。
3. 盛有饱和碳酸氢钠的溶液的试管最好置于冰水中，可以有效地降低乙酸乙酯的损耗。

六、思考题

1. 甲酸能发生银镜反应，其他羧酸可以吗？为什么？
2. 酯化反应时，加入浓硫酸的作用是什么？
3. 如何鉴别甲酸、乙酸、草酸？

实验六　油脂的性质

一、实验目的

1. 熟悉油脂的溶解性。
2. 学会制取肥皂的基本实验操作技术。

二、实验原理

油脂密度比水小，是典型的脂溶性有机物，可溶于苯、氯仿、汽油等有机溶剂中，不溶于水，但在乳化剂作用下，油脂与水能形成稳定的乳状液。

油脂在碱性条件下水解，能生成甘油和高级脂肪酸钠（钾）盐，后者就是肥皂，该反应称为油脂的皂化。

三、仪器与试剂

1. **仪器**　铁三脚架、酒精灯、石棉网、小烧杯、玻璃棒。
2. **试剂**　植物油、猪油、苯、CCl_4、汽油、蒸馏水、300g/L 氢氧化钠溶液、0.75（体积分数）乙醇、松香、硅酸钠、陶土或高岭土、饱和氯化钠溶液。

四、实验操作

1. **油脂的溶解性**　取 4 支试管，分别加入 2mL 的蒸馏水、苯、氯仿、汽油，再分别加入 1~2 滴植物油，振荡，静置后观察溶解情况，记录并解释。

取 1 支试管，先加入 5mL 蒸馏水，再加入 1~2 滴植物油，观察；再向其中加入 1~2 滴洗洁精或少许洗衣粉，振荡，观察现象。静置后观察溶液及液面泡沫，记录并解释。

2. **油脂的皂化反应**

（1）**皂化反应**　取 5g 猪油放入 250mL 的烧杯中，加入 10mL 300g/L 的氢氧化钠溶液和 10mL 0.75 乙醇，将烧杯放在石棉网上用酒精灯加热，并不断搅拌，加热至样品完全溶解，液面无油珠，得黏稠状液体，停止加热。

（2）盐析、分离　把黏稠液倒入盛有 50mL 饱和氯化钠溶液的另一个烧杯中，充分搅拌，因肥皂不溶于盐水，便凝结在液面上。静置一段时间后，溶液便分成上下两层（上层是肥皂，下层是甘油和食盐的混合液）。取出上层物质（肥皂）置于另一烧杯里。

（3）制成成品　往已取出的上层物质中加入适量填充剂陶土（或高岭土）、硅酸钠、松香，用干净纱布包裹后，将固态物质挤干，压成条状，晾干，即得肥皂。

五、注意事项

1. 滴加油脂时，注意不要将油脂滴在试管壁上。

2. 检验油脂是否已经完全皂化：取 3～5 滴烧杯里已皂化的试样放在试管里，加 5～6mL 蒸馏水，把试管置于酒精灯上加热，不时摇荡；如果试样完全溶解，没有油滴分出，表示皂化完全。

3. 油脂的皂化实验过程中加入松香可以增加肥皂的泡沫，加入硅酸钠可以对纺织品起到湿润作用，加入陶土或高岭土可以增加洗涤时的摩擦力。

六、思考题

1. 油脂易溶于什么溶剂？
2. 在制取肥皂的实验过程中，要解决的关键问题有哪些？
3. 油脂在不同条件下水解的产物有什么不同？

实验七　糖的化学性质

一、实验目的

1. 通过实验加深对糖类物质的主要化学性质的理解。
2. 熟悉糖类物质的鉴别方法。
3. 进一步练习点滴板、试管和水浴加热基本操作。

二、实验原理

根据糖能否水解和水解后的产物多少，将糖分为单糖、低聚糖和多糖三大类。根据糖类是否具有还原性，糖还可分为还原糖和非还原糖。

1. 糖的还原性　单糖和具有半缩醛羟基的二糖都具有还原性，叫做还原性糖。它们能还原托伦试剂、斐林试剂和班氏试剂。无半缩醛羟基的二糖和多糖无还原性，不能使上述试剂还原。如葡萄糖、果糖、麦芽糖是还原性糖，而蔗糖是非还原性糖。

2. 糖的颜色反应

（1）塞利凡诺夫反应　间苯二酚的浓盐酸溶液简称塞利凡诺夫试剂，它与酮糖加热很快出现鲜红色，遇醛糖加热反应慢，且只出现很浅的红色。塞氏试剂可用来鉴别醛糖与酮糖，例如，葡萄糖与果糖。

（2）莫立许反应　戊糖、己糖与浓硫酸共热，可发生脱水反应，分别生成糠醛（又名呋喃甲醛）和羟甲基糠醛，后者能与 α-萘酚的酒精溶液（简称莫利许试剂）作用生成紫色的缩合物，在糖溶液与浓硫酸的交界面处会出现美丽的紫色环，且反应很灵敏。

双糖、低聚糖和多糖水溶液遇到浓硫酸，会部分水解生成单糖，也可发生莫立许反应，此反应是鉴定糖的典型显色反应。

3. 糖的水解反应

（1）蔗糖的水解　蔗糖无还原性，但蔗糖在强酸性条件下水解，生成的葡萄糖和果糖能与班氏试剂作用。

（2）淀粉的水解　淀粉是一种常见的多糖，本身无还原性，与碘呈蓝色，在强酸性条件下水解生成的麦芽糖、葡萄糖则具有还原性。常用碘液对淀粉进行定性分析及检验淀粉的水解。

三、仪器与试剂

1. 仪器　试管、酒精灯、烧杯、点滴板、滴管、吸管、试管夹、药匙、表面皿、水浴锅。

2. 试剂　0.1mol/L 葡萄糖溶液、0.5mol/L 葡萄糖溶液、0.1mol/L 果糖溶液、0.5mol/L 果糖溶液、0.06mol/L 蔗糖溶液、0.3mol/L 蔗糖溶液、0.06mol/L 麦芽糖溶液、0.3mol/L 麦芽糖溶液和 20g/L 淀粉溶液、100g/L 淀粉溶液、1mol/L 碳酸钠溶液。

托伦试剂、班氏试剂、斐林试剂 A、斐林试剂 B、莫立许试剂、塞利凡诺夫试剂、浓硫酸、碘溶液。

四、实验操作

1. 糖的还原性

（1）与托伦试剂的反应　取 5 支管壁干净的试管，编号，各加入托伦试剂 2mL，再分别滴入 0.1mol/L 葡萄糖溶液、0.1mol/L 果糖溶液、0.06mol/L 蔗糖溶液、0.06mol/L 麦芽糖溶液和 20g/L 淀粉溶液各 10 滴，振荡摇匀，放入 50℃～60℃ 的热水浴中加热数分钟，观察并解释发生的现象。

（2）与斐林试剂的反应　取斐林溶液 A 和斐林溶液 B 各 2.5mL 混合均匀，分装于 5 支试管中，编号，放入水浴中温热变成深蓝色的溶液后，再分别滴入 0.1mol/L 葡萄糖溶液、0.1mol/L 果糖溶液、0.06mol/L 蔗糖溶液、0.06mol/L 麦芽糖溶液和 20g/L 淀粉溶液各 10 滴，振荡摇匀，放入 50℃～60℃ 的热水浴中加热数分钟，观察并解释发生的现象。

（3）与班氏试剂的反应　取 5 支管壁干净的试管，编号，各加入班氏试剂 1mL，再分别滴入 0.1mol/L 葡萄糖溶液、0.1mol/L 果糖溶液、0.06mol/L 蔗糖溶液、0.06mol/L

麦芽糖溶液和 20g/L 淀粉溶液各 10 滴，振荡摇匀，放入热水浴中加热数分钟，观察并解释发生的现象。

2. 糖的颜色反应

（1）莫立许反应　取 5 支试管，编号，分别加入 0.5mol/L 葡萄糖溶液、0.5mol/L 果糖溶液、0.3mol/L 蔗糖溶液、0.3mol/L 麦芽糖溶液和 100g/L 淀粉溶液各 1mL，再向各试管中加入 3 滴新配制的莫立许试剂，混合均匀后将试管倾斜成 45°角，沿着试管壁徐徐加入浓硫酸 1mL（注意不要振荡试管），观察两液面交界处的颜色变化。

（2）塞利凡诺夫反应　取 5 支试管，分别加入塞利凡诺夫试剂 1mL，再分别滴入 0.1mol/L 葡萄糖溶液、0.1mol/L 果糖溶液、0.06mol/L 蔗糖溶液、0.06mol/L 麦芽糖溶液和 20g/L 淀粉溶液各 5 滴，振荡摇匀，放入沸水浴中加热，观察并解释发生的现象。

（3）淀粉与碘溶液的反应　往试管中加 4mL 水、1 滴碘溶液和 1 滴 20g/L 淀粉溶液，观察颜色变化。

3. 糖的水解反应

（1）蔗糖的水解　在试管中加入 2mL 0.3mol/L 蔗糖溶液和 2 滴浓硫酸，混合均匀，放入沸水浴中加热 10~15 分钟，取出试管。冷却后用 1mol/L 碳酸钠溶液中和至无气泡生成。加入班氏试剂 1mL，振荡混匀后放入沸水浴中加热，观察并解释发生的现象。

（2）淀粉的水解　在试管中加入 20g/L 淀粉溶液 2mL 和浓硫酸 2 滴，混合均匀，放入热水浴中加热约 25 分钟后，用玻璃棒取出。此过程中每隔 5 分钟取少许水解液于点滴板的凹穴中，滴入碘溶液 1 滴，开始时淀粉多未水解，呈现蓝色。随着淀粉水解加快，蓝色会变淡，直至不产生蓝色时取出试管。冷却后用 1mol/L 碳酸钠溶液中和至无气泡生成。加入班氏试剂 1mL，振荡混匀后放入沸水浴中加热，观察并解释发生的现象。

五、注意事项

1. 加入莫立许试剂后要充分摇匀，以利其在糖液中均匀分布。

2. 加浓硫酸时缓慢加入，谨防过热引发危险。保持试管倾斜 45°，用胶头滴管沿管壁使密度较大的浓硫酸（约为 1.84g/cm³）缓缓流入管底，与上层糖水溶液（约为 1.00g/cm³）分层并静置 1~3 分钟，此过程中不要将分层摇匀，否则会影响实验结果。

3. 在莫立许实验中，由于反应极为灵敏，如果操作不慎，比如做完糖实验的试管没有洗干净、滤纸碎片落于试管中，都会得到阳性结果。

4. 塞利凡诺夫反应必须用酒精灯直火加热数分钟，现象才明显。

5. 实验用的淀粉必须新鲜，可以食用淀粉、面粉代替。

六、思考题

1. 何谓还原性糖？它们在结构上有什么特点？如何区别还原性糖和非还原性糖？

2. 蔗糖与班氏试剂长时间加热时，有时也能得到正确结果，怎样解释此现象？

3. 为什么可以利用碘溶液定性了解淀粉水解进行的程度？

实验八　氨基酸和蛋白质的性质

一、实验目的

1. 学会进行蛋白质和氨基酸的性质实验操作。
2. 学会鉴别氨基酸和蛋白质的方法。
3. 观察和解释蛋白质的变性。
4. 培养严谨求实的实验态度。

二、实验原理

蛋白质是由 α-氨基酸通过肽键相连相对分子质量在 10000 以上的多肽，分子中存在多个肽键，因此蛋白质能发生缩二脲反应、与茚三酮的反应和黄蛋白反应等颜色反应。这些反应可用于氨基酸和蛋白质的鉴别。

蛋白质分子中还含有很多游离的氨基和羧基等碱性和酸性基团，与 α-氨基酸相似，蛋白质也具有两性，也能发生两性电离。

蛋白质的沉淀反应原理：蛋白质是亲水胶体，当其稳定因素被破坏或与某些试剂结合成不溶性盐类后，即自溶液中沉淀析出；蛋白质因受某些物理或化学因素的影响，分子的空间构象被破坏，从而导致其理化性质发生改变并失去原有的生物学活性的现象称为蛋白质的变性作用。

三、仪器与试剂

1. **仪器**　试管、试管架、试管夹、10mL 量筒、烧杯、胶头滴管、酒精灯、石棉网、水浴锅。

2. **试剂**　清蛋白溶液、2.5mol/L 盐酸、20% 氢氧化钠、0.1mol/L 硫酸铜、0.02mol/L 醋酸铅、0.02mol/L 氯化钡、饱和硫酸铵、2mol/L 醋酸、饱和苦味酸、饱和鞣酸、1% 甘氨酸、1% 酪氨酸、1% 色氨酸、茚三酮试剂、浓硝酸、硝酸汞。

四、实验操作

1. **蛋白质的两性**　取两支试管，一支试管中加 1mL 蛋白质溶液，再加 1mL 2.5mol/L 盐酸，沿试管壁慢慢加 1~2mL 20% 氢氧化钠，不要振动，即可看见分成上下两层，观察两层交界处的现象。另一支试管中，滴入 1mL 蛋白质溶液后，加入 1mL 20% 氢氧化钠溶液，然后再沿试管壁慢慢加入 1mL 2.5mol/L 盐酸，同样不要振动，即分成上下两层，观察两层交界处发生的现象。

2. **蛋白质的沉淀**

（1）蛋白质的可逆沉淀（蛋白质的盐析）　取 2mL 清蛋白溶液置于试管里，加入同体积的饱和硫酸铵溶液，将混合物稍加振荡后静置 5 分钟。蛋白质沉淀析出使溶液变浑或呈絮状沉淀。取 1mL 浑浊的液体倾入另一支试管中，加入 1~3mL 水，振荡时，蛋白质沉淀是否溶解？解释原因。

（2）蛋白质与生物碱试剂反应　取两支试管，各加 1mL 蛋白质溶液，并滴加 2 滴 2mol/L 醋酸使之呈酸性。然后分别滴加饱和的苦味酸溶液和饱和的鞣酸溶液，直到沉淀发生为止。

（3）加热沉淀蛋白质　取两支试管，一支加 1mL 蛋白质溶液，另一支加 1mL 蛋白质溶液和 1 滴 2mol/L 醋酸，在酒精灯上直接加热，观察并解释发生的变化。

（4）蛋白质与重金属盐的变性反应　取三支试管，各加 3mL 蛋白质溶液，然后分别滴加 0.1mol/L 硫酸铜、0.02mol/L 醋酸铅、0.02mol/L 氯化钡三种溶液，观察现象并解释发生的变化。

3. 蛋白质的颜色反应

（1）与茚三酮反应　在四支试管里，分别加入 1% 的甘氨酸、酪氨酸、色氨酸和清蛋白溶液各 1mL，再分别滴加茚三酮试剂 2~3 滴，在沸水浴中加热 10~15 分钟观察现象。

（2）蛋白黄反应　取一支试管，加入 1~2mL 清蛋白溶液和 1mL 浓硝酸，在酒精灯上直接加热煮沸，也可置于沸水浴中加热，此时溶液和沉淀是否都呈黄色？观察现象并解释原因。

（3）蛋白质的缩二脲反应　取两支试管，分别加入 1mL 清蛋白溶液和 1% 甘氨酸溶液，在两支试管中分别再加入 1~2mL 20% 氢氧化钠溶液和 2~3 滴 0.1mol/L 硫酸铜溶液，震荡，观察现象并解释原因。

（4）蛋白质与硝酸汞试剂作用　取 2mL 清蛋白溶液放入试管中，加硝酸汞试剂 2~3 滴，观察现象。小心加热，观察原来析出的白色絮状是否聚集成块状并显砖红色，有时溶液也呈红色。用酪氨酸重复上述过程，现象如何？

四、注意事项

1. 在使用某些重金属盐（如硫酸铜或醋酸铅）沉淀蛋白质时，不可过量，否则将引起沉淀再溶解。

2. 本次实验为定性实验，试剂的量取用滴管完成。

五、思考题

1. 哪些盐可以使蛋白质产生盐析？哪些盐可以使蛋白质变性？

2. 盐析和变性有何差别？

3. 怎样除去水溶液中的蛋白质？

4. 为什么铜器不宜用来煎煮中药或烹制食物？

实验九 萃取分离提纯技术

一、实验目的

1. 了解萃取的原理。
2. 掌握萃取的基本操作技术。

二、实验原理

萃取是有机化学实验中用来分离和纯化化合物的基本操作之一。通过萃取，能从固体或液体混合物中提取出所需要的化合物，也可以除去少量杂质。常用分液漏斗进行液体的萃取。分液漏斗是用来分离互不相溶的液体混合物的仪器。

萃取的原理是利用化合物在两种互不相溶的溶剂中溶解度不同，用一种溶剂使化合物从溶解度小的溶剂内转移到溶解度大的溶剂中。这一溶解度大的溶剂即为萃取剂。

选择合适的萃取剂才能达到分离提纯的效果。合适的萃取剂应该是：与原溶剂互不相溶；溶质在萃取剂中的溶解度大；溶质与萃取剂不发生反应。有机物在有机溶剂中一般比在水中溶解度大。用有机溶剂提取溶解于水的化合物是萃取的典型实例。经常使用的萃取剂有四氯化碳、苯、氯仿、石油醚、正丁醇、乙酸乙酯等。要把所需要的化合物从溶液中完全萃取出来，通常萃取一次是不够的，必须重复萃取数次。

三、仪器与试剂

分液漏斗、铁架台（铁圈）、烧杯、碘水、四氯化碳。

四、实验操作

1. 检漏 分液漏斗在使用前应先检查其气密性，以防泄漏。如有漏液可在活塞上涂适量凡士林。

2. 装液 将下端活塞关闭，量取 10mL 碘水从上口装入分液漏斗中，再量取 4mL 四氯化碳装入分液漏斗中，盖好上口玻璃塞。

3. 振荡 振荡时，倒转漏斗，使上口略朝下（如实验图 9-1 所示），用右手握住分液漏斗上口处，顶住盖子，左手握住下部活塞部分，拇指和食指压紧活塞，上下振荡分液漏斗，每振荡几次后，保持下口朝斜上方，打开活塞，朝无人处放气。重复上述操作，充分振荡，使四氯化碳与碘水充分混合接触。

油相
水相

(a)分液漏斗的握持及振摇、放气　　(b)静置、分层及分液操作

实验图9-1　简单萃取技术及分液操作示意图

4. 静置　将分液漏斗放于带铁圈的铁架台上，静置。观察现象。

5. 分液　待两层液体完全分层后，将上端塞子打开或使玻璃塞上的凹槽（或小孔）对准漏斗上的小孔后，缓缓打开下部活塞，将下层液体从活塞处放出于烧杯中，上层液体从上口倒出（不可从下端活塞处放出，以免被残留的下层液体污染）。如要提高萃取率，可将水层重新按上述方法多次萃取。

五、注意事项

1. 在使用分液漏斗之前必须检查是否漏液，如有漏液涂抹凡士林要注意不要将活塞孔道堵住。

2. 加入分液漏斗的全部液体的总体积不得超过其容量的3/4。

3. 分液漏斗使用后，要及时清洗，将玻璃塞用纸包起来塞回去，以防粘连。

4. 有些溶剂经剧烈振荡发生乳化现象，静置又难以分层，可加入食盐破坏乳化。

六、思考题

1. 为什么四氯化碳可用于萃取碘水中的碘？

2. 分液时，为何将上端塞子打开或使玻璃塞上的凹槽（或小孔）对准漏斗上的小孔后，再缓缓打开下部活塞？

3. 如何选择合适的萃取溶剂？

4. 本实验中萃取剂换为乙醇可以吗？为什么？

实验十　重结晶分离提纯技术

一、实验目的

1. 掌握重结晶分离提纯技术的原理和方法。
2. 熟悉抽滤、热过滤操作方法。

二、实验原理

不论是从合成的或天然物中得到的固体有机物常含有杂质，经精制后才能得到纯品。重结晶分离提纯技术是提纯固体有机物最常用的方法之一。

固体有机物在溶剂中的溶解度与温度密切关系。通常升高温度溶解度增大，反之则溶解度降低。若把固体溶解在热的溶剂中达到饱和，冷却时，由于溶解度下降，溶液因超饱和而析出结晶。溶剂对被提纯化合物及杂质的溶解度不同，就可达到分离、提纯固体有机物的目的。

三、仪器与试剂

烧杯、水浴锅、漏斗、蒸发皿、玻璃棒、活性炭、乙酰苯胺。

四、实验流程

重结晶的操作程序如下：

1. 选择适当的溶剂　正确选择溶剂对该实验至关重要。选用的溶剂必须具备下列条件：①不与重结晶物质发生化学反应；②重结晶物质与杂质在此溶剂中的溶解度有较大的差别；③重结晶物质的溶解度随温度的不同有显著的变化；④溶剂与重结晶物质易分离。

多数有机物可查阅有机物手册或辞典中的溶解度一栏或通过溶解度试验来选用溶剂。如果难于选择一种合适的溶剂，可使用混合溶剂。混合溶剂一般由两种能以任何比例互溶的溶剂组成，其中一种较易溶解晶体，另一种则较难溶解，一般常用的混合溶剂有乙醇–水、醋酸–水、丙酮–水及乙醚–甲醇等。

2. 热饱和溶液的制备　选定重结晶所用溶剂后，根据该固体物质在此溶剂中的溶解度，算出所需溶剂的量，来制备热的饱和溶液。如用水作溶剂，用烧杯或锥形瓶作容器，在石棉网上直火加热。如用有机溶剂时，应使用回流装置。

在热饱和溶液的制备中要十分注意溶剂的用量，为了防止溶剂量过多，一般先加比计算量少的溶剂到待提纯的化合物中，加热至微沸，并摇动或搅动，若未完全溶解，再分次逐渐添加溶剂，加热至沸腾，并振摇或搅拌，直到刚好完全溶解。热滤饱和溶液时，往往有结晶析出在滤纸上，影响回收率。因此使用溶剂的量要全面衡量，既要防止溶剂过量导致的溶解损失，又要防止热滤时结晶的损失。溶剂用量一般要多于饱和量的15%～20%。因此制备热的饱和溶液是指尽可能地接近饱和。

溶液中如果含有带色杂质或树脂状物质，会妨碍结晶，并污染晶体。此时常用活性炭去除这些杂质，使样品脱色并纯化。活性炭用量根据所含杂质的多少而定。一般所用活性炭的量为粗品重量的1%～5%，若仍不能使溶液脱色，则可再加1%～2%的活性炭，重复操作一次。尽可能不要多加，因为活性炭也能吸附所处理的物质。活性炭必须在样品全溶，并在溶液稍冷后再分批加入，然后煮沸5～10分钟。必须注意不能把活性炭加到正在沸腾的溶液中，以免引起液体暴沸而溢出容器。

3. 热过滤　制备好的热溶液，必须及时热滤，以去除不溶性杂质和防止由于温度降低析出结晶。因此在热过滤时应尽量不让热溶液的温度降低，并要使热溶液尽量快地通过漏斗。

实验图 10-1 列出了常见的热过滤操作方法及滤纸折叠法,其中保温套过滤操作所用的滤纸折叠成菊花形滤纸过滤效率较高。抽滤或减压过滤法的热过滤速度最快,效率最高,实验室比较常用,但必须注意冬天必须预先将布氏漏斗和抽滤瓶浸泡热水中预热,否则会严重影响热过滤效率。

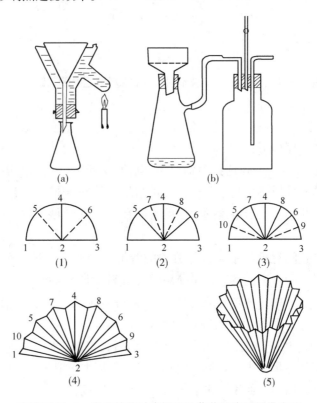

实验图 10-1　常见的热过滤操作及菊花形滤纸折叠方法

4. 结晶的析出　将上述经热过滤的滤液自然冷却,溶质从滤液中析出,使杂质留在母液中。结晶的大小与被纯化的产品的纯度有关,若冷却迅速并搅拌,往往得到细小的晶体,表面积较大,吸附在表面的杂质较多。若希望得到均匀而较大的晶体,可将滤液(如在滤液中已析出结晶,可加热使之溶解)在室温下缓缓冷却。

5. 结晶的收集　将结晶和母液迅速分离。抽除母液后,为去除晶体表面吸附的杂质,用少量与重结晶溶剂相同的溶剂洗涤。取出结晶时还要注意防止滤纸纤维混入已纯化的固体中。

6. 结晶的干燥　抽滤后的结晶,表面上还有少量溶剂,必须充分干燥。干燥的方法根据被纯化物质的理化性质和所用的溶剂来进行选择。

五、操作步骤

称取乙酰苯胺粗品 1.5g,放在 250mL 的烧杯中,加入 50mL 水,在烧杯外做一标记以记下液面的位置,放入水浴锅中加热,使其完全溶解,若不溶,可添加适量热水,直至全部溶解。将烧杯从水浴锅中取出,稍冷,加适量活性炭到溶液中,搅拌,使活性炭均匀地分散在溶液中，再加热 5 分钟。在水浴锅中预热短颈漏斗，放一折叠滤纸，将上述热溶液分批倾入漏斗中，用烧杯收集滤液，放冷至室温。待结晶完全析出后，抽滤，抽干后，用刮刀挤压晶体，继续抽滤至无水滴下，停止抽气，滴加少量冷水（约 5mL）于晶体上。用刮刀松动晶体，使晶体全部湿润均匀后，再抽干。如此重复洗涤晶体两次，取出结晶于干净的培养皿上，摊开，放入烘箱中干燥，称重，测熔点（文献值：114℃~115℃），计算回收率。

六、数据处理及结果报告

称定结晶重量，测定其熔点，计算回收率。

七、注意事项

1. 必须注意溶解用水量，全程维持在 50mL 左右为好，用水量太多可能产生较大量溶解，影响重结晶得率。
2. 趁热过滤是实验的关键，抽滤法尤其要注意抽滤瓶和布氏漏斗的保温。

八、思考题

1. 为什么实验中要加入活性炭？
2. 如何选择重结晶的溶剂？

实验十一 常压蒸馏及沸点测定技术

一、实验目的

1. 掌握正确进行蒸馏操作和测定沸点的方法。
2. 初步掌握蒸馏装置的使用、装配和拆卸技能。
3. 掌握水浴加热操作技术。
4. 了解测定沸点的意义和蒸馏的意义。

二、实验原理

液体的分子由于分子运动有从表面逸出的倾向，这种倾向随着温度的升高而增大。如果把液体置于密闭的真空体系中，液体分子继续不断地逸出而在液面上部形成蒸气，最后使得分子由液体逸出的速度与分子由蒸气中回到液体中的速度相等，亦即使其蒸气保持一定的压力。此时液面上的蒸气达到饱和，称为饱和蒸气。它对液面所施加的压力称为饱和蒸气压。

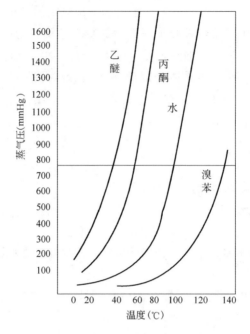

实验图 11-1　几种常见溶剂的蒸气压

　　实验证明，液体的蒸气压只与温度有关，即液体在一定温度下具有一定的蒸气压。这是指液体与它的蒸气平衡时的压力，与体系中存在的液体和蒸气的绝对量无关。

　　当液体的蒸气压增大到与外界施于液面的总压力（通常是大气压力）相等时，就有大量气泡从液体内部逸出，即液体沸腾。这时的温度称为液体的沸点，通常所说的沸点是在 0.1MPa（即 760mmHg）压力下液体的沸腾温度。例如水的沸点为 100℃，即指大气压为 760mmHg 时，水在 100℃ 时沸腾。在其他压力下的沸点应注明，如水的沸点可表示为 95℃/85.3kPa。

　　纯粹的液体有机物在一定的压力下具有一定的沸点，但是具有固定沸点的液体不一定都是纯粹的化合物，因为某些有机物常和其他组分形成二元或三元共沸混合物，它们也有一定的沸点。

　　当液态物质受热时蒸气压增大，待蒸气压大到与大气压或所给压力相等时液体沸腾，即达到沸点。所谓蒸馏就是将液态物质加热到沸腾变为蒸气，又将蒸气冷却为液体这两个过程的联合操作。

　　由于组成混合液中的各组分具有不同的沸点，因此，混合液体在蒸馏过程中，低沸点的组分先蒸出，高沸点的组分后蒸出，不挥发的物质留在容器中，就可以达到分离或提纯的目的。用常压蒸馏方法分离液态有机物时，只有两组分的沸点相差 30℃ 以上，才能达到较好的分离效果。

　　用常压蒸馏的方法可以测定液体的沸点，一般所用样品液为 10mL 以上。

三、仪器与试剂

1. 仪器　圆底烧瓶、蒸馏头、温度计套管、100℃温度计、直形冷凝管（短的）、接收管、三角瓶、量筒、100mL 烧杯、250mL 加热套、三角架、沸石。

2. 试剂 75% C_2H_5OH（工业级）、C_6H_6（分析纯）。

四、实验操作

（一）安装蒸馏装置

如实验图 11-2 所示，简单蒸馏装置主要由热源（水浴锅或电热套）、蒸馏烧瓶、冷凝管和接收器组成。

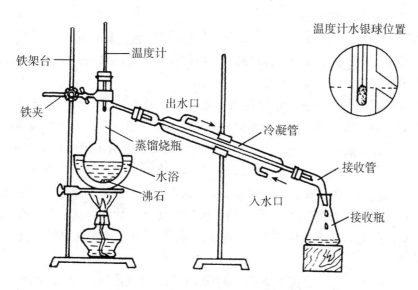

实验图 11-2 简单蒸馏装置

1. 蒸馏瓶的选择 根据蒸馏物的量，选择大小合适的蒸馏瓶（蒸馏物液体的体积通常不超过蒸馏瓶容积的 2/3，不少于 1/3）。

2. 仪器安装 仪器安装遵循自下而上，从左到右，先难后易的顺序。整个安装包括三个部分。

（1）汽化部分安装 根据热源高度，固定蒸馏瓶在铁架台上，使蒸馏瓶轴心与台面保持垂直，用铁夹夹住蒸馏瓶支管上部的瓶颈处，瓶口配一个单孔塞子，孔内插入温度计，使温度计水银球的上端与蒸馏烧瓶的支管的下端在同一水平线上。

（2）冷凝部分安装 在另一个铁架台上先夹住冷凝管的重心部位（中上部），不要夹得太紧，以稍能转动为宜；通过铁架台上的铁夹调整冷凝管在铁架台上的高低位置，使冷凝管与烧瓶支管相连接，保持冷凝管和蒸馏烧瓶的支管在同一直线上；冷凝管的进出水口在冷凝管的上下方（若为直形冷凝管则应保证上端出水口向上，下端进水口向下），下端进水口通过橡皮管与水龙头相连，上端用乳胶管相连至水池中。

（3）接收部分安装 冷凝管的尾部套上一个单孔橡皮塞或软木塞，塞子的大小恰好能塞入 2/3 左右入接收管口中，套上接收管，接收管插入接收瓶（锥形瓶）中，一般不用烧杯作接收器，接收管的支管不能封闭，否则会形成密闭系统，可能引起爆炸。蒸馏易挥发、易燃有毒液体时，应在支管上接一长胶管通入水槽或户外。如果蒸馏液易吸水，应在支管上装一干燥管与大气相通，沸点很低的馏出物可把接收瓶放置冷水或冰水浴中。

简单蒸馏装置的热源一般选择酒精灯，烧瓶底部和铁圈之间应该有石棉网，实验中添加酒精时要小心，防止酒精外泄燃烧产生火灾。

（二）蒸馏操作

常压蒸馏可分为以下四步操作：

1. 加料　将待蒸馏液（75% C_2H_5OH 或工业酒精）通过玻璃漏斗小心倒入蒸馏瓶中。不要使液体从支管流出。加入几粒沸石，塞好带温度计的塞子，调整温度计的感温球的位置与出口下端平齐，详见实验图 11-2。

2. 加热　慢慢打开水龙头，缓缓通入冷凝水，控制为较小水流；开启热源迅速加热，直至蒸馏瓶中液体开始沸腾时，控制火势，减缓加热速度；当蒸气的顶端达到水银球部位时，温度计读数急剧上升，这时应控制热源温度，使升温速度再次减慢。这样，蒸气顶端就会停留在原处，瓶颈上部和温度计就能均匀受热，产生了水银球上的液滴形成和蒸发速度相等的暂时平衡；然后稍稍提高热源温度，开始进行蒸馏，控温以使接收器中馏出速度为每秒 1～2 滴为宜；在蒸馏过程中应使温度计水银球上保持有被冷凝的液滴存在，此时的温度即为液体与蒸气平衡时的温度。温度计的读数就是液体（馏出液）的沸点。

蒸馏过程中，温度控制至关重要，热源温度太高，会使蒸气成为过热蒸气，造成温度计所显示的沸点偏高；若热源温度太低，馏出物蒸气不能充分浸润温度计水银球，造成温度计读得的沸点偏低或不规则。

一般情况下，热源多选用电加热自动控温水浴锅，调节自动控温水浴锅中水的温度高出被蒸馏物沸点 10℃左右即可，过热时可通过加冷水、放热水来进行控温。

3. 观察沸点及收集分馏液　在蒸馏时，当温度未到馏出液沸点之前，常有少量低沸点液体先蒸出，称前馏分或馏头。因此，在蒸馏前要准备两个接收瓶，其中一个接收前馏分。当温度稳定后，用另一个接收瓶（需称重）接收预期所需馏分（产物），并记下该馏分的第一滴和最后一滴时温度计的读数，也就是沸程。

一般液体中或多或少含有高沸点杂质，在所需馏分蒸出后，若继续升温，温度计读数会显著升高，若维持原来的温度，就不会再有馏液蒸出，温度计读数会突然下降。此时应停止蒸馏。即使杂质很少，也不要蒸干，以免蒸馏瓶破裂及发生其他意外事故。

4. 拆除蒸馏装置　蒸馏完毕，先应撤出热源（拔下电源插头，再移走热源），然后停止通水，最后拆除蒸馏装置。拆卸仪器与安装顺序正好相反。

五、数据处理及结果报告

1. 产品性状_____。

2. 蒸馏前体积_____。

3. 蒸馏后体积_____。

4. 收率 =（蒸馏后体积/蒸馏前体积）×100% = _____。

六、注意事项

1. 仪器安装要严密、正确；注意安装拆卸的顺序。

2. 加热前放沸石，通冷凝水；准确量取 70% C_2H_5OH 15mL，蒸馏速度 1~2 滴/秒。

3. 不能蒸干，残留液至少 0.5mL，否则易发生事故（蒸馏瓶碎裂等）。

4. 液体沸点在 80℃ 以下的液体用水浴加热蒸馏。

5. 仪器装配符合规范，热源温控适时调整得当，馏分收集范围严格无误。

七、思考题

1. 什么叫沸点？液体的沸点和大气压有什么关系？文献里记载的某物质的沸点是否即为当地的沸点温度？

2. 如何安装蒸馏装置的温度计？温度计感温球位置过高或过低会对测定结果产生什么影响？

3. 蒸馏时加入沸石的作用是什么？如果蒸馏前忘记加沸石，能否立即将沸石加至将近沸腾的液体中？当重新蒸馏时，用过的沸石能否继续使用？

4. 如果液体具有恒定的沸点，能否认为它是纯净物？

实验十二　葡萄糖比旋光度的测定技术

一、实验目的

1. 了解旋光仪的基本结构和仪器工作原理；熟悉比旋光度测定技术的意义。

2. 学会圆盘旋光仪的使用，掌握测定葡萄糖比旋光度的基本技术。

二、实验原理

1. 平面偏振光与旋光性　光是一种电磁波，其振动方向垂直于光波前进的方向。单色光通过尼可尔棱镜时，棱镜只允许振动方向与棱镜晶轴平行的光线通过，通过的这些光线都只在一个平面上振动前进，这种平面偏振光简称偏振光。

选取两个相同的尼可尔棱镜，安装在同一直线上，并使其晶轴互相平行。在两棱镜之间放入一支样品管，管内装入光学活性（或非光学活性）物质的溶液，光源从第一个棱镜向第二个棱镜的方向照射，在第二个棱镜后面观察可以发现，当玻璃管内放入乙醇、丙酮等物质时，仍能见到最大强度的亮光。当玻璃管内放入葡萄糖、果糖或乳酸等物质的溶液时，从第二个棱镜后面见到的光强度相对较弱；此时，若将第二个棱镜向左或向右转动一定角度（一般小于 15°）时，又能见到最大强度的光。这是由于葡萄糖、乳酸等光学活性物质把第一个棱镜产生的偏振光的振动平面旋转了一定角度所造成的。

可见，化学物质可分为两类，一类对偏振光不产生影响，如乙醇、丙酮、水等；另一类如乳酸、葡萄糖等具有使偏振光的振动平面发生旋转的性质，这种性质叫做旋光性或光学活性。具有这种性质的物质叫做旋光性物质或光学活性物质。

第二个棱镜旋转的方向就代表旋光物质的旋光方向。能使偏振光的振动平面按顺时针方向旋转的旋光性物质叫做右旋体，相反，称为左旋体。

2. 圆盘旋光仪、旋光度和比旋光度　旋光性物质使偏振光旋转的角度称为该旋光性物质的旋光度，一定条件下，旋光度是旋光性物质所特有的物理常数。因此测定旋光性物质旋光度的大小，可用于鉴别这类化合物。

（1）**旋光仪**　专门用来测定物质旋光性的仪器称为旋光仪。一般以圆盘旋光仪最为常见，其主要组成包括单色光源、第一尼可尔棱镜（起偏镜）、盛液管、第二尼可尔棱镜（检偏镜）、刻度盘等。实验图 12-1 中标明了旋光仪各部分的详细构成。

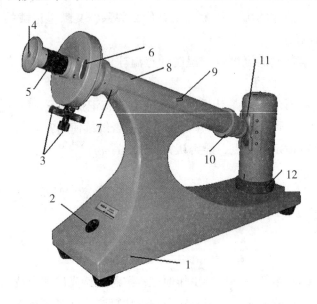

实验图 12-1　旋光仪

1. 底座　2. 电源开关　3. 刻度盘转动手轮　4. 放大镜座　5. 视度调节螺丝　6. 刻度盘游标
7. 镜筒　8. 镜筒盖　9. 镜盖手柄　10. 镜盖连接圈　11. 钠光灯罩　12. 灯座

圆盘旋光仪的使用方法如下：

①试样准备：先把预测溶液配好，若是葡萄糖则需加少量氨水作为稳定剂（克服变旋现象）；把预测溶液盛入试管待测，但应注意试管两端螺旋不能旋得太紧（一般以随手旋紧不漏水为止），以免护玻片产生应力而引起视场亮度发生变化，影响测定准确度，最后将两端残液揩拭干净；接通电源，将仪器预热 5~10 分钟，待发出稳定的钠黄光后，才可观察使用；检验刻度盘零度位置是否正确，如不正确，可旋松刻度盘盖上四个连接螺钉、转动刻度盘盖进行校正（只能校正 0.5° 以下），亦可采用两次加减法来抵消初始读数误差。

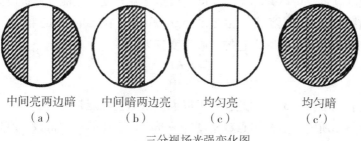

中间亮两边暗 （a）　　中间暗两边亮 （b）　　均匀亮 （c）　　均匀暗 （c'）

三分视场光强变化图

实验图 12-2　旋光仪的三分视场

②测定：打开镜盖，把试管放入镜筒中测定。此过程须注意把镜盖盖上，且将可能存在的气泡置于气泡室内，以使其不致影响观察和测定；调节视度螺旋直到视场中三分视界清晰，详见实验图 12-2；转动刻度盘手轮，至视场照度相一致（为暗视场）；从放大镜中读出刻度盘所旋转的角度，详见实验图 12-3。

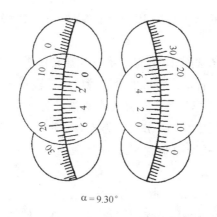

$\alpha = 9.30°$

实验图 12-3　旋光仪刻度盘的读数（$\alpha = 9.30$）

（2）**旋光度与比旋光度**　物质的旋光度除与物质的结构有关外，还随测定时所用溶液的浓度、盛液管的长度、温度、光的波长以及溶剂的性质等而改变。如把这些影响因素加以固定，不同的旋光性物质的旋光度各为一常数，通常用比旋光度 $[\alpha]_D^t$ 表示。旋光度与比旋光度之间的关系可用下式表示：

$$[\alpha]_D^t = \frac{\alpha}{c \cdot l}$$

式中，α 为由旋光仪测得的旋光度；λ 为所用光源的波长；t 为测定时的温度；c 为溶液的浓度，指每毫升溶液中所含溶质的克数；l 为盛液管的长度，单位为分米（dm）。当 c 和 l 都等于 1 时，则 $[\alpha]_\lambda^t = \alpha$，因此比旋光度的定义是：在一定温度下，光的波长一定，1mL 溶液中含有 1g 旋光性物质时，放入 1dm 长的盛液管中测出的旋光度。

在测定旋光度时，一般以钠光灯作光源，波长是 589.3nm，通常用 D 表示。例如，葡萄糖的比旋光度为 $[\alpha]_D^{25} = +52.5°$，表示测定葡萄糖旋光度时，是在 25℃，以钠光灯作光源，然后通过公式计算出比旋光度是 52.5°，同时 " + " 表示其旋光方向为右旋。

通过旋光度测定，可以计算比旋光度；根据比旋光度，也能计算被测物质溶液的浓度。例如：有一物质的水溶液（浓度为 5g/100mL）在 1dm 长的管内，它的旋光度是-4.64°，按照上面公式计算，它的比旋光度应为：

$$[\alpha]_\lambda = \frac{-4.64}{1 \times 5/100} = -92.8°$$

果糖的比旋光度为-93°，因此我们可以说该未知物可能是果糖。

比旋光度与物质的熔点、沸点、密度等一样，是重要的物理常数，有关数据可在手册和文献中查到。如果待测的旋光性物质为液体，可直接放在盛液管中进行测定，不必配成溶液，但在计算比旋光度时，需把公式中的 c 换成该物质的密度 d。

三、仪器与试剂

旋光仪、擦镜纸、分析天平、容量瓶（100mL）、葡萄糖、蒸馏水、氨水。

四、实验步骤

1. 试样的配制　用分析天平称取 10.05g 葡萄糖，用水溶解后转入 100mL 的容量瓶中，加水定容，摇匀备用。

2. 旋光仪零点校正　在测定样品前，要先对旋光仪进行零点校正。将盛液管洗净后装上蒸馏水，使液面凸出管口，将玻璃盖沿管口边缘轻轻平推盖好，尽量不要带入气泡，然后旋上螺旋帽盖，使之不漏水。将装水盛液管擦干后，放入旋光仪内，盖上盖子，开启钠光灯，将仪器预热 5~10 分钟，待光源稳定后，将刻度盘调在零点左右，旋转调节器，使视野内三分视场明暗程度一致且最暗，此时为零视场，光度变化非常灵敏。

记下读数，重复操作 3~5 次，取平均值作为零点。

3. 旋光度测定　将盛液管用试样溶液润洗 2~3 次，然后装满溶液，将盛液管放入镜筒内（如有很小的气泡，对柱型盛液管来说，可将气泡赶到凸起部分，否则会影响测定结果）。旋转调节器，使视野出现三分视场均匀一致（最暗），记下读数。所得读数与零点的差值，即为该物质的旋光度。

根据盛液管长度和溶液浓度，计算该温度下物质的比旋光度。

五、思考题

1. 物质旋光度与哪些因素有关？
2. 为什么新配的糖液需放置一段时间后方可测定旋光度？
3. 测定物质旋光度有何意义？
4. 如盛液管中有大的气泡，对测定结果有什么影响？

实验十三　从茶叶中提取咖啡因

一、实验目的

1. 掌握咖啡因的提取方法及分离方法。
2. 熟悉索氏提取器的操作。
3. 了解咖啡因的性质。

二、实验原理

咖啡因是一种生物碱,其结构式如图 13-1 所示。

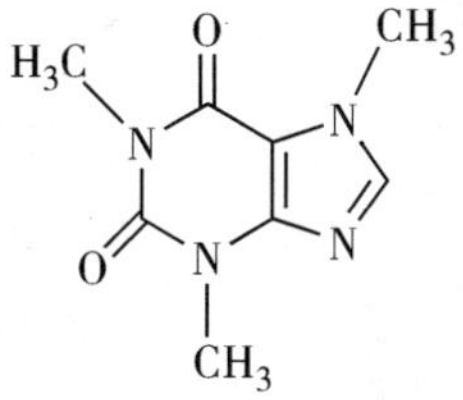

图 13-1　咖啡因的结构式

　　茶叶中含有咖啡因,占 1% ~ 5%。咖啡因易溶于氯仿、乙醇等溶液。提取茶叶中的咖啡因,应选取适当溶剂,通过索氏提取器(又称脂肪提取器)进行提取,再通过蒸馏、升华等操作进行精制。

三、仪器与试剂

1. 仪器　水浴锅、圆底烧瓶、索氏提取器、冷凝管(直形、球形)、蒸馏装置、蒸发皿、漏斗、酒精灯、熔点测定装置。

2. 试剂　茶叶、95%乙醇、生石灰。

四、操作步骤

1. 粗提　取茶叶,研细,称取约 10g,用滤纸包好,放入索氏提取器内,连接装置(见实验图 13-2),加入 95% 乙醇 80mL,水浴加热,回流提取,直至提取液颜色较浅为止(2 ~ 3 小时)。停止加热后将提取液转移到 100mL 蒸馏瓶中,连接蒸馏装置,进行蒸馏,待蒸出 60 ~ 70mL 乙醇时(蒸馏瓶内剩余约 5mL),停止蒸馏,趁热将蒸馏瓶内残余液倒入蒸发皿中(可用少量蒸出的乙醇洗涤蒸馏瓶,洗液一并倒入蒸发皿中),加入 3 ~ 4g 生石灰,使之成糊状。在蒸气浴上加热,不断搅拌,使之蒸干成粉末状。然后将蒸发皿放在石棉网上,压碎块状物,小火焙炒片刻,将水分全部蒸出。

2. 纯化

(1) 安装升华装置　用滤纸罩在蒸发皿上,并在滤纸上扎一些小孔(向一个方向），再罩上口径合适的玻璃漏斗，漏斗颈部塞一小团疏松的棉花（见实验图13-3）。

（2）升华　用小火加热升华，温度为220℃左右。当滤纸上出现有白色针状结晶时，小心取出滤纸，将附在上面的咖啡因刮下。残渣经搅拌后用较大火继续加热，再升华一次，直到残渣变为棕色为止。合并几次升华的咖啡因，称重并测定熔点。

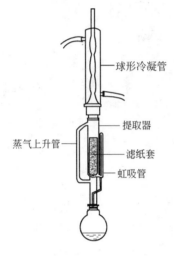

实验图13-2　脂肪提取器

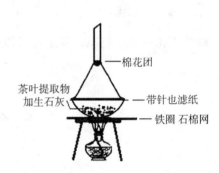

实验图13-3　升华少量物质的装置

五、数据处理

用电子天平准确称出咖啡因的质量，结合茶叶用量计算产品得率。并测定产品的熔点。

六、注意事项

1. 索氏提取器提取时，用滤纸包茶叶末时要严实，防止茶叶末漏出堵塞虹吸管，滤纸包大小要合适，且其高度不能超出虹吸管高度。

2. 拌入生石灰要均匀，生石灰的作用除吸水外，还可中和除去部分酸性杂质（如鞣酸）。

3. 升华过程中要控制好温度。若温度太低，升华速度较慢，若温度太高，会使产物发黄（分解）。

4. 刮下咖啡因时要小心操作，防止混入杂质。

七、思考题

1. 生石灰的作用有哪些？

2. 除可用乙醇萃取咖啡因外，还可采用哪些溶剂萃取？

附录一 常用试剂的配制

1. 饱和亚硫酸氢钠溶液 在 100mL 40% 亚硫酸氢钠溶液中，加入不含醛的无水乙醇 25mL，混合后如有少量的亚硫酸氢钠晶体析出，必须滤去。此溶液不稳定，容易被氧化分解，因此不能保存很久，宜实验前配制。

2. 卢卡斯（Lucas）试剂 将 34g 熔融的无水氯化锌溶解在 23mL 浓盐酸中，配制时必须加以搅动，并把容器放在冰水浴中冷却，以防氯化氢逸出。卢卡斯试剂适用检验己醇以下的低级一元醇。

3. 托伦（Tollens）试剂 取 1mL 5% 硝酸银溶液于一洁净的试管中，加入 1 滴 10% 氢氧化钠溶液，然后滴加 2% 氨水，随加随振荡，直至沉淀刚好溶解为止。配制托伦试剂时应防止加入过量的氨水，否则将生成雷酸银，受热后将引起爆炸，试剂本身即失去灵敏性。

托伦试剂久置后将析出黑色的氮化银沉淀，它受震动时分解发生猛烈爆炸，有时潮湿的氮化银也能引起爆炸，因此托伦试剂必须现用现配。

4. 斐林（Fehling）试剂

斐林试剂 A：将 34.6g 硫酸铜晶体（$CuSO_4 \cdot 5H_2O$）溶于 500mL 水中，混浊时过滤。

斐林试剂 B：称取酒石酸钾钠 173g，氢氧化钠 70g 溶于 500mL 水中。上述 A、B 两种溶液要分别存放，使用时取等量混合试剂 A 和试剂 B 即可。

5. 班氏（Benediet）试剂 取硫酸铜晶体（$CuSO_4 \cdot 5H_2O$）17.3g 溶于 100mL 水中，另取枸橼酸钠 173g、无水碳酸钠 100g 溶于 700mL 水中。将上述两种溶液合并，用水稀释至 1000mL。

6. 希夫（Schiff）试剂 在 100mL 热水里溶解 0.2g 品红盐酸盐（也称碱性品红或盐基品红）。放置冷却后，加入 2g 亚硫酸氢钠和 2mL 浓盐酸，再用蒸馏水稀释到 200mL 即可。另一种方法是取 0.5g 品红盐酸盐溶于 500mL 蒸馏水中，使其全部溶解，待用。另取 500mL 蒸馏水通入二氧化硫使其饱和。将上述两种溶液混合均匀，静置过滤，应呈无色溶液，存于密闭的棕色瓶中。

7. 莫立许试剂 又称 α-萘酚酒精试剂，配制方法是：取 α-萘酚 10g 溶于 20mL 95% 酒精中，再用 95% 酒精稀释至 100mL。一般在临用前配制。

8. β-萘酚溶液 取 4g β-萘酚溶于 40mL 5% 的氢氧化钠溶液中。

9. 塞利凡诺夫（Seliwanorf）试剂 取间苯二酚 0.05g 溶于 50mL 浓盐酸中，再用水稀释至 100mL。需用前配制。

10. 高碘酸-硝酸银试剂 将 25g 12% 的高碘酸钾溶液与 2mL 浓硝酸、2mL 10% 硝酸银溶液混合均匀，如有沉淀，过滤后取透明液体备用。

11. 钼酸铵试剂 取 10g 晶体钼酸铵溶于 200mL 冷水中，加入 75mL 浓硝酸搅拌均匀即可使用。

12. 碘化汞钾（K_2HgI_4）试剂 把 5% 碘化钾溶液逐滴加入到 10mL 5% 氯化汞溶液中，边加边搅拌，加至初生成的红色沉淀（HgI_2）完全溶解为止。

13. 铬酸试剂 将 20g 三氧化铬（CrO_3）加到 20mL 浓硫酸中，搅拌成均匀糊状，然后将糊状物小心地倒入 60mL 蒸馏水中，搅拌均匀得到橘红色澄清透明溶液。

14. 氯化亚铜氨溶液 取 1g 氯化亚铜加入 1～2mL 浓氨水和 10mL 水中，用力摇动后，静置片刻，倾出溶液，在溶液中投入一块铜片或一根铜丝。

15. 醋酸铜-联苯胺试剂 组分 A 取 150g 联苯胺溶于 100mL 水及 1mL 醋酸中，存放在棕色瓶中备用。组分 B 取 286g 醋酸铜溶于 100mL 水中，存放在棕色瓶中备用。使用前将两组分混合即可。

16. 硝酸汞（Millon）试剂 将 1g 汞溶于 2mL 浓硝酸中，用水稀释至 50mL，放置过夜，过滤即得。

17. 碘液 将 25g 碘化钾溶于 100mL 蒸馏水中，再加入 12.5g 碘搅拌使碘溶解。

18. 溴水溶液 取 15g 溴化钾溶于 100mL 蒸馏水中，加入 3mL（约 10g）溴液，摇匀即可。

19. 二苯胺-硫酸溶液 称取二苯胺 0.5g，溶于 100mL 浓硫酸中。

20. 2,4-二硝基苯肼溶液 取 2,4-二硝基苯肼 3g，溶于 15mL 浓硫酸中，将此酸性溶液慢慢加入到 70mL 95% 乙醇中，再加入蒸馏水稀释到 100mL。过滤，取滤液保存于棕色瓶中。

21. 苯肼试剂 取 5g 苯肼盐酸盐溶于 100mL 水中，必要时可微热助溶，然后加入 9g 醋酸钠搅拌，使溶解。如溶液呈深色，加少许活性炭脱色，存于棕色瓶中。醋酸钠在此起缓冲作用，可调节 pH 值 4～6，这对成脎反应最为有利。

22. 淀粉溶液 取 2g 可溶性淀粉与 5mL 水混合，将此混合液倾入 95mL 沸水后，搅拌均匀并煮沸，可得透明的胶体溶液。

附录二 常用溶剂的性质

溶剂名称	b. p. 沸点（℃）	ε 介电常数	溶解度（%，20℃～25℃）	
			溶剂在水中	水在溶剂中
正己烷	68.74	1.80	不溶	不溶
环己烷	81	2.02	0.010	0.0055
二氧六环	101	2.21	任意混溶	
四氯化碳	77	2.24	0.077	0.010
苯	80	2.29	0.1780	0.063
甲苯	111	2.37	0.1515	0.0334
二硫化碳	46	2.64	0.294	<0.005
乙醚	35	4.34	6.04	1.468
氯仿	61	4.81	0.815	0.072
醋酸乙酯	77	6.02	8.08	2.94
醋酸	118	6.15	任意混溶	
苯胺	184	6.89	3.38	4.76
四氢呋喃	66	7.58	任意混溶	
苯酚	180	9.78	8.66	28.72
吡啶	115	12.3	任意混溶	
叔丁醇	82	12.47	任意混溶	
正戊醇	138	13.9	2.19	7.41
异戊醇	131	14.7	2.67	9.61
仲丁醇	100	16.56	12.5	44.1
正丁醇	118	17.8	7.45	20.5
环己酮	157	18.3	2.3	8.0
甲乙酮	80	18.5	24	10.0
异丙醇	82	19.92	任意混溶	
正丙醇	97	20.3	任意混溶	
醋酐	140	20.7	微溶	
丙酮	56	20.7	任意混溶	
乙醇	78	24.3	任意混溶	

续表

溶剂名称	b. p. 沸点（℃）	ε 介电常数	溶解度（%，20℃~25℃）	
			溶剂在水中	水在溶剂中
甲醇	64	33.6	任意混溶	
二甲基甲酰胺	153	37.6	任意混溶	
甲酰胺	211	101	任意混溶	
乙腈	82	37.5	任意混溶	
乙二醇	197	37.7	任意混溶	
甘油	390	42.5	任意混溶	
甲酸	101	58.5	任意混溶	

主要参考书目

［1］刘斌．有机化学．北京：人民卫生出版社，2009

［2］崔建华．基础化学．第 2 版．北京：中国医药科技出版社，2012

［3］张雪昀．药用化学基础（二）有机化学．北京：中国医药科技出版社，2011

［4］吴立军．天然药物化学．第 5 版．北京：人民卫生出版社，2007

［5］卫月琴．有机化学基础．北京：中国中医药出版社，2013

［6］刘斌．化学．北京：高等教育出版社，2001

［7］杨艳杰．化学．第 2 版．北京：人民卫生出版社，2010

［8］朱爱军．医用化学．西安：第四军医大学出版社，2012

［9］陆阳，刘俊义．有机化学．第 8 版．北京：人民卫生出版社，2013

［10］陈洪超．有机化学．第 3 版．北京：高等教育出版社，2009

［11］李湘苏．有机化学．北京：科学出版社，2010

［12］洪筱坤．有机化学．北京：中国中医药出版社，2005

［13］高欢，刘军坛．医用化学．第 2 版．北京：化学工业出版社，2011